KB147746

한양도성의 길

한양도성 길에서 관광의 길을 찾다

한양도성의 길

한양도성 길에서 관광의 길을 찾다

장병권 저

(주)백산출판사

머리말

이 글은 한양도성을 답사하고 작성한 것이다. 그렇다고 한양도성만을 답사 대상으로 삼은 것은 아니다. 한양도성 안의 도심지역과 도성 밖의 주변 지역까지를 포괄한 연구 범위를 설정하여 답사하였다. 이 글을 쓰게 된 것은 한양도성 바로 아래 종로구 무악동에 살면서 틈틈이 한양도성을 도보로 순성(巡城: 성을 두루 돌아다니며 구경함)한 것이 계기가 되었다. 그동안 한양도성 18.6km 전체를 다섯 번 돌아봤다. 한양도성을 처음 완주한 것은 2019년 7월 22일로, 11시간에 걸쳐 걸었다. 시행착오 끝에 완주해 보니 30.3km(44,671보)나 되었다. 이후 서울 시내를 걸어 다니며 도성 안은 콘텐츠의 보고(寶庫)임을 느꼈고, 골목투어를 병행하였다.

2023년 4월 21일 4명이 한양도성 탐사대를 구성하여 2차 순성을 하였고, 6월 24일에는 단독으로 3차 순성을 하였으며, 12월 4~5일 이틀에 걸쳐 4차 순성을 하였다. 마지막 5차 순성은 2024년 3월 23일에 하였다. 계절은 약간 다를 수 있으나 지난 5년간 4계절에 맞추어 한 번씩 순성한 셈이다. 순성하기 전에 한양도성에 관한 많은 책자를 읽고 답사할 곳을 하나도 빠짐없이 방문하고자 하였으며, 1차 때 빠트린 곳은 2~5차 순성 중에 추가로 답사하였다. 서울 도심권은 방문할 곳을 사전에 목록을 만들어 수시로 답사하였다.

한양도성을 순성하면서 큰 도움이 되었던 자료는 유홍준 교수(전 문화재청장)가 지은 『나의 문화유산 답사기』이다. 2004년에 쓴 『서울 답사 여행의 길잡이』, 2007년에 쓴 『국민의 품으로 돌아온 북악산 서울성곽』, 그리고 2017년에 쓴 『나의 문화유산답사기: 서울편1』과 『나의 문화유산답사기: 서울편2』, 2020년에 쓴 『서울역사답사기4』, 2022년에 쓴 『나의 문화유산답사기: 서울편3』과 『나의 문화유산답사기: 서울편4』를 직접 구입해 메모해 가며 빠짐없이 읽고 내 나름대로 코스를 정하여 답사하였다.

그리고 순성을 거듭하면서 도성 주변 지역의 역사적 흔적과 현재 살아가고 있는 사람들의 모습을 추가로 담았다. 그 과정에 서울특별시가 제작 배포한 '서울 한양도성 관광안내 지도'가 매우 유용한 도움이 되었다. 방송프로그램인 '다시갈지도'가 해외여행을 가도록 자극하였던 것처럼, 이 지도는 '여행갈지도'의 역할을 톡톡히 하였다. 그리고 그 지도에 방문했던 장소를 체크하거나 수기로 추가하면서 도심 골목을 샅샅이 훑어봤다.

한양도성을 답사하면서 기본적인 입장은 기존의 많은 연구 실적을 발표했던 역사학자, 지리학자, 향토학자 등과는 달리 순전히 '관광학자'의 입장에서 접근하는 것이었다. 필자는 평생 관광학자로 살아왔다. 그렇다고 다른 학문에서 제공한 연구자료들을 소홀히 취급하지 않았다. 아쉽게도 관광학자들의 한양도성 답사기나 연구 실적은 거의 없었다. 따라서 한양도성에 관한 관광답사를 수행하는 데 있어서 많은 연구자료를 활용하는 노력을 게을리하지 않았다. 이를 위하여 서울역사박물관과 한양도성박물관을 수십 차례 방문하여 자료를 수집하였다. 각각의 역사 · 문화 시설에서 제공하는 안내자료와 안내판도 빠짐없이 수집하여 현장에서 해답을 찾고자 하였다.

한양도성을 순성하고, 도심 골목투어를 하면서 항상 골몰히 생각한 것은 다음의 여섯 가지이다. 첫째, 한양도성의 역사적 의의는 무엇이고, 세계인들에게 어떻게 다가가야 할 것인가? 둘째, 한양도성 안팎을 '도보' 중심으로 콘텐츠화할 경우 미래형 테마여행 코스는 어떻게 구성할 것인가? 셋째, 서울이 세계 10대 관광도시가 되었는데, 이를 5대 역사 · 문화 관광도시로 도약시키는 데 있어서 관광 부문의 역할은 무엇인가? 넷째, 한양도성에 대한 서울시민과 지방 거주 국민의 접근성을 향상할 수 있는 홍보 및 편의 제공 방안은 무엇인가? 다섯째, 한류 문화도시의 선봉장 역할에 머물지 않고 세계인의 서울방문을 끌어낼 수 있는 K-관광 솔루션은 무엇인가? 끝으로 한양도성과 내부 지역에 축적된 역사 · 문화 콘텐츠를 어떻게 연계하고 도성 밖 지역의 자원까지 염두에 둔 '연계와 확장' 방안은 무엇인가?

그 와중에서 서울이 차량 중심의 도시에서 보행자 중심의 도시로 대전환하고 있음을 알게 되었고, 도보여행을 통해 직접 체험하며 가치를 공유하고 전파할 수 있다는 인상을 받았다. 그리고 지금까지도 그래왔던 것처럼 기존 콘텐츠를 새롭게 융합하여 미래형 관광콘텐츠로 묶고 이를 바탕으로 서울을 국제관광 도시로 육성할 필요성을 느꼈다. 그런 점에서 서울은 무한한 가능성의 도시이고, 앞으로도 서울의 에너지 중 역사와 문화가 가장 큰 강점으로 작용할 수 있다는 것을 알았다.

그런데 한양도성이 세계인의 관광자원이 되기 위해서는 서울시민들부터 많이 이용해야 하는 숙제를 안고 있다. 생각보다 서울시민의 도성 순성은 많지 않아서 놀라웠다. 근자열원자래(近者說遠者來)란 말이 있다. 가까운 사람을 기쁘게 하면 멀리 있는 사람까지 찾아온다는 뜻이다. 서울시민들이 많이 이용해야 먼 외국에서도 찾아올 것이다. 서울특별시가 펴낸『2018년 한양도성 이용객 계수조사 보고서』를 보면 한양도성의 현주소를 엿볼 수 있다.

당시 이용객에 대한 설문조사에서 '한양도성 탐방로'를 알고 있는 비율(43.7%)은 절반에 못 미쳤다. 응답자의 48.1%는 한양도성을 처음 방문했다. 그러나 한양도성의 시설과 경관 등 전반적인 사항에 대해 만족하는 비율은 76.9%로 매우 높았고, 95.7%는 재방문하겠다는 의사를 보였다. 볼거리는 우수한데, 이용자 지향적인 관광홍보 및 편의 제공이 숙제임을 보여주었다. 문화체육관광부와 한국관광공사가 격년으로 선정하는 '한국 관광 100선'에 5대 고궁은 한 번도 빠진 적이 없는데, 왜 서울의 랜드마크인 '한양도성'은 명단에도 없는지 못내 아쉬웠다.

그러던 중 2023년 6월 19일 자 뉴욕타임스는「이번 여름에 걸을 만한 7대 도시 산책길(7 Urban Walks to Enjoy This Summer)」 특집기사에서 서울의 한양도성 길을 세계의 '7개 위대한 도시, 7개 위대한 산책길'의 하나로 소개하였다. 참고로 뉴욕타임스가 함께 선정한 다른 6개 산책길은 프랑스 파리의 녹색 정원길, 크로아티아 자다르의 역사 순환길, 모로코 마라케시의 거미줄 통로, 호주 시드니의 해변 숲속 도심 조망로, 미국 세인트루이스의 흑인 역사길, 브라질 리우데자네이루 해변 길이다. 이 신문은 "조선시대인 1396년에 세워진 한양도성길을 따라가는 것(Following the Fortress Wall)은 옛날 선비들의 발길을 따라가는 것, 12.5마일의 한양도성길을 다 걸으려면 하루 종일 걸어야 할 것이다"라고 전했다. 이 뉴스를 보며 이제 한양도성을 세계인들이 찾는 한국의 명물로 만들어야 할 때라는 것을 알아차렸으며, 도성 일대에 대한 답사에 큰 용기와 자신감을 얻고 매진하게 되었다.

또한 동아일보 김현진 DBR편집장의 2023년 11월 3일 자 "선망의 도시에서 본 미래… '서울 활용법'을 점검하라"라는 칼럼은 미래형 서울 관광의 방향성을 제시하였다. 당시 칼럼에서는 관광 · 부동산 부문 글로벌 컨설팅업체 레저넌스 컨설턴시(Resonance Consultancy)가 최근 발표한 『세계 최고의 100대 도시 보고서』(2024년 판, 2023년 10월 3일 발표)에서 최초로 10위 안에 포함된 서울에 대해 "김치와 K팝, K드라마, K뷰티의 도시. 전 세계에서 가장 성공한 밴드인 BTS의 근거지이자 영화 '기생충'이 탄생한 곳…특히 팬데믹 이후 인기가 급상승한 카리스마 넘치는 도시"라고 소개하였다. 그런데 주목할 점은 서울을 찾는 관광객들은 이미 경복궁이나 인사동 같은 전통적인 관광 코스를 벗어나 '현지인 감성(local vibe)'을 찾고 있다는 것이다. 서울관광의 경쟁력을 키우기 위해서는 곳곳에 분포한 역사문화 및 생활문화 콘텐츠를 부단히 재구성하고 연계하여 소비자들에게 제시하는 '활용법'이 중요하다는 것을 보여준다.

이 글도 한양도성을 순성하며 오감을 통해 체험한 것을 기술하는 데 그치지 않고, 한양도성을 통하여 미래 서울관광에 대한 새로운 접근법을 제시하는 데 초점을 두었다. 그래서 책명도 『한양도성의 길』로 정하였다. 걷는 길이기도 하고 방향을 제시하기 위해 부제도 '한양도성 길에서 관광의 길을 찾다'로 정하였다. 서울은 2014년 한국방문 외국인의 80%가 찾았고, 2019년 기준으로 한국방문 외국 관광객 1,750만 명 중 76.4%인 1,337만 명이 찾는 최대 관광도시이다. 중앙정부는 외래관광객의 지역 분산에 정책의 초점을 두고 있지만, 이를 달성하기 위해서는 일단 서울 방문객을 계속 늘리는 것이 중요하다.

서울시도 2023년 9월 12일에 '3 · 3 · 7 · 7 관광시대'를 열어갈 「서울관광 미래 비전」을 발표하였다. 이번 비전을 통해 관광객 '3천만 명', 1인당 지출액 '3백만 원', 체류 기간 '7일', 재방문율 '70%'를 달성하겠다는 의욕을 보였다. 그리고 10대 추진 방안으로 '혼자 여행하기 편한 도시', '고부가 관광 육성', '체험형 관광콘텐츠 개발', '세계 3대 미식관광 도시화', '야간관광 수요 창출' 등을 제시하였는데, 한마디로 서울관광의 품질을 획기적으로 개선하겠다는 내용이다. 그런 점에서 이 책은 서울시의 미래 관광 비전을 달성하는 데 있어서 의미 있게 기여할 수 있다고 본다.

이제 세계 경제 대국에 걸맞게 전 세계인이 한국을 찾아오게 하자. 불쾌한 표현이지만, 흔히 중국의 국가정책을 '만방래조(萬邦來朝)'라 한다. "세계 각국이 조공을 바치러 중국에 온다"라는 말이다. 우리는 만방래한(萬邦來韓)을 추구하자. 세계인들에게 감동과 탄성을 제공하는 '문화관광이 강한 한국'을 만드는 것이 우리의 당면과제가 아닌가 생각한다. 그리고 관광도 일본처럼 이제 흑자를 기록해 보자. 2023년 1~7월간 외국인 관광객이 한국에서 80억 달러를 지출하는 사이 한국인은 해외에서 140억 달러 가까이 쓰고 있는 현실을 언제까지 마냥 방치할 수 없다. 청계천 준공에 맞추어 쓴 소설가 박범신의 주창(主唱)처럼, 우리 모두의 수도 서울이 환경, 문화, 현대적 안락함이 한데 어우러진 생명중심, 사람중심, 그리고 문화중심의 도시로 탈바꿈하는 데 있어 한양도성 내 · 외의 콘텐츠를 적극 활용해 보자.

필자는 그동안 확고하게 간직해 온 온고지신(溫故知新)의 학문 자세를 이 글에서도 유감없이 반영하였다. 우선 수도 한양을 포함한 한양도성의 과거를 되새겨보고, 현재를 파악하고, 그리고 미래의 방향을 제시하는 데 초점을 두었다. 이 글은 총 3부로 구성되어 있다.

제1부는 한양도성의 과거를 살펴보기로 정했다. 그리하여 한양도성

의 입지적 여건, 한양도성의 축조와 네트워크, 한양도성 순성과 관광 활용을 다루었다. 많은 소주제와 내용을 담을 수 있었지만, '서론이 길다'는 지적을 받지 않기 위해 되도록 내용을 줄였다.

제2부는 한양도성의 현재 톺아보기이다. 순우리말인 '톺아보기'는 샅샅이 더듬어 뒤지면서 찾아보는 것을 말한다. 한양도성과 안팎을 답사하면서 관광적 관점에서 주목해야 할 곳을 선정하여 답사하기 편하게 기술하였다. 그리고 서울의 관문인 숭례문에서 시계방향으로 시작하여 한 바퀴 돈 후, 남산에서 서울을 조망하며 마무리하는 게 가장 큰 감동을 줄 수 있다. 서울시는 한양도성 코스를 내사산을 중심으로 4개로 나누어 홍보하고 있고, 또 학자마다 구분하는 기준과 방법이 다르다. 이 책은 이용자의 접근성을 고려하여 한양도성 권역을 숭례문 구간, 돈의문 구간, 인왕산 구간, 백악산 구간1, 백악산 구간2, 낙산 구간, 흥인지문 구간, 남산 구간 총 8개 구간으로 구분하여 살펴보았다.

제3부는 한양도성의 미래 제시하기이다. 서울이 세계적인 관광도시로 우뚝 설 수 있는 관광콘텐츠로 '서울형 테마여행 10선'을 제시하는 데 초점을 두었다. 모두 도보여행을 통하여 체험할 수 있는 코스를 만들고 도성 안뿐만 아니라 도성 밖까지 콘텐츠의 확장을 모색하였다. 주요 내용은 서울고궁촌 코스, 서울 한옥체험길 코스, 청계천 역사 · 생태문화길 코스, 서울 전통水정원길 코스, 세종대왕과 한글길 코스, 서울 문화 · 관광특구 연계 코스, 한국 종교문화 코스, 한양도성 성곽마을 코스, 광장 · 박물관 연계형 국가상징가로 코스, 자랑스러운 K-관광원형 코스가 그것이다. 특히 마지막의 K-관광원형 코스는 한국의 환대문화와 서비스의 증거가 될 만한 관광원형(觀光原型)을 찾아내는 데 주력하였다.

그리고 글을 뒷받침할 수 있는 자료로 지도, 그림을 많이 인용하였으며, 사진 대부분은 필자가 도보 답사를 하면서 직접 찍었다. 코스별로 사진을 분류해 세어보니 약 3만 장에 달하였다. 사진 찍는 것은 좋아해도 전문가가 아니라서 사진의 질적 수준이 썩 좋지 않음을 인정한다. 그리고 정확한 의미와 고증이 필요한 경우 네이버지식백과(https://terms.naver.com) 등 인터넷 자료들을 활용하였다. 특히 조선시대 주요 인물들의 한자명, 생존 기간뿐만 아니라, 주요 단어에 대한 뜻풀이를 많이 의존하였다.

끝으로 이 글을 쓰는 데 도움을 주신 분들에게도 일일이 거명하지 않았지만 심심한 고마움을 표한다. 먼저 연구년의 기회를 부여하여 자유롭게 창의적인 연구를 할 수 있도록 배려해 주신 호원대학교 강희성 총장님과 교직원들에게 감사드린다. 그리고 가는 곳마다 환대하며 자세히 설명해 준 수많은 서울시 공무원, 답사자료를 수북이 제공해 준 관광안내소 직원, 관광 분야의 최일선 인력으로 활동하시는 문화관광해설사들에게 감사드린다. 그리고 한양도성 순성대를 조직하고 도심 골목투어에 같이 참여해 준 정세환 부장, 백진영 대표와 한양도성 이용객 통계자료를 제공한 서울시청 진영욱 학예연구사에게도 특별히 감사드린다. 그리고 늘 보잘것없는 책의 출간을 허락해주신 존경하는 백산출판사 진욱상 사장님과 진성원 상무를 비롯한 편집부 직원들께 감사드린다. 이 밖에 한양도성 탐방에 비상한 관심을 갖고 조언과 격려를 해주신 한범수 교수님 등 선·후배 제현께도 고개를 숙여 인사드린다. 그리고 아내와 두 딸에게도 '늘 고맙다'는 말을 남기고자 한다.

2024. 5.
저자 장병권

차례

2부 한양도성의 현재 톺아보기

3부 한양도성의 미래 제시하기

1부

한양도성의
과거
살펴보기

제1부는 한양도성의 '과거'에 대한 살펴보기이다. 주로 문헌과 정책보고서, 통계자료 등을 활용하였다. 우선 한양도성의 입지적 여건을 살펴보았다. 한강을 둘러싼 서울의 2000년 역사를 개관하고, 도참사상과 풍수지리에 얽힌 서울의 입지적 강점을 살펴보았다. 그렇지만 조선시대 서울로의 천도 과정이 생각보다 순탄하지 않았고 갈팡질팡한 흔적도 보였기에 한양천도의 불협화음을 정리해 봤다.

수도 한양의 시작은 계획도시 한양의 건설에 적용된 인의예지신 오상(五常)의 원리가 어떻게 한양에 맞게 반영되었는가를 살펴보고, 교통로나 봉수로 등을 통하여 '모든 것은 서울로 통한다'라는 속설을 살펴보았다.

한양도성의 축조와 네트워크는 한양도성의 축조 과정을 개관하면서 한양도성의 의의와 특징, 그리고 도성문의 관리에 대해서도 논의하였다. 최근 한양도성의 세계문화유산 등재 노력이 단독보다는 탕춘대성 및 북한산성과의 연계를 통해서 진행되고 있어 이의 근거가 된 도성연융북한합도의 의미를 검토하였다. 나아가 근대화 및 산업화 과정에서 발생한 한양도성의 수난과 이에 따른 복원 과정도 요약하였다.

끝으로 한양도성의 관광활용도 중요하게 찾아보았다. 조선시대 한양도성 순성놀이는 왕과 신하로부터 시작되었지만, 조선 후기로 들어와 백성들도 순성에 참여하였다. 그리고 개화기 서양인들이 앞장서 한양도성을 순성하고 그 여행기를 기록으로 남겨 전 세계인들에게 전파하는 계기가 되었다. 그리고 최근 한양도성의 개방과 이용 현황도 검토하였다.

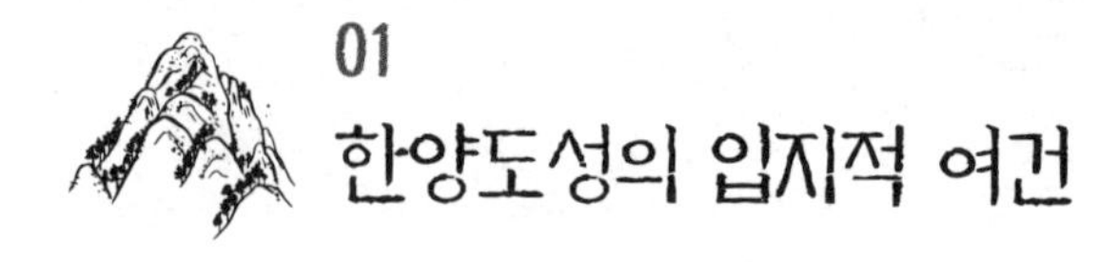

01 한양도성의 입지적 여건

서울의 역사

이 책이 한양도성을 중심으로 엮고 있지만 그렇다고 그 이전에 이루어진 오랜 역사와 지정학적 · 지경학적 위치를 간과하지 않았다. 서울은 대한민국 80년 수도이자, 조선 개국과 더불어 유지되어 온 500여 년의 도읍지였다. 그렇다고 여기에 그치지 않는다. 백제시대 몽촌토성과 풍납토성까지 거슬러 올라가면 서울은 2000년 된 역사 도시이다.

서울은 다양한 이름으로 불리었다. 고구려 때 북한산군(北漢山郡), 혹은 남평양(南平壤)으로, 신라 진흥왕 때는 북한산주(北漢山州), 경덕왕 때는 한양군(漢陽郡)이라 불렸다. 그리고 고려 초기에는 양주(楊州), 문종 때는 남경(南京) 혹은 목멱양(木覓壤)이라 불렸다. 충렬왕 때 한양부(漢陽府)였으며, 1394년(태조 3) 조선은 이곳에 도읍을 정하면서 한성부(漢城府)라 불렀다. 또한 궁궐과 궁성, 사대문을 축으로 한 도성으로 둘러싸인 지역은 한성부와 구별하여 경도(京都)라 불렀다. 남경과 경도는 수도라는 의미의 행정 명칭이다(박종기, 2023).

백제시대 몽촌토성과 풍납토성

한강 유역은 백제인의 요람이요, 삶의 터전이었다. 백제는 BC 18년에 개국하여 AD 660년에 신라에 패망하기까지 7백 년의 역사 가운데 500년을 이곳 한강 유역에 기반을 두고 성장 · 발전하였다. 백제가 이 한강 유역에 도읍한 시기(BC 18~AD 475년)를 한성시대(漢城時代)라 하고, 공주에 도읍을 정한 시기(475~538년)를 웅진시대(熊津時代), 그리고 부여에 도읍을 정한 시기(538~660년)를 사비시대(泗沘時代)라고 한다. 오랫동안 한강 유역에 정착하였기에 지금도 서울의 곳곳에는 성터, 취락지, 무덤 등 백제시대의 문화유적이 많이 남아 있다(서울특별시, 1988).

몽촌토성과 풍납토성은 백제 초기 도읍지인 하남 위례성(違禮城)의 후보지로 거론되어 온 토성이다. 위례성에 대한 논란은 1980년대 전반까지는 문헌조사와 기초적인 지표 조사에 그쳤으나, 1980년대 중반 몽촌토성 발굴과 1997년 풍납토성 발굴을 계기로 본격화됐다. 몽촌토성은 1983~1988년 발굴 결과 4세기 전후 지배층과 밀접한 백제 유물이 대량 출토됐고 연못, 도로 등 왕궁에 준하는 구조가 드러나 유력한 백제

몽촌토성 전경

왕궁터로 떠올랐다.

그러나 풍납토성 발굴로 백제 초기 도읍지 논란은 새로운 전기를 맞았는데, 1~5세기에 이르는 백제 토기 조각과 집터 등이 발굴됐고 토성은 늦어도 3세기경에 만들어진 것으로 확인됐다. 또한 중국 고위 관료를 가리키는 대부(大夫)라는 용어가 새겨진 토기 조각과 대규모 공공건물터도 발견돼, 왕궁터의 한 부분일 가능성이 큰 것으로 추정되고 있다. 성의 축조 시기 및 출토 유물 연대는 풍납토성이 몽촌토성을 앞서고 있고 규모 역시 최대(폭 40m, 높이 9m 이상, 둘레 3.5km)라는 점 등에서 백제 초기 한성시대의 위례성이었을 가능성이 크다.

풍납토성부터 몽촌토성, 방이동 고분군, 석촌동 고분군까지는 일명 '한국의 폼페이'로 불리고 있으며, 현재 '한성백제 왕도길'이 잘 조성되어 있다.

삼국시대의 한강 쟁탈전

삼국시대 고구려, 백제, 신라 간 치열한 영토경쟁에서 한강 쟁탈전만큼 극적인 것도 없다. 서울 지역은 한반도의 군사적 요충지로서 백제, 고구려, 신라가 각축을 벌이면서 번갈아 가며 이 지역을 차지하려고 애썼다. 왜냐하면 한강은 삼국통일의 주도권을 잡기에 유리한 위치였기 때문이다. 모든 나라가 서울과 한강을 차지하기 위해 노력하였다. 또한 한강 변에 펼쳐진 비옥한 평야 지대에는 곡식 생산이 왕성하였고, 먹을 것이 풍부하여 백성 등의 삶이 편안하고 나라의 경제적 기반을 확보할 수 있었다. 나아가 서해까지 배가 연결되어 세금을 걷거나 물자를 운송하기 편리하였고, 중국과의 교류도 원활하였다.

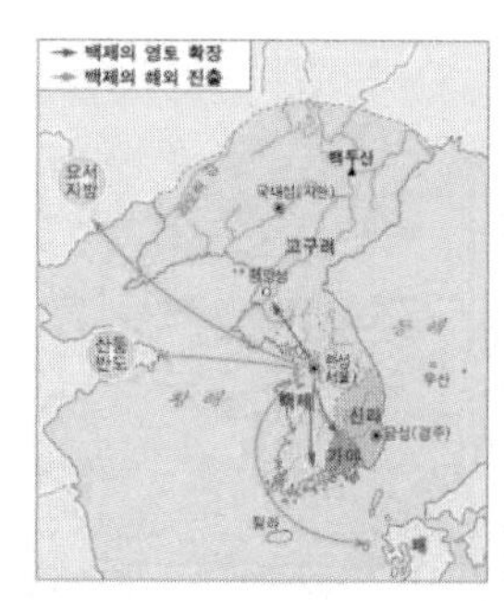

출처: 천재교육

한강 확보 후 3국의 전성기 시절(좌로부터 백제, 고구려, 신라)

우선 삼국 중 백제가 기원전 18년부터 4세기까지 약 500년 동안 한강을 점유하여 삼국 중 가장 먼저 전성기를 맞이하였다. 삼국 가운데 가장 먼저 하남 위례성에 도읍을 정하여 서울을 지배하였다. 특히 제13대 근초고왕 때의 백제는 고구려의 제16대 고국원왕을 전사시키기도 하고, 한강과 바다를 접한 나라답게 활발한 해상활동으로 중국과 왜 등의 여러 나라와 직접 교류하며 세계 무대로 나아갔다(서울특별시, 1988).

다음으로 5세기에는 고구려가 주인이 되었다. 475년 고구려의 침략으로 백제는 개로왕이 사망하고 웅진으로 천도하면서 고구려가 이 지역을 차지했다. 고구려는 소수림왕 대에 불교 공인, 태학 설립, 율령 반포와 같은 일련의 개혁정책을 추진하여 지배체제를 정비하였고, 이를 바탕으로 제19대 광개토대왕과 제20대 장수왕이 백제를 공격하여 한강 이북을 차지하였다. 장수왕은 평양으로 도읍을 옮긴 후 남진정책을 추진하였다. 고구려가 한강 유역을 차지한 기간은 475~551년으로 77년간이었다. 이 기간 서울 지역에 북한산군을 두어 다스렸고, 그 이름도 남평양(南平壤)이라 불렀다(서울특별시, 1988). 그러나 고구려 권력층의 내

아차산에서 바라본 관악산, 한강, 남산의 석양 모습

분과 권력다툼으로 나라가 분열되어 신라에 마지막으로 기회를 넘겨주었다.

세 번째 주인은 6세기에 신라가 차지하였다. 551년 백제 성왕과 신라 진흥왕은 나제동맹(羅濟同盟)을 맺어서 고구려를 쫓아내고 백제는 한강 하류, 신라는 한강 상류 지역을 반반씩 나눠 가지기로 약속했었는데 이후 신라가 독차지하였다. 신라 진흥왕은 555년 북한산을 순행해 강역을 넓히고, 557년 북한산주(北漢山州)를 설치하고 지금의 북한산 비봉에 순수비를 세웠다. 이후 고구려와 백제의 연결을 차단하고 서해를 통해 직접 교역하였고, 급기야 삼국을 통일한 주인공이 되었다. 신라가 서울 지역을 점령한 뒤로 삼국을 통일하게 된 것은 군사, 정치 측면에서 서울 지역이 차지하는 비중이 얼마나 컸던가를 짐작하게 한다. 결국 삼국시대 이후로도 고려시대의 남경, 조선의 도읍인 한양, 대한민국의 수도인 서울도 한강을 중심으로 발전했다.

삼국이 지금의 서울 지역을 둘러싸고 치열한 대립을 한 이유는 한강 유역이 지니는 정치, 경제, 외교상의 이점 때문이다. 당시 육로교통이 발달하지 못해 강과 바다는 물류 유통의 주요 통로였다. 또한 한강은 서해를 통해 중국과 교류하는 대외 문물교류의 창구기능을 하였다. 한강 유역을 차지한 백제 근초고왕(346~375년), 고구려 광개토왕(391~412년)과 장수왕(413~491년), 신라 진흥왕(540~576년)이 해당 국가의 전성기를 구가한 사실이 이를 뒷받침한다(박종기, 2023).

고려시대의 남경

서기 918년에 고려의 태조 왕건이 후삼국을 통일하면서 고려의 3대 도시 중 하나인 남경이 된 뒤로 부(府)로 승격되어 한양부(漢陽府)가 되었다. 고려 초기의 군현 가운데 개경, 서경, 동경의 3경이 가장 큰 행정 단위였다. 경(京)은 고려시대 지방제도의 위계에서 가장 상위에 위치하였다. 서경은 고려 건국 직후에 설치되었고, 동경은 987년(성종 6), 남경은 1067년(문종 21)에 각각 설치되었다(서울학연구소, 2020). 그다음이 목(牧)이었다. 당시 서울은 양주목의 하나였다. 고려시대 남경의 궁궐은 경복궁의 북쪽에 있었는데, 지금의 청와대 부근이다. 문종은 양주를 남경이라 하고 이듬해인 1068년에 궁궐을 건설하였다. 1076년(문종 30)에는 다시 양주로 이름을 바꾸었다.

재미난 것은 신라말부터 고려와 조선에 이르기까지 모든 예언서의 원본이 되는 신라 승려 도선(道詵)이 지었다는 『신지비사(神誌祕詞)』에는 고려시대 3경에 대해 다음과 같이 실려 있다.

고려시대의 3경인 개경(개성), 서경(평양), 남경(서울)을 저울로 비유하면서 개경을 저울대, 서울을 저울의 추, 평양을 저울의 증판으로 삼아서 수미(首尾) 균형으로 저울대가 수평을 이루도록 저울판과 저울추의 무게가 잘 맞추어지면 국가가 번영을 누릴 것이다(신정일, 2019). 만일에 이들 3개소가 폐지된다면 왕업(王業)이 쇠퇴하여 기울어지리라는 것이다.

이처럼 문종이 서울에 신궁을 지은 것은 신라 말기부터 널리 퍼져 있던 도선의 비기(碑記)와 풍수설에 따른 일이었다. 문종이 조선 태조가 서울로 도읍을 정하기보다 324년이나 앞선 것이었다. 아무튼 서울에 신궁을 지으면서 서울의 역사는 첫 번째 번영기를 맞이하였다(서울특별시, 1988).

그러나 고려 문종 때 한양을 남경으로 정할 때 지금의 종로구 낙원동 · 돈의동 · 익선동에 걸쳐 있던 마을을 한양동(漢陽洞)이라 불렀다. 고려시대 한양을 남경으로 정할 때 이 일대가 한양의 중심이 되었던 데서 마을 이름이 유래되었다. 한동 · 한양골이라고도 하였다. 조원경(趙元卿)도 이곳으로 옮겨와 일가를 이루었다고 하여 한양 조씨의 창업 터로 전해지고 있다. 1069년(문종 23)에 경기(京畿)를 확대하는 과정에서 신경기(新京畿)가 만들어지자 남경은 이 신경기 지역으로 편입되었다.

1096년(숙종 1) 술사(術士) 김위제(金謂磾)는 다양한 풍수도참서에 근거하여 남경천도론을 제기했다. 구체적으로 "고려의 3경(개경, 남경, 서경)에 국왕이 4개월씩 머물면 36국이 조회하며, 개국 160년 후 개경의 지덕이 쇠해 목멱왕(남경)에 도읍해야 한다(도선기, 道詵記)", "한강의 북쪽은 사해가 조회하며 왕족이 창성할 명당이다(도선답사기, 道詵踏査記)", "삼각산에 의지해 제경(帝京)을 만들면 아홉 번째 해에 사해에서 조공한다(三角山明堂記)"라고 하였다(박종기, 2023).

1099년(숙종 4) 왕이 직접 남경에 가서 궁궐터를 둘러본 후 윤관(尹瓘, 1040~1111) 등에게 명하여 궁궐을 짓게 하여 5년 만인 1104년(숙종 9)에 완성했다. 1102년 궁궐 조성 과정에서 남경의 범위를 동쪽은 대봉(大峯, 낙산), 남쪽은 사리(沙里, 한강 연안), 서쪽은 기봉(岐峯, 무악), 북쪽은 면악(面嶽, 백악)까지로 하였다. 숙종뿐만 아니라 예종과 인종도 남경행차를 하였다. 이는 좁은 의미의 남경을 말하며, 조선 개국시기 한양도성을 축조하는 데에도 적용되었다. 그리고 1308년(충렬왕 34)에 한양부로 개칭하였다.

고려시대에 한양천도론이 없던 것은 아니었다. 한양천도론은 공민왕부터 시작되어 공양왕에 이르기까지 줄기차게 논의되었을 뿐 아니라 실제로 왕이 몇 개월씩 한양으로 살기도 하였다. 그러나 완전한 한양천도의 실현은 고려가 무너지고 조선이 건국한 뒤 1394년(태조 3)이 되어서야 이루어졌다.

풍수지리와 서울

풍수지리로 본 서울

풍수학자들은 새 나라의 수도가 될 만큼 좋은 땅을 이렇게 정의했다. 먼저 내사산(內四山)으로 둘러싸여야 한다. 가운데로는 내명당수(內明堂水)가 흐르고, 이를 감싸고 도는 외명당수(外明堂水)도 있어야 한다. 내명당수와 외명당수의 흐름은 반대여야 한다. 내명당수가 흐르면

인왕산에서 바라본 서울 도심과 남산, 그리고 한강

서 빠져나가는 좋은 기운을 외명당수가 다시 받아 왕에게 되돌려줘야 하기 때문이다.

조선 초기 서울은 남쪽으로 한강이 에워싸고(일수요남, 一水繞南), 북쪽은 삼각산이 지키는(삼산진북, 三山鎭北) 풍수지리상의 길지로 묘사된다. 삼각산(화산)과 한강은 각각 서울을 둘러싸며 수도 한양을 굳건히 지키는 요새로 묘사된다. 또한 한양천도 과정에서 한양은 조운의 이점을 가지며, 국토의 중앙임을 강조하는 조선의 국도풍수론은 배산임수와 같은 수도의 입지조건을 강조하는 이법풍수(理法風水)로 전환하였다(박종기, 2023).

여기에다가 내사산을 둘러싸는 외사산(外四山)까지 있으면 최고의 길지였다. 경복궁을 중심으로 서울의 지리를 살펴보면, 백악~낙산~남산~인왕산이라는 내사산이 있고, 내사산 중심에는 물길이 동쪽으로 흐르는 청계천이 있다. 남산 밑에는 물길이 서해로 향하는 한강이 있고, 그 밖으로는 외사산, 즉 삼각산~아차산(용마산)~관악산~덕양산이 땅을 둘러싸고 있다(연합이매진, 2015.10.19.). 조선 전기 전국 지방지를 집대성한 『신증동국여지승람(新增東國輿地勝覽, 1530)』에는 한양의 지세를 '동방의 제일이요, 천연의 요새'로 표현했다(유홍준, 2020).

이처럼 한양은 풍수학적으로 최고의 조건을 충족하는 땅이었다. 한양은 한강의 북쪽 땅이라는 뜻이다. 한강의 북쪽, 볕이 잘 드는 산(백악산)의 남쪽 땅이 바로 한양이다(서울특별시, 2012). 앞서 고려에서도 '한강 북쪽에 양기가 듬뿍 서려 있는 땅'을 명당으로 쳤고, 공민왕은 실제 한양 천도를 추진하기도 했다. 좋은 기운으로 똘똘 뭉쳐 있는 땅을 수도로 정했다면 도시를 방어하기 위한 성곽도 지어야 한다. 조선을 건국한 태조 이성계는 궁궐과 관청, 종묘와 사직을 건립한 후 내사산 능선을 따라 성을 축조했다. 타원형 성곽에 만들어진 사대문과 사소문은 도성 내부와 외부를 연결하는 통로였다(연합이매진, 2015.10.19.).

건축가 김석환은 북한산과 한양도성의 지리적 특별함과 빼어남에 주목하여 많은 그림을 선보였다. 그는 풍수지리상 명당의 조건을 두루 갖춘 서울, 옛 한양의 입지에 주목하면서 그 토대가 되는 북한산과 한양도성의 전체적인 실제 풍광을 모두 그림으로 담아 2020년 1월 종로구 인사아트센터에서 북한산과 한양도성전을 개최하였다. 그는 초대장에서 풍수지리 사상에 입각한 서울의 입지와 한양도성의 위상을 다음과 같이 자세히 기록하였다.

> 새 나라를 개창한 조선의 태조는 여러 각지를 물색한 끝에 한양을 새 도읍으로 정하였다. 한 나라의 도읍을 정하는 일인 만큼 그 과정에서 아주

신중히 입지를 살피었다. 그 시대에는 풍수지리 사상이라는 입지를 살피는 아주 확고한 사상과 신념이 있었다. 명당은 결국 땅의 형국이 빚어내는 것이고, 터와 연관된 산과 강의 형세가 그 우열을 가려지게 한다. 선조들은 터를 보는 눈이 좋았다. 소위 명당을 찾는 일이 일상적이었다. 옛 시대 사람들은 터를 인위적으로 조성하는 것이 아니라 찾아다녔다. 그처럼 명당은 만들어지는 것이 아니라 찾아내는 것이다. 그래서 입지가 중요했다. 〈중략〉 한양은 풍수상의 명당과 길지로 꼽히는 입지 조건과 형국을 갖추고 있다. 한북정맥을 타고 흘러온 북한산의 준수한 기세와 그것과 이어진 산세가 도읍의 삶터를 양팔로 감싸 안듯 백악산, 낙산, 목멱산(남산), 인왕산 등 내사산이 둘러치고 넉넉한 도읍의 터전을 크게 휘돌아 가는 한강이 음양의 조화를 이루고 있다. 그리고 명당수가 흐른다. 〈중략〉 지금은 천하 명당임을 금세 이해할 수 있지만, 도읍을 찾아 헤맬 당시에는 쉽게 뚜렷이 다가오지 않았던 것 같다. 그래서 이곳저곳을 물색했던 것 같다. 그런데 지금 보면 이 이상 좋은 곳을 찾을 수 없을 것 같다(김석환, 2020.01.).

한양천도 과정의 불협화음

조선이 개국하는 과정에서 천도는 물론 도읍지를 선정하는 데 왕과 신하들 간 과다한 논쟁과 불협화음이 있었음을 지적하지 않을 수 없다. 1392년 조선을 건국하고 1394년 11월 한양으로 천도하였지만 1398년 왕자의 난으로 정종이 즉위하면서 2년 동안 수도를 개경으로 옮겼다. 그러다 태종이 즉위하면서 곧 한양으로 환도하였다. 이때 풍수 · 도참설에 능했던 하륜이 다시 무악천도론을 주장하고 여기에 개성까지 더해 3곳이 후보지로 선정되기도 하였다. 조선 초 수도 후보지로 제기된 지역은 제안된 순서대로 볼 때, 처음에는 계룡산이었다가 무악, 불일사, 선점, 부소, 광실원, 도라산, 송경 등 임진강 이북 지역이 순서대로 물망에 올랐다가, 종국에는 남경(한성부)으로 낙점되었다(서울역사박물관 게시자료 참조).

조선 태조는 즉위한 지 한 달도 안 되어 한양으로 천도할 것을 명하였다. 그러나 대신들이 겨울철을 앞두고 공사를 일으킬 수 없다고 반대하자, 시기를 연기하여 궁궐과 종묘, 사직, 관공서 등을 건축한 뒤에 천도하기로 하였다. 이듬해(1393년) 정월에 권중화(權中和)가 풍수지리학상 계룡산이 새 도읍으로 가장 좋은 곳이라고 건의하자, 태조는 직접 무학대사와 지관들을 데리고 계룡산으로 내려가 신도(新都)를 정하고 각 도에서 인부를 차출하여 공사에 들어갔다. 그러나 하륜(河崙)이 송나라 호순신(胡舜臣)의 지리서를 이용하여 계룡산 신도의 부당함을 상소하자 태조는 일단 공사를 중단하고 권중화, 정도전(鄭道傳) 등을 불러 하륜이 제기한 문제를 검토하도록 했다. 그 결과 계룡산이 신도로는 적절치 못하다는 결론을 내리고 다시 새 도읍 후보지를 물색하기에 이르렀다(유홍준 · 박상준, 2007).

신도 후보지가 저마다의 풍수 이론에 따라 이견이 크자 태조는 1394년(태조 3) 8월, 무학대사를 대동하고 자신이 직접 현장을 시찰한 다음 지금의 서울 지역으로 천도할 것을 결정하였다. 『태종실록』에 따르면, 태종은 동전을 던져 길흉을 점치는 척전(擲錢)으로 도읍을 결정하기로 했다. 척전의 결과는 "신도(新都)는 2길(吉) 1흉(凶)이었고, 송경(松京)과 무악(毋岳)은 모두 2흉(凶) 1길(吉)이었다"고 한다. 물론 태종은 태조의 결정으로 지어진 수도를 버리는 데 대한 부담감을 느끼고 있었던 것 같고, 새로이 토목 공사를 일으키는 데 대한 부담감 역시 컸을 것으로 보인다. 이처럼 수도 선택은 국가의 흥망성쇠와 직결된다. 백성의 생존과 생활에 큰 영향을 미치는 중요한 사안이다. 세계 역사에는 수도를 잘못 선택해 멸망한 나라들이 많다. 우리 역사에서도 이러한 예들이 있다.

> 수도의 조건은 무엇이었으며, 왜 한양을 선택했을까. 수도의 위치와 체계는 정치 · 군사 · 경제 · 문화 · 사상 등의 요구에 부응해 선택되고 형성된다. 첫째, 교통과 통신망이 발달한 정치와 외교 중심지로 중앙 집중화와 관리체제의 일원화에 효율적이어야 한다. 둘째, 전근대에는 모든 권력과 기능이 수도로 집중되는 만큼 안전한 방어공간의 확보가 필수적이다. 셋째, 물자의 집결이 편리해 상업과 무역이 활발하고 경제중심지 역할에 효율적이어야 한다. 아테네 등 폴리스나 중국의 난징 · 카이펑 · 항저우 · 베이징, 일본의 오사카 · 에도 등은 수도이면서 상업도시, 항구도시였다. 넷째, 중요한 문화의 생산지와 집결지이며, 소비지(수요)이면서 공급지여야 한다. 그뿐만 아니라 국가 신앙의 중심이고, 사상적인 의미도 부여해야 한다. 고구려는 수도인 홀본 · 국내성 · 평양성에 시조묘 등을 설치했고, 백제와 신라도 이와 유사했다. 수도는 이러한 조건을 고려하고, 국가 정책에 근거해 선택하고 건설해야 한다(윤명철, 2022.03.31.).

또한 태조가 천도한 이유로는 기존 세력의 근거지인 개경에 대한 정치적 불안과 심리적 갈등, 그리고 풍수지리설의 영향, 민심의 쇄신 등을 들 수 있다. 이성계, 정도전, 무학대사, 하륜 등 조선을 건설한 이들의 천도 결정은 조선의 백성과 역사, 현재에 큰 영향을 끼쳤다. 신세력은 개경

지역에 토대를 둔 구세력과 권력, 토지 및 자원 확보, 상업권, 그리고 명분과 정통성을 놓고 쟁탈전을 벌였다. 개경은 왜구에 여러 차례 위협당했고, 홍건적에 점령당한 적이 있어 방어상에 취약점이 있었다. 무엇보다도 정도전 등 성리학자들은 조선 개국의 이상을 실현할 공간의 재구성이 필요했다. 따라서 천도는 불가피한 현실이었다(윤명철, 2022.03.31.). 일단 풍수지리설 측면에서 천도는 멋지게 잘 포장되었다.

서울 지역의 중요성과 수도의 자격은 역사가 증명한다. 백제는 500년(기원전 18년~475년) 동안 수도로 삼았고, 고구려와 신라도 중요시했다. 고려는 남경을 건설했고, 1356년(공민왕 5)에는 천도 후보지로 삼았다. 실제로 한양에 성과 궁궐을 건설하는 시도까지 했다. 승려인 보우(普愚, 1301~1383)는 한양에 도읍을 정한다면 16개 나라가 조공을 바친다는 도참설을 공민왕에게 주장했다. 조선도 한양을 수도로 선택할 때 풍수지리설을 염두에 뒀다. 개경은 지덕이 쇠하여 패망한 땅이라 망국(亡國)의 기지(基地)를 하루라도 빨리 피하려는 미신적 사상인 음양지리(풍수) 사상의 영향으로 서둘렀다는 주장도 있을 정도다(윤명철, 2022.03.31.).

본래 조선은 개경에서 왕조의 문을 열었으나 개국 후, 2년여 만인 1394년, 당시 행정구역상 4경 중 하나로 중요히 다루어지던 남경으로의 천도를 단행한다. 한양, 한성으로도 불렸던 이 새로운 도읍은 조선이 유교 국가로 문을 열었던 만큼 중국의 성제(城制)를 모범으로 하여 건설하려 했던 것으로 보인다(조옥연, 2013.09.10.). 한양도성이 지어진 후 세종대에 조선에 온 명나라 사신 예겸(倪謙)은 한양 도심을 내려다보고 지은 「등루부(登樓賦)」에서 한양의 산과 성벽, 그리고 한강을 모두 극찬하였다.

북악산이 뒤에 솟고 궁궐이 빛을 더하고, 남산이 앞에 높고 성벽이 사면으로 둘렸네. 높은 성벽 저쪽으로 구불구불 둘려 있고, 잇달아 휘둘려서 높고 낮게 동편으로 뻗어갔네. 물을 말하노라면 개천이 동서로 흐르는데 은하수가 꽂힌 것 같고, 한강수는 넓게 흘러 발해로 들어가니, 물고기를 편하게 키워주고 논밭이 기름지게 해주네(유홍준, 2017b).

수도 한양의 시작

종묘사직과 도성 축조 구상

1392년 개성 수창궁(壽昌宮)에서 조선을 건국한 태조 이성계는 새로운 국가의 뿌리를 튼튼하게 다지고자 1394년 8월 개경에서 한양으로의 천도를 결정하였다. 국호는 조선(朝鮮)으로 하였다. 『신증동국여지승람(新增東國輿地勝覽)』에는 동쪽 끝에 있어 해가 뜨는 지역을 의미한다(신정일, 2019). 아마도 중국의 동쪽을 의미하는지도 모른다.

도읍지 한양을 건설하면서 태조 이성계는 "궁궐은 존엄을 보이고 정령(政令)을 내는 것이며, 성곽은 안팎을 엄중히 하고 나루를 굳게 지키는 것"이라 하였다(이상해, 2014). 이성계는 궁궐을 중심으로 '좌묘우사, 전조후시(左廟右社, 前朝後市)'라는 동양 고래의 수도 배치 원칙에 따라서 도읍을 건설하였다.

한양은 옛 전통과 풍수지리, 유교적 이념을 겸비하여 건설되었다. 도성 안의 도시구조와 주요 건축물들은 모두 궁궐과 도로와 관계를 고려하여 배치되고 설계되었다. 궁궐은 백악산 기슭의 명당자리에 건립하고,『주례(周禮)』 고공기(考工記)에 따라 좌측에는 왕실 조상신을 모신 종묘(宗廟)를 두고, 우측에는 토지와 곡식의 신을 모시는 사직(社稷)을 두었다(최기수, 2015). 궁궐 앞 대로에는 육조를 비롯한 주요 관청을, 흥인지문과 돈의문, 그리고 숭례문을 정(丁)자로 연결하는 중심 대로에는 상업시설인 시전(市廛)을 설치하였다.

『주례』는 주나라의 왕실 제도를 기록해 놓은 유교 경전 중 하나로 도읍을 형성하는 모범이 이 책의「동관 고공기」편에 들어있다.『주례』「고공기」를 보면 "장인관국(匠人管國), 방구리(方九里), 방삼문(旁三門), 국중구경구위(國中九經九緯), 좌조우사(左祖右社), 면조후시(面朝後市), 시조일부(市朝一夫)", 즉 "장인이 도성을 조형할 때 도성은 사방이 9리인 정방형이며, 각 변마다 3개의 문을 내고, 도성 안에는 남북 및 동서로 각각 9개의 도로를 낸다. 왼쪽에는 종묘를 오른쪽에는 사직을 두며, 앞에는 조정을 뒤에는 시장을 둔다. 저자와 조정을 1묘(畝) 곧 100보 4방의 넓이로 한다"라고 쓰여있다(서울특별시, 1988).

그러나 조선의 도성과 읍치(邑治)는 중국과 달리 독자적인 조영 원리에 따라 도시구조와 공간을 형성하여, 우리 한국인들의 자연관과 세계관이 만들어 낸 도시공간의 경관미학이라고 보는 입장도 있다(이상해, 2014).

특히 종루는 궁궐과 관아, 그리고 민가가 밀집되어 있어 자연스럽게 소비의 중심지가 되었고 대규모의 시전이 성행하였다. 시전은 국가에서 행랑(점포)을 건설하여 상인들에게 임대해 주고 세금을 받는 관설시장의 기능을 한다. 관설시장인 운종가(특히 종루 부근의 육의전)를 비롯하여 사설시장인 이현과 칠패, 그리고 한강 변 포구마다 생겨난 경강시장이 대표적이다.

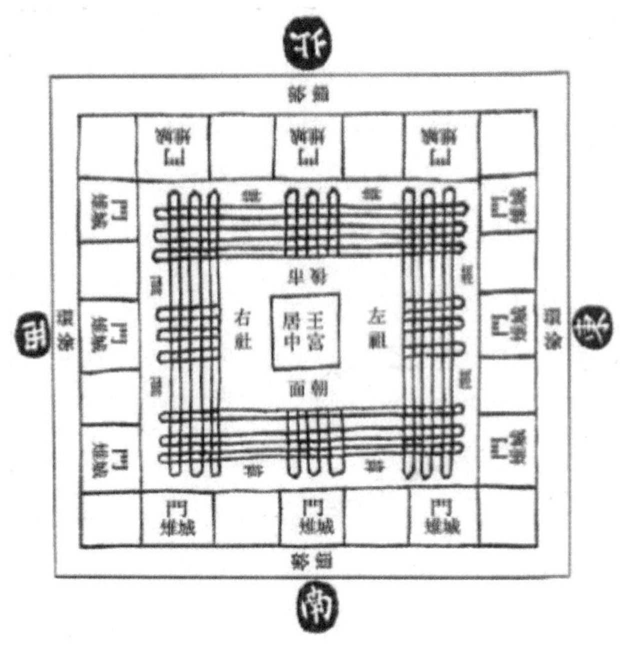

출처: 유훈조(2013), 조선 후기 주현사직단의 입지와 조영방식에 관한 연구, 성균관대학교 대학원 박사학위논문.

주례의 왕국경위도궤도(王國經緯涂軌圖)

사람들이 구름처럼 몰려들었다 흩어진다고 하여 운종가(雲從街)라 부른 종로 일대는 시전행랑(市廛行廊)이 설치되어 한양 사람들의 일상 생활용품을 공급하던 상업의 중심지였다. 운종가 중심에 있는 종루 양옆에는 여섯 개의 큰 시전인 육의전(六矣廛)이 있었는데, 비단을 취급하던 면전(綿廛)을 비롯하여 명주를 취급하는 면주전(綿紬廛), 무명을 취급하는 면포전(綿布廛), 모시를 취급하는 저포전(苧布廛), 종이를 취급하는 지전(紙廛), 생선을 취급하는 어물전(魚物廛)이 그것이다. 운종가와 이웃한 개천 변에는 시전의 상품을 제작해 파는 수공업자들이 모여 사는 동네가 있었는데, 주로 생산하는 상품과 직업에 따라 관자동(貫子洞,) 입정동(笠井洞)과 같은 지명이 생겼다(청계천박물관 게시자료 인용).

성곽은 사람이 마땅히 지켜야 할 도리인 유교의 인의예지신(仁義禮智信) 오상 이념을 구체화하여 성문을 건축하였다. 즉 중앙은 시간을 알려주기 위해 보신각을 세우고, 동쪽에는 흥인지문(보물 제1호), 서쪽에는 돈의문, 남쪽에는 숭례문, 북쪽에는 숙정문을 세웠다.

성곽 명칭만 오상 이념이 적용된 것이 아니다. 조선의 법궁인 경복궁의 4개 문에도 인의예지 이념이 반영되었다. 경복궁의 동문은 건춘문(建春門)으로 동방을 뜻하는 춘(春) 자가 들어갔고, 서문인 영추문(迎秋門)에는 서방을 뜻하는 추(秋), 남문인 흥례문(興禮門)에는 남방을 뜻하는 예(禮), 북문인 신무문(神武門)에는 북방을 나타내는 현무(玄武)에서 따온 무(武) 자가 들어가 있다.

계획도시 한양의 건설

조선 태조는 한양 천도를 결정한 뒤 곧바로 정도전을 한양에 파견하여 도시건설 전체를 맡겼다. 1394년(태조 3)에 신도궁궐조성도감(新都宮闕造成都監)을 설치하고, 1395년(태조 4)에 도성을 쌓기 위하여 임시 관아로 도성조축도감(都城造築都監) 등이 설치되었다. 그리하여 정도전은 권중화 등과 협력하여 종묘, 사직, 궁궐, 도로, 시장 등 도시계획을 작성하였고 그해 12월에 종묘의 터 닦기를 시작으로 공사에 들어갔다. 그러나 태조 때 한양도성이 초축되고 궁궐도 건립되었지만 1399년 제2대 임금인 정종이 개성으로 다시 도읍을 옮겼다가 3대 임금 태종이 다시 한양으로 환도하기까지 6년 8개월 동안 한양은 텅 빈 도시였다(서울특별시, 1988).

왕실과 전혀 연고가 없는 수도였던 한양은 처음부터 모든 기반 시설을 계획하여 만들어야 했다. 이때 고려되었던 것이 유교적 전통과 풍수지리였다. 조선 초기 한양은 10만 명의 주민이 거주할 수 있도록 건설된 계획도시였다. 『조선왕조실록』에 의하면, 1392년 2월 「신도종묘사직궁전조시형세지도(新都宗廟社稷宮殿朝市形勢之圖)」라는 계획구상도가 작성되었고, 1394년 9월 새 도읍이 건설될 현장에서 좀 더 구체적으로 종묘, 사직, 궁궐, 시장, 도로의 터를 정하고 이를 도면으로 그렸다는 기록이 있다(이상구, 2014).

한양의 도시공간은 『주례』의 원칙과 함께 고려 시대에 유행했던 풍수지리 사상이 함께 적용되어 건설되었다. 경복궁은 국도풍수(國都風水)에서 한양 명당의 지맥이 흐르는 백악산 아래에 건설되었고, 종묘와 사직은 좌조우사 원리에 따라 배치되었다. 육조를 비롯한 제반 관청 건물도 '면조후시'의 원리에 따라 경복궁 앞에 배치하였다.

다만 시전은 경복궁 전면에서 약간 동쪽으로 비켜 간 종루(현 보신각) 주변에 건설되었다. 1412년(태종 12)에는 혜정교에서 동대문, 종루에서 남대문에 이르는 구간에 약 2천 칸의 시전을 완성하였다. 시전행랑(市廛行廊)이 완공됨으로써 한양은 왕도의 주요 시설이 모두 갖추어진 수도로 거듭나게 되었다.

수도 한양을 건설할 때 가장 먼저 왕이 거주하는 궁궐과 제사를 지내는 공간인 종묘 · 사직, 국가 통치를 위한 관청 거리를 조성했다. 궁궐은 임금이 사는 공간이며, 신하가 임금을 뵙고 국가의 정책을 결정하고 선포하는 통치의 공간이었다. 따라서 한양의 도시구조는 궁궐을 축으로 형성되고 운영되었다. 경복궁의 정문인 광화문 앞으로 나라에서 가장 큰길을 내고 좌우에 의정부, 육조를 비롯한 국가 경영의 핵심 관청들을 배치하여 육조거리를 조성하였다. 육조거리는 궁궐

경복궁과 광화문 월대 조성 모습

과 연결되는 어가(御街)인 동시에 정치 · 행정의 중심지였으며, 조선 8도로 들고나는 모든 도로의 원점이기도 했다. 이로써 조선왕조 왕권의 상징이자 국가 통치의 중추 공간이 완성되었다(서울특별시, 2012).

이처럼 한양은 조선 초기의 주변 세계 정세를 반영하고 주변 국가에 견주어 손색이 없는 조선의 세계관을 반영하여 건설되었다. 1402년(태종 2)에 제작된 세계지도인 「혼일강리역대국도지도(混一疆理歷代國都之圖, 일본 류코쿠대학 소장)」는 태종의 지시로 좌정승 김사형(金士衡, 1341~1407), 우정승 이무(李茂, 1355~1409)와 이회(李薈, 연도 미상)가 제작한 현전하는 동양 최고(最古)의 세계지도이다. 지도 이름은 역대 나라의 수도를 표기한 지도라는 뜻이다. 당시로서는 동서양을 막론하고 가

혼일강리역대국도지도(混一疆理歷代國都之圖, 일본 류코쿠대학 소장)

장 훌륭한 지도였는데 조선 부분이 상대적으로 크게 묘사되어 있다.

이 지도는 중앙에 중국, 동쪽에 조선 전역을 포괄하고 있다. '하나로 어우러진 땅', 곧 세계를 그린 지도로 각국의 역대 도읍지가 같이 그려져 있다. 당시 동아시아의 문화와 물자가 교류되는 중심지였던 수도로서 조선 한양의 위상을 엿볼 수 있다.

이처럼 한양의 도시건설은 도읍지로서 갖추어야 할 입지 조건을 고려하여 도성 계획과 시설물의 배치 등을 수행하였다. 한양의 도시 입지는 그 자체가 상당히 강력한 환경적 조건이 되어 도시구조의 기본적인 틀을 규정하였으며, 신수도의 건설에서도 이러한 자연적 조건을 최대한 반영하였다.

봉수대와 간선도로망

조선시대 모든 길은 한양으로 통했다. 한양은 전국의 물산이 모여들었다가 다시 흩어지는 곳이었다. 또한 통신수단인 봉수대도 서울로 향했다. 평균 30리의 거리를 두고 적당한 산 정상에 봉수대를 설치하고 밤에는 횃불을 들고 낮에는 연기를 피워서 신호하는 전근대적 통신수단이었다(나각순, 2012). 횃불과 연기를 통해 전국 각처에서 보내온 신호들이 남산봉수대를 거쳐 최종적으로 왕에게 보고되었다.

『경국대전』에 나타난 규정에 따르면, 봉수의 전달은 정세의 완급에 따라 달리했는데, 평상시에는 언제나 한 홰를 들어 무사한 것을 알리지만, 왜적이 해상에 나타나거나 국경 북쪽의 적이 국경에 나타나면 두 홰, 왜적이 해안에 가까이 오거나 북쪽의 적이 변경에 가까이 오면 세 홰, 우리 병선과 접전하거나 국경을 침범하면 네 홰, 왜적이 상륙하거나 국경에 침범한 적과 접전하면 다섯 홰를 들어서 상황을 알렸다. 구름 · 안개 · 비바람이 심하여 연기나 불로 신호가 되지 않을 때는 봉수대는 총포 소리나 나팔 소리로 주위의 주민과 수비 군인에게 급보를 알리고, 봉수군(烽燧軍)이 다음 봉수대까지 차례로 달려가서 보고하게 하였다(서울특별시, 2012).

서울에는 왕에게 직접 보고하게 되는 최종 봉수대인 남산에 있는 목멱산 봉수대를 중심으로 5개 봉수로의 종착점이 분포되어 있다. 즉, 동북방 함경도 경흥 서수라에서 출발하여 함경 · 강원 · 경기를 거쳐 오는 제1봉수는 아차산(봉화산) 봉수대, 동남방 부산 다대포에서 출발하여 경상 · 충청 · 경기를 거쳐 오는 제2봉수는 천림산 봉수대, 평안도 강계 만포진에서 출발한 평안 · 황해 · 경기의 내륙을 거쳐 오는 제3봉수는 무악 동봉수대, 의주에서 출발하여 평안 · 황해도의 해로와 경기의 육로를 거쳐 오는 제4봉수는 무악 서봉수대, 서남방 전남 순천 방답진에서 출발하여 전라도 해안과 충청도 내륙 및 경기 해안으로 이어지는 제5봉수는 개화산 봉수대로 이어졌다. 남산 봉수대는 1993년 9월 20일에 서울기념물 제14호로 지정되어 관리되고 있으며 서울시 중구 예장동 8-1에 소재하고 있다. 남산 봉수대는 1895년 갑오개혁 이후 사용이 중지된 이래 멸실되어 그 정확한 위치를 알 수 없었으나 『세종실록』 등을 통해 위치를 추정하여 5개의 봉수대 중 제3봉수대를 복원하였다.

봉수대만 한양에 연결된 것은 아니다. 예나 지금이나 모든 길은 한양으로 통하였다. 즉 전국의 모든 길이 한양도성의 성문을 통하여 연결되었다. 도성문과 연결된 길들은 조선의 대동맥이었다. 서울 한양은 전국의 물산이 모여들었다가 다시 흩어지는 조선의 중심 집산지였다.

한양과 지방을 잇는 간선도로망은 18세기 중엽 6대로에서 18세기 후반에는 9대로로 늘어났고, 19세기 후반에는 10대로로 증가하였다. 당시 한양으로 가는 10대로에는 의주1대로(한양~평양~의주), 경흥2대로(한양~함흥~경흥), 평해3대로(한양~원주~강릉~평해), 동래4대로(한양~문경~대구~동래), 봉화5대로(한양~봉화), 강화6대로(한양~강화), 수원별로7대로(한양~수원), 해남8대로(한양~해남), 충청수영9대로(한양~보령), 통영별로10대로(한양~통영)가 그것이었다. 이 중에서도 특히 의주~평양~개성~한양을 잇는 관서대로(關西大路)는 사행로(使行路)이면서 중국의

남산 봉수대

물자가 반입되는 중요한 도로였다. 또한 남쪽의 물산들은 삼남의 길목인 광주 송파장에 모여 한양으로 옮겨왔다.

조선시대 한강은 교통로의 구실을 하였지만, 그보다는 운송로의 기능이 더욱 강조되었다. 각 지역의 농민들에게서 징수한 세곡(稅穀)은 중앙의 서울로 운송되어야 했으며, 수상 통로에 의하지 않으면 안 되어 조운(漕運)이 그 대책으로 제시되었다. 이에 따라 조선시대 전반을 통하여 한양은 가장 번화한 도시였고, 한양의 경제적, 정치적 위치 때문에 이곳을 관통하는 한강 유역을 그 어느 지역보다도 경제성이 높은 곳이었다. 그리하여 한강 연변에는 일찍부터 운수업은 물론 선상업이 발달하였는데, 특히 서강, 마포, 용산, 송파 등이 그 근거지였다(서울특별시, 1988).

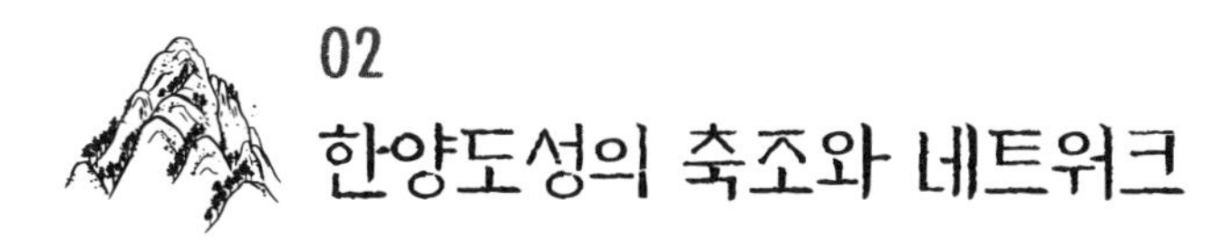

02 한양도성의 축조와 네트워크

한양도성의 축조

한양도성의 축성

태조 이성계가 조선을 개국한 후 가장 먼저 착수한 것은 궁궐을 짓고 도성을 쌓아 나라의 위엄을 세우는 것이었다. 1395년 궁궐과 종묘, 사직을 완성한 태조는 수도방위를 위하여 1396년 도성 축조에 착수했다.

태조 연대의 한양도성은 조선이 개국하고 도읍을 개경에서 한양으로 옮겨 종묘와 사직 그리고 궁궐을 조성한 이후에 건설되었는데, 초축 때의 한양도성은 자연석을 거칠게 가공한 성돌을 사용하였으며, 면석의 틈새를 굄돌로 채워 삼국시대 이후 전통적인 성벽 축조 형태를 나타낸다. 1396년(태조 5) 2월에 초축된 성벽은 백악에서 동측으로 600척씩 97개 구간을 구획하고, 각 구간에 천자문의 '천(天)' 자에서 97번째 '조(弔)' 자까지 자호(字號)를 정하여 이를 지역별로 나누어 축성하도록 하였다.

한양도성은 1395년(태조 4) 윤9월에 도성축조도감을 설치하고 전라도, 경상도, 강원도, 서북면, 동북면 등지에서 동원한 장정 11만 8,070명을 투입하여 1396년 1월부터 2월까지, 그리고 또 같은 해 8월부터 9월까지 두 차례의 농한기를 이용하여 축성하였다(박계형, 2008).

당시 평지는 토성, 산지는 석성으로 쌓았다. 2차에 걸친 총 99일의 대공사로 사대문과 사소문, 그리고 이를 잇는 성벽이 완성되었다(서울역사박물관 · 성북문화재단, 2014). 한양도성의 진산인 북한산과 조산인 관악산, 그리고 덕양산과 용마산을 외사산으로 삼고, 주산인 백악산과 안산인 남산과 인왕산, 낙산을 연결하는 성곽을 축조한 것이다.

따라서 각자성석 중에 천자문에 해당하는 글자가 적혀 있고 그 글자가 당시 축성한 지역에 위치하는 경우, 이 각자성석이 위치하는 일원의 성벽은 태조 연간에 축성된 성벽으로 볼 수 있다.

각자성석은 성벽을 쌓을 때 성돌에 글자나 기호를 새긴 것을 말하며, 성벽 축조와 관련된 사항이 새겨져 있다. 요즘 말로 하면 공사실명제에 해당한다(서울역사박물관 · (재)성북문화재단, 2014). 한양도성의 성벽에는 각자(刻字)가 새겨진 성돌이 전체 성벽에 걸쳐 있다. 특히 도성의 서북쪽과 동북쪽, 그리고 남동쪽에 집중되고 있으며, 성곽의 외벽과 상부 여장의 내부에 분포하고 있다. 성벽에 새겨진 각자의 내용은 시기별로 그 형태가 다르게 확인되는데, 각자의 형태로 볼 때 축성 구간을 나타내는 구간표시와 담당 군현, 담당관 및 석수 등을 기록한 각자들이 확인된다. 2015년에 실시한 서울시의 조사에서 확인된 각자성석은 총 288개로, 성 내측 여장에서 46개, 성 외측 체성부에서 229개, 성벽을 제외한 암반 및 성벽이 붕괴되어 성돌이 이전된 구간에서 13개의 각자성석이 확인되었다(서울특별시, 2015).

물론 태조 연간 이후에 무너진 부분을 태조 연간의 성돌을 가지고 원래의 축성 방식과 같은 형태로 수축한 경우도 있겠으나, 이는 이후의 축성 방식이 아닌 태조 연간의 축성 방식을 고수했으므로 태조 연간의 성벽으로 보아도 무방할 것으로 판단된다. 하지만 무너진 태조 연간의 성돌을 재가공하여 성벽을 쌓은 경우 태조 연간의 천자문 각자가 남아 있다고 하더라도 성벽의 연대는 수축한 시기의 성벽으로 구분할 필요가 있어, 성벽의 형태에 따른 시기와 각자성석의 내용과는 일부 다른 구간이 확인된다. 2015년 서울시의 조사를 통해 확인된 태조 연간의 각자성석의 경우 남산구간 일부에 남은 태조 연간의 성벽을 제외하면 세종 연간에 수축한 구간이 대부분으로, 태조 연간 성벽의 특징인 거칠고 다듬지 않은 성돌을 이용해 세종 연간의 축조 방식에 따라 재가공하여 쌓은 것으로 판단된다(서울특별시, 2015). 태조 시기 40리에 이르는 도성 축조를 불과 98일 동안에 끝냈다는 것은 공사를 무리하게 강행하였거나 도성의 축조가 얼마나 절실하고 긴급했는가를 보여준다. 공사 기간이 너무 짧았던데다 한겨울에 진행되어 많은 무리가 따라 여름철 장마에 성벽이 무너지고 수구(水口)가 허물어지는 피해가 속출했다. 이에 대해 이중환의 『택리지』, 경기도 한양부 조를 보면 다음과 같이 비판적인 기록이 있다.

> "(조정에서 한양에) 외성을 쌓으려고 했는데, 둘레의 범위를 결정하지 못하고 있었다. 그런데 바깥쪽에만 (눈이) 쌓이고 안쪽에서는 녹아버렸다. 태조가 이상하게 여겨, 눈을 따라 성터를 정하라고 명했다. 이것이 바로 지금의 성 모습이다. 비록 산세를 따라 성을 쌓기는 했지만, 정동 쪽과 서남쪽이 낮고 허하다. 게다가 성 위에 작은 담을 쌓지 않았고, 해자도 파지 않았다. 그래서 임진년과 병자년 두 난리 때 모두 지킬 수 없었다"(박계형, 2008).

참고로 태조 시기의 축성은 1396년 1월과 8월에 두 차례 공사를 통해 산지는 석성, 평지는 토성으로 축성하였다. 성돌은 자연석을 거칠게 다듬어 사용하였다. 그리하여 조잡한 편이었다. 세종 시기의 축성은 1422년 1월에 도성을 재정비하였다. 이때 평지의 토성을 석성으로 고쳐 쌓았다. 성돌은 옥수수알 모양으로 다듬어 사용하였다. 숙종 시기 축성은 1704년부터 약 6년간에 걸쳐 무너진 구간을 여러 차례에 걸쳐 새로 쌓았다. 성돌 크기를 가로 · 세로 40~45cm 내외의 방형으로 규격화하였다. 아랫부분은 비교적 큰 돌, 윗부분은 작은 돌로 쌓았다. 그리고 순조 시기의 축성은 1800년 성돌 크기를 가로 · 세로 60cm가량의 정방형으로 정교하게 다듬어 쌓아 올렸다(서울특별시, 2015).

태조 시기 축성(1396)

숙종 시기 축성(1704)

세종 시기 축성(1422)

순조 시기 축성(1800)

자료: 서울특별시(2015)

한양도성의 축성 시기별 형태

한양도성의 수축

1422년 세종 때에는 백성 32만 2천 명을 동원하여 무너진 것을 보수하고 기존의 토성을 모두 석성으로 다시 쌓았다. 세종 연대에 수축한 성벽 또한 태조 연간과 마찬가지로 600척을 한 구간으로 백악을 기준으로 동측으로 천자문 자호(字號)를 정하고, 지역별로 구간을 나누어 축성하였다. 다만, 백악산 동측 자락의 천자문 16번 '장(張)' 자에서 17번 '한(寒)' 자까지의 강원도 구간과 남산 일원인 44번 '수(水)' 자에서 59번 '이(李)' 자까지의 경상도 구간이 중복되는 것을 제외하고는 태조 연간의 지역별 축성 구간이 중복되지 않는다(서울특별시, 2015).

공사는 철저한 구간별 책임제로 시행하였다. 천자문 순서대로 전체를 97개 구간으로 나누고 각각 담당 군현을 정하여 축성과 함께 사후 보수까지 책임지게 했다. 책임제의 흔적은 구간명 · 담당 군현명을 새겨놓은 성돌에서도 확인된다. 이처럼 한양도성은 온 백성이 합심하여 쌓은 국가의 울타리이다(송인호, 2015).

완성된 한양도성은 나라의 안정과 왕의 권위를 온 백성에게 보여주는 상징물이었다. 높은 성벽으로 둘러싸인 수도 한양을 외부와 연결하기 위해 모두 8개의 문을 설치하였다. 동서남북에 4개의 큰 문을 배치하고 그 사이에 4개의 작은 문이 있어 사람들의 통행로가 되었다. 사대문은 사람이 갖추어야 할 유교의 덕목(인 · 의 · 예 · 지)을 담아 이름 지었다. 흥인지문, 돈의문, 숭례문, 홍지문이 그것이다. 성문을 단순히 출입을 통제하는 기능을 가진 것으로 인식한 것이 아니라 인간이 갖추어야 할 4가지 덕목을 배분해 성문에 물격(物格)을 부여한 것이다(이상해, 2014).

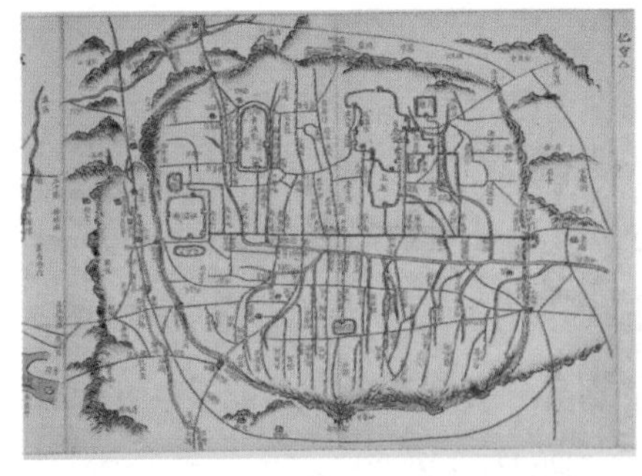

김정호의 동여도(東與圖), 도성도(都城圖)

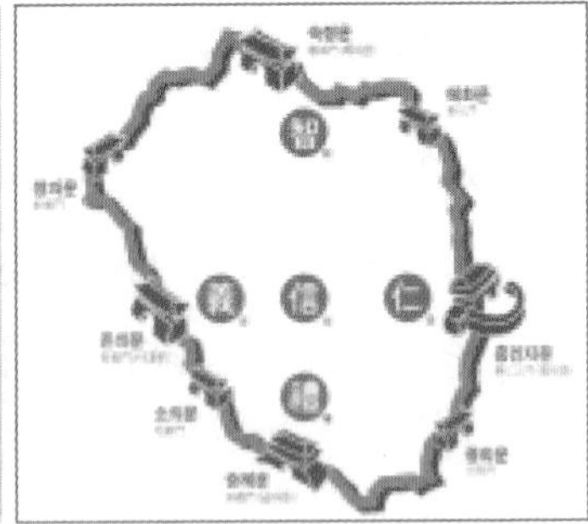

한양도성과 사대문, 사소문 위치도

주 고지도에 그려진 한양도성과 실제 한양도성의 위치 및 모양은 다르다. 왼쪽 그림처럼, 전통적인 도성 모형은 네모반듯하거나 원형으로 짓는 것이 원칙이었다. 그러나 한양도성은 산을 끼고 강을 두고 자연조건에 부합되게 만들다 보니, 네모도 원형도 아니고 긴 타원형에, 동서보다 남북의 길이가 더 긴 모양이 되었다(양희경 외 3인, 2013).

고지도상의 한양도성과 실제 한양도성의 모양

그런데 태조 때부터 숙종 때까지의 한양도성이 방어시설의 기능을 제대로 하지 못하였던 것은 아쉬운 점이다. 유사시 왕실과 조정이 도성을 떠나 수도 외곽의 요새로 들어가 항전하는 것이 일반적 전략이었다. 그러나 숙종 이후에는 도성 자체의 방어를 강화하고자 노력하였다. 영조는 1745년 삼군문(三軍門, 훈련도감, 금위영, 어영청)에 성벽 보수와 수비를 분담시키며 도성 수비의 기반을 다졌다. 그중 훈련도감은 1593년(선조 3) 임진왜란으로 화기를 다루는 군사 중심의 전술 체계로의 변화를 모색하는 과정에서 설치된 군영이다. 영조가 한양도성을 도성민과 함께 지켜내겠노라고 선포한 이후 한양도성을 보수하고 유지 관리하는 일은 더욱 중요해졌다. 훈련도감은 도성의 서북쪽인 돈의문에서 숙정문에 이르는 구간의 방어를 담당하였다. 1751년(영조 27)에 반포한 『수성윤음(守城綸音)』은 도성사수론의 핵심이었다.

"…더구나 도성의 누십만(累十萬)의 사서(士庶)들은 바로 옛날에 애휼하던 백성이나, 어찌 차마 버리고 홀로 갈 수 있겠는가? 이것으로써 생각한다면 모든 백성과 더불어 마음을 같이 한다고 할 수가 있다. 이번 이 하교의 의도는 실상 백성을 위한 것이다. 지금 비록 원기와 정신이 피곤하지만 도성을 지키려는 뜻은 저 푸른 하늘에 질정(質定: 갈피를 잡아서 분명하게 정함)할 수 있으니, 설혹 이런 일이 있다면 내가 먼저 기운을 내서 성위의 담에 올라가 백성을 위로할 것이다"(송인호, 2015).

국왕 스스로 도성을 사수할 것임을 천명하고, 한양의 모든 백성을 삼군문에 소속시켜 직접 지키게 한 것이다. 이로써 도성민을 주체로 하는 총동원 제도를 통해 도성 중심의 수도방위체제가 확립되었다. 이를 뒷받침하듯 영조는 유사시를 대비하여 1747년(영조 23) 75개소에 성랑(城廊)을 대대적으로 수축하였고, 1753년(영조 29) 저지대인 흥인지문과 광희문 주변의 방어력을 높이기 위해 4개 내지 6개소에 치성(雉城)을 설치하였다(김병희, 2014; 송인호, 2015). 치성은 방어상 취약했던 지점에 설치한 성곽시설물이다.

한양도성의 의의와 특징

수도의 경계가 되는 도성은 한국의 성곽 축조 전통에 따라 산세에 의지하여 건설하였다. 한양을 둘러싸고 있는 백악산, 낙산, 남산, 인왕산의 내사산 능선을 따라 쌓으면서 평지 부분까지 연결하여 완성하였다. 서울 한양도성의 특성은 '한양도성이 입지한 지세와 지형과의 관계', '조선왕조 오백여 년 동안 지속되어 온 수도로서의 위상'으로부터 비롯된 것이다. 그리고 한양도성은 외곽을 둘러싸고 있는 성곽만을 지칭하는 것이 아니다. 내부에 형성된 다양한 궁궐과 각종 시설, 나아가 거주민들의 삶의 모습까지도 포함한다. 그러한 점에서 한양도성의 역사적 특징은 다음과 같이 정리할 수 있다.

첫째, 한양도성은 500여 년 동안 단일 왕조의 수도 형태와 기능을 유지해 온 성곽 유산이다. 성(城)의 본래 뜻은 백성들의 생업을 외적으로부터 보호하기 위하여 흙으로 쌓은 방어시설을 의미한다. 그리고 성곽(城廓)은 내성을 의미하는 성(城)과 외성을 의미하는 곽(廓)을 통틀어 부르는 이름이다(임동욱, 2006, 서울특별시, 2012, 조옥연, 2013.07.08.). 즉 성곽은 일정한 영역 안의 생활인들이 외적의 침입이나 자연재해로부터 평안하고 풍요로운 생활을 보장받기 위하여 만든 인위적인 시설물을 말한다. 성곽은 수도를 구성하는 필수요소로서 도성 안에 있는 궁궐 · 종묘 · 사직단 등의 시설들과 함께 수도의 위상을 표상하는 도시시설이다. 서울 한양도성은 한국의 전통 도성 제도를 계승한 성곽으로써, 고구려의 수도였던 평양성과 고려의 수도였던 개경 도성의 연장선상에서 완성된 독창적인 한국 도성 형식을 갖추고 있다(서울특별시, 2012).

둘째, 한양도성은 시기별 축조 형태와 수리 기술의 역사적 증거가 기록과 함께 실물과 유적으로 보존되어 있어 역사적 층위를 잘 보여주고 있다(송인호, 2014). 그리고 한양도성의 초축 및 개축 시 전국의 백성이 동원되었다. 1396년 정월부터 전국의 민간인 장정이 무려 11만 8,070명이나 동원되어 600척을 한 단위씩으로, 축성 구역을 97구(區)로 나누어 정하였다. 세종 때는 전국에서 32만 2천 명의 일꾼을 동원하여 개축하였다.

그리고 한양도성은 지형과 지세를 잘 활용하여 석재로 축조한 성곽

다양한 축조 방식을 결합한 낙산 성곽 모습

유산이다. 조선의 풍수를 바탕으로 한북정맥과 한강이 만나는 자리에 입지하였으며, 산성과 평지성을 결합하여 완성한 포곡식(包谷式) 성곽이다. 한양도성은 능선을 따라 바깥쪽에 체성을 쌓고, 그 안쪽을 인공적으로 메우는 판축 방식으로 축조되어 지형과 일체화된 구조물을 이루고 있다(서울특별시, 2012).

셋째, 한양도성은 형태적으로나 심상적으로 도읍지 공간의 안과 밖을 구분하는 경계로서, 내사산과 일체화된 장소적 의미가 있다. 성곽은 자연적인 지세를 따라 지형을 잘 활용하여 축조되었기 때문에, 내사산의 굴곡과 도성의 안팎이 함께 조망되는 특별한 역사 도시경관을 보여준다. 서울 한양도성과 내사산은 한양에 거주하는 사람들의 삶과 밀접한 연관이 있다.

소설가 김훈은 「한양도성에 대한 서울 토박이의 몽상」이라는 글에서 한양도성에서는 임금과 사대부와 백성이 한 울타리 안에서 살고 사농공상이 얽혀서 교역을 이루었다고 한다(김훈, 2014). 신앙과 의례, 문예와 놀이의 장소였으며, 조선왕조 500여 년 동안 문루와 성곽을 주제로 집필한 문학작품과 도성 풍경을 묘사한 회화작품이 많이 남아있다.

넷째, 도성 자체가 서울의 상징이고 역사 창조의 근간이었다. 성곽은 안팎의 경계를 엄격히 하고 나라를 굳건히 지키기 위한 것이다. 도성이란 왕이 거처하는 성으로서 여러 성 중에서 으뜸가는 성, 곧 국가기능이 집중된 수도를 의미한다. 순우리말인 서울은 수도라는 뜻이나 도성이 곧 서울이었다(한양도성박물관 게시자료 인용). 문루와 성벽은 도시의 일부가 되었고, 서울을 상징하는 대표적인 표상이 되었다(이상해, 2014). 서울시가 운영하는 한양도성 홈페이지(https://seoulcitywall.seoul.go.kr)를 보면, 한양도성은 한국 역사 전체가 아로새겨져 있고, 600년간 서울의 울타리 역할을 하면서 도성민의 일상생활을 잘 관리하였으며, 서울의 미래를 이끌어갈 소중한 자원으로 묘사하고 있다.

한양도성-탕춘대성-북한산성 네트워크

도성연융북한합도의 의의

조선왕조는 한양 천도와 더불어 궁궐 축조가 끝나자마자 도성을 축조하여 궁성과 도성을 갖추었다. 도성은 궁궐과 각종 도시시설을 에워싼 내사산을 잇는 형태로 산지와 평지에 축조되었다. 그리고 조선 후기에 들어 북한산성 · 탕춘대성 등 산성 체제를 구축하였다. 이처럼 한양도성은 산성과 평지성을 결합하고 나아가 이를 잇는 중간 성곽까지 축조된 삼중의 방어 체제를 갖추고 있다.

2022년 서울시와 경기도, 고양시가 함께 추진 중인 한양도성, 북한산성, 탕춘대성의 유네스코 세계유산 등재 사업이 첫 번째 관문을 통과했다. 2012년 한양도성은 잠정목록에 오른 후 2017년 진행된 자문기구 심사에서 '등재 불가' 판정을 받아 등재 신청이 철회됐고, 북한산성은 2018년 문화재위원회의 잠정목록 등재 심의에서 부결되었다. 세 지자체는 문화재청 권고에 따라 2022년부터 한양도성, 북한산성, 탕춘대성을 하나로 묶어 세계유산 등재를 공동 추진하기로 방향을 바꿨다. 문화재청은 2022년 12월 「조선의 수도성곽과 방어산성: 한양도성, 북한산성, 탕춘대성」이 문화재위원회 세계유산분과위원회에서 유네스코 세계유산 우선등재목록에 선정됐다고 밝혔다. 세계유산 등재를 신청하려면 잠정목록, 우선등재목록, 등재신청후보, 등재신청대상 등 네 단계의 국내 심의를 거쳐야 한다(연합뉴스, 2022.12.14.). 우선등재목록 선정은 서울 역사의 주권 회복, 나아가 20세기 초반 일제 강점기 이래 한 세기 동안 단절된 2천 년 서울 역사의 맥을 이어주는 중요한 작업의 출발점이 된다. 2023년 4월에는 '우선등재목록'에서 '등재후보'로 선정되었다. 장차 세계문화유산의 지정은 서울특별시는 물론 대한민국이 명실상부한 세계 중심 국가와 도시로 도약하는 발판을 마련하게 된다(박종기, 2023, 조치욱, 2023).

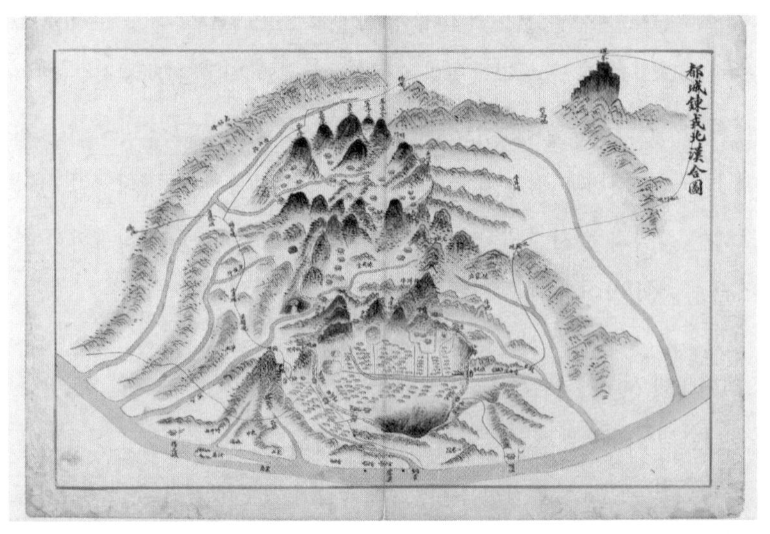

자료: 서울특별시(2012)

도성연융북한합도(都城鍊戎北漢合圖)

이는 바로 「도성연융북한합도(都城鍊戎北漢合圖)」에 담긴 것처럼, 관계기관 간 협력을 통하여 한양도성~탕춘대성~북한산성의 네트워크 형태를 갖추어 가는 것이다. 19세기 전반에 만들어져 규장각에 소장된 「동국여도(東國輿圖)」에 수록된 「도성연융북한합도」는 영조 때 완성한 도성 방위 시스템이 잘 드러나 있다(기호철, 2022). 지도를 보면, 조선시대 북한산성과 한양도성 외에도 탕춘대성이 존재하였다. 여기에서 '도성(都城)'은 한양도성이고, '연융(鍊戎)'은 연융대(鍊戎臺)에서 따온 말이다. 탕춘대가 1754년(영조 30)에 연융대로 이름이 바뀌었기 때문이다. 그리고 '북한(北漢)'은 북한산성을 가리킨다.

당시 북한산은 서울을 수호하는 진산(鎭山)으로 크게 강조되었다. 『동국여지승람(東國輿地勝覽)』 형승조(形勝條)는 각 군현의 형세나 지세를 서술하는 항목인데, 해당 지역의 주요한 산, 즉 진산과 강을 반드시 서술한다는 원칙을 담고 있다. 따라서 진산은 국도(國都)와 각 고을의 중심이 되는 산이다(박종기, 2023).

탕춘대성

탕춘대성은 한양도성의 북쪽에 축성된 북한산성과 서울 한양도성을 이어주기 위해 조성된 성이다. 조선왕조는 두 번의 큰 전쟁을 겪으면서 도성을 버리고 피난해야 했던 경험을 거울삼아 한양의 북쪽에 축성한 북한산성과 연결하고 북한산성에 필요한 물자를 저장하기 위한 목적으로 탕춘대성을 축성하였다. 즉 탕춘대성은 한양도성과 북한산성의 방어를 보완하기 위해 만들어진 성이다(서울특별시, 2012).

본래 탕춘대는 1504년(연산군 10)에 창의문 밖의 조지서 터에 지었다는 건물로, 연산군은 이곳에서 자주 연회를 열었던 것으로 알려져 있다(이찬희, 2022). 탕춘대는 비교적 넓고 구릉지대로 물이 풍부하여 유사시 도성과 북한산 사이의 외곽 배후기지 내지는 교두보 역할을 할 수 있는 곳이었다. 더욱이 탕춘대의 동쪽 면은 북한산과 북악산 사이를 잇는 이른바 도성 주맥이 지나가는 자연 장벽이 마련되어 있었기에 홍제천이 흐르는 저지대에 성곽 시설을 보강하면 충분히 방어할 수 있었다(이강원, 2023).

탕춘대성은 남쪽에 있는 인왕산 정상으로부터 동북쪽에 자리 잡고 있으며, 인왕산 북쪽으로 뻗은 능선을 따라가다 홍제천을 지나 북쪽의 북한산 향로봉을 거쳐 비봉에 이르는 구간에 조성되었다. 따라서 탕춘대성의 서성(西城)은 약 5.1km이며, 이 중 4.3km가 석상이고 나머지는 토축이나 암반 등의 자연지형을 활용하였다. 한양도성의 둘레가 18.6km이므로 한양도성의 4분의 1 정도 되는 규모이다. 동성(東城)의 경우 길이는 약 4.8km이고 석성구간 없이 자연지형과 암반으로 이루어졌다. 서성 성곽의 70%가 북한산에, 30%는 인왕산에 위치한다(조치욱, 2023).

한양도성과 북쪽의 북한산성을 이어주는 성을 탕춘대성이라고 부르게 된 것은 세검정의 동쪽으로 위치한 '탕춘대'라는 정자 때문이며, 한양의 북서쪽을 방위하기 위한 목적으로 축성되었기 때문에 서성이라고 불리기도 하였다(정해은, 2022). 탕춘대성은 임진왜란(1592년)과 병자호란(1636년)을 겪으면서 수도방위를 보완하기 위해 축성되었다. 탕춘대성의 축조는 효종(孝宗, 1649~1659)의 장탄식에서부터 그 배경을 찾을 수 있다.

> 우리나라는 작은 병란(兵亂)만 있으면 도성이 먼저 무너져서 공적으로나 사적으로나 축적한 것을 모두 적에게 빼앗기니, 무척 한탄할 만하다. 어째서 조종(祖宗)의 꼴이 이렇게도 엉성한가. 일찍이 북한산성을 수축하고 또 조지서(造紙署)의 동구(洞口)를 막으려고 한 것은, 난리가 닥쳤을 때 이곳에 이어(移御)하면 조정과 민간의 사람들이 모두 보전하여 무사

할 것이고 적이 기필코 와서 싸우자고 한다면, 이는 적들이 죽음을 자초하는 곳이 되리라고 여겨서이다. 그러나 지금은 백성을 부역시키기가 어렵기 때문에 감히 마음먹지 못할 뿐이다(기호철, 2022).

숙종은 즉위 때부터 유사시를 대비하여 북한산성을 축조하고자 하는 논의가 거론되었으며 논의 끝에 1704년(숙종 30)에 한양도성을 먼저 수축하기로 하였다. 한양도성은 6년간의 공사로 1710년(숙종 36)에 수축을 마치고 다음 해 1711년(숙종 37)에 북한산성을 축성하였다. 북한산성 축성에 이어 한양도성과 북한산성을 이어주는 탕춘대성의 조성 필요성을 느끼게 되어 탕춘대성을 축성하고자 했으나 여러 가지 찬반 논의 때문에 바로 축성에 착수하지 못하고 이후 부분적으로 공사가 진행되었다. 그리고 북한산을 비롯해 도성과 북한산성의 사이에 자리 잡은 구릉인 탕춘대 지역을 유사시 왕실과 조정 및 도성민이 함께 대피하는 이른바 보장처(保障處)로 정비하기 위한 시도가 진행되었다(이강원, 2023).

여러 정황을 고려해 본다면 탕춘대성은 1718년(숙종 44)에 축조되기 시작한 것으로 파악할 수 있다(서울특별시, 2012). 탕춘대성은 지형과 지세를 활용한 한반도 성곽 축성의 전통과 기법을 계승하고 있으며, 현재까지 원형의 모습을 잘 유지하고 있어 서울의 옛 수도성곽의 특징과 가치를 보여준다(김영수, 2022).

북한산성

북한산은 서울의 진산이라고 부른다. 북한산성은 도성의 북쪽에 있는 북한산의 험준한 봉우리를 포함하여 쌓은 산성이다. 본래 삼국시대부터 각축장이 되었던 지역으로 진흥왕 때는 신라가 차지하여 당시 세운 순수비가 전해지고 있다. 북한산성은 임진왜란과 병자호란을 겪으면서 도성 외곽성의 축성에 대한 논의가 대두되면서 1711년(숙종 37) 3월에 축성 공사를 시작하여 9월에 완성하였다. 산성의 축성 높이는 다 같은 높이로 맞추지 않고 축성 위치에 따라 적절하게 고축, 반축, 반반축, 지축여장 구간으로 구분하며 자연지세를 이용하여 쌓았다. 평지에서는 높게 쌓고 산지로 오르면서 점점 낮게 쌓아 정상 주위는 여장만 설치하고 급경사나 정상에 암반이 있으면 이 자연 암반을 최대로 활용하여 성벽을 쌓았다. 축성할 수 없는 일부 구간은 성벽을 쌓지 않고 암반 자체가 성곽 구실을 하도록 하였다.

백운대 방면에서 바라본 북한산성 모습

북한산은 최고봉인 백운대(836.5m)를 비롯하여 북쪽에 인수봉(810.5m) 남쪽에 만경대(800.6m)가 있어 '삼각산'이라고도 불린다. 지형은 산세가 험하고 경사가 심한 암벽 봉우리를 형성하고 있다. 북한산성은 이러한 자연 지형의 능선과 계곡을 최대한 활용하여 축성된 성이다.

북한산성(사적 제162호, 지정 1968. 12.05.)은 문화재로 지정되어 관리되고 있다. 소재지는 경기도 고양시 덕양구 신도동 북한리 산1-1번지이며 둘레길이는 12.7km이다. 북한산성의 위치는 행정구역상으로는 경기도 고양시와 서울특별시 은평구, 종로구, 성북구, 도봉구와 경계를 이루고 있다. 성곽 전체 둘레는 12.7km에 이르고, 성벽을 둘린 체성 연장은 약 8.4km인데, 이 중 서울시가 관리하는 구간은 5.6km이고, 고양시의 구간은 약 2.8km로 구분된다. 중요 시설물로는 성벽, 성문, 암문, 수문, 성랑, 행궁, 창고, 장대, 사찰, 암자, 우물, 누각, 교량 등이 있다.

행궁(行宮)은 유사시 임금의 궐 밖 임시 거처로 축조해 놓은 건물이다. 북한산성을 축조한 가장 중요한 이유는 유사시에 임금의 어가를 북한산성 내로 옮겨 방비하고자 하는 데 있었다. 이를 위해 1711년(숙종 37) 7월에 북한산성의 상원암 지역을 적지로 정하고, 동년 8월에 착공하여 다음 해 5월에 완공하였다. 행궁 규모는 부속건물을 포함하여 총 120여 간 규모였으나 일제 강점기를 거치면서 완전히 파괴되어 소실됐고, 지금은 건물지의 기단과 초석만이 남아있다.

조선시대에는 태종이 세종에게 왕위를 물려준 뒤 일시적으로 거처했던 풍양행궁을 비롯해 남한산성 내 행궁, 온양 온천 행차 시에 머물던 행궁 등이 있었다. 정조는 화성을 행차하면서 과천행궁과 시흥행궁 등에서 머물기도 하였다. 이처럼 행궁은 궐 밖으로 나온 국왕이 일시적으로 머물렀음을 알 수 있다. 북한산성 행궁도 예외는 아니다(이근호, 2023).

한양도성의 수난과 복원

수난의 시작

조선의 역대 왕들은 도성의 관리에 각별한 관심을 기울여 왔다. 개항 이후 서구 문물을 적극적으로 도입한 고종 역시 마찬가지였다. 1899년 돈의문~청량리 간에 최초로 전차를 개통했을 때도 궤도를 성문 안으로 지나게 함으로써 성벽 파괴를 피했다. 서대문에서 동대문을 거쳐 청량리에 이르는 전차궤도(電車軌道) 부설공사가 이루어진 것은 1898년(광무 2) 10월 17일부터 12월 25일까지의 일이고, 종로에서 남대문을 거쳐 원효로4가의 부설공사 역시 광무 2년 말에 시작하여 광무 4년 1월까지 이루어졌다. 전차 부설공사 때 당연히 동대문, 서대문, 남대문의 좌우 성벽은 헐려야 했지만, 이상하게도 성벽을 그대로 두고 전차는 3칸밖에 안 되는 좁은 누문(樓門) 안을 달리게 하였다(박계형, 2008, 서울특별시, 2009).

1899년 우리나라 최초의 전찻길이 경교에서 동대문까지 놓였다. 또한 돈의문 밖에는 1900년 완공된 제물포~서대문역 간의 경인선이 있어 현재의 새문안로를 통해 근대 서양 문물과 사람들이 오가게 되었다. 전차의 등장은 많은 변화를 가져왔다. 전차 운행이 시작되며 성문의 여닫음의 의미가 없어지자 성안과 성 밖의 구분이 없어지며, 시간에 대한 인식도 바뀌었다. 교통의 확장으로 종로 일대 상공업이 더욱 발달하게 되었다(도시공간개선단, 2017).

1900년(광무 4) 4월 종로에서 구 용산 강안에 이르는 전차 운행을 개시하였는데, 이때 남대문 부근의 성곽 일부가 헐렸다. 1902년에는 숭례문과 돈의문의 단청을 새로 칠하기도 하였다. 하지만 1907년 고종이 강제 퇴위당한 직후 일본의 압력으로 설치된 성벽처리위원회에 의해 숭례문 좌우 성벽이 철거되면서 도성은 국운의 쇠락과 함께 몰락의 길을 걷게 되었다. 이후 1914년 12월 서소문과 부근 일대의 성벽을 허물었고, 1915년 3월 돈의문을 철거하였다(서울특별시, 2014b). 일제 강점기에는 식민정책에 의해, 1945년 해방 이후에는 도시개발이라는 미명 아래 파괴행위가 지속되었다. 1970년대까지 전체 18.6km 가운데 6.7km, 도성의 약 36%가 사라졌다(송인호, 2015).

출처: 헤럴드경제(2018.12.06.), 일제가 없앤 돈의문, 증강현실로 되살린다.

일제 강점기 훼철된 돈의문 기찻길 모습

일제는 근대화라는 명목 아래 한양의 전통적인 도시구조를 식민통치에 적합한 형태로 개조하고자 하였다. 격자형의 가로망을 만들고, 도로와 전차 노선을 확장하면서 주요 교통로에 위치한 성문과 주변 성벽이 집중적으로 파괴되었다. 이 과정에서 소의문, 돈의문, 혜화문은 흔적도 없이 사라졌다. 또한 일제는 성벽을 대규모로 철거하고 식민지배의 상징물을 조성하였다. 조선신궁(1925년)은 남산 성벽을, 경성운동장(1925년)은 도성의 동쪽 성벽과 이간수문을 파괴하고 건설하였다(송인호, 2015). 특히 1926년 경성부는 일본 황태자의 결혼식을 기념하여 훈련원 공원 한편에 근대적 경기장인 경성운동장을 지었다. 그런데 이 운동장을 지으면서 흥인지문과 광희문 사이에 남아있던 성벽마저 파괴하고 이간수문도 헐었다. 성벽 하단부의 석재는 운동장 관중석의 기초로 사용되었다.

서울은 해방 이후 6 · 25전쟁을 거치며 폐허가 되었다. 이후 서울의 재건을 위해 개발이 급속도로 진행되면서 도성은 무관심 속에 훼손되었다. 도로 · 주택 · 공공건물 · 학교 등이 도성을 밀어내고 무분별하게 건립되었다. 특히 남산 성벽은 남산 국회의사당 신축계획(1959년)을 계기로 수난을 겪기 시작하였다. 1960년대 이후에는 서울로 많은 인구가 유입되면서 성벽을 축대로 삼아 주택을 짓는 경우도 많아졌다. 도성은 도시개발을 가로막는 장애물일 뿐이었다. 특히 해방 이후 남산 구간은 국가권력에 의해 집중적으로 훼손되었다. 서쪽 자락은 이승만 대통령 동상(1956년)과 국회의사당 부지 조성(1959~1961년)으로, 정상부는 우남정(1959년)과 남산종합송신탑(1972년) 건설로, 동쪽 자락은 아시아민족반공연맹의 자유센터(1964년)와 타워호텔(1969년 개관) 건립 과정에서 희생당하였다(송인호, 2015).

한양도성의 복원

성벽은 훼손되고 끊어졌지만, 한양도성은 도시 서울과 여전히 공존하고 있었다. 도성의 재생은 1968년 1월 21일 북한 무장 공비가 서울 세검정 일대까지 잠입한 사건을 계기로 촉발되었다. 정부는 국민의 안보 의식 강화를 위한 수단으로 도성의 복원을 적극적으로 추진하기 시작했다. 1975년부터 1982년까지 8개 지구에서 광희문, 숙정문을 포함한 9.8km의 성곽이 복원되었다. 이후에도 지속된 복원 · 보수 사업은 2000년대 정밀한 발굴조사와 병행되면서 새로운 전기를 맞이하였다. 동대문운동장, 남산 회현 자락 등 완전히 파괴되었다고 생각했던 땅 아래에서 이간수문과 성벽이 발견되었다. 도성의 원형이 90여 년의 암흑기를 견뎌내며 모습을 드러낸 것이다. 현재 한양도성은 전체의 70%인 13.370km(2014년 기준) 구간이 남아있다(송인호, 2015).

그동안 한양도성의 원형 복원을 통해 서울의 위상이 달라졌다. 송인호(2015)는 한양도성의 축성과 유지, 원형의 훼손, 6 · 25전쟁과 산업화로 인한 한양도성에 대한 무관심과 방치, 그리고 2000년대 이후 한양도성의 재발견과 세계의 문화유산화 과정을 9단계로 나누어 제시하고 있는데 다음과 같이 4단계로 요약할 수 있겠다.

첫째는 한양도성의 축성과 유지다. 한양도성은 조선시대 서울의 울타리이자 서울과 지방을 나누는 경계였다. 성문은 닫히면 성벽이고 열리면 길이었기에, 그 개폐는 도성민의 생활 리듬을 지배하는 질서였다. 성문과 연결된 도로들은 팔도로 가는 조선의 대동맥이었고, 먼 곳에서 상경한 사람들에게 멀리 보이는 한양도성은 반가움의 상징이었다. 그리고 한양도성은 511년 동안 원형을 유지하였다. 1396년(태조 5)에 처음 축성된 한양도성은 평지는 토성으로, 산지는 석성으로 쌓았다. 이후 세종 때 흙으로 쌓은 구간을 돌로 고쳐 쌓으면서 오늘날 우리가 알고 있는 한양도성의 원형이 완성되었다. 세월의 흐름에 따라 성벽 일부가 무너져 숙종 때 대대적으로 보수 · 개축되었고, 이후에도 여러 차례 정비되면서 1907년까지 그 원형을 유지하였다.

둘째는 한양도성의 형태 변화와 훼손이다. 한양도성은 1899년 변화하기 시작하였다. 1897년 대한제국이 선포되고 1899년 종로에 전차 선로(돈의문~창량리 구간)가 개통되면서 서울은 동양의 전통과 서구적 근대가 공존하는 도시로 변모해 갔다. 도성 안팎을 연결하는 전차 선로의 개설로 성문은 제 기능을 잃게 되었고, 이는 이후 도로 확장과 함께 성문과 성벽이 헐리는 주된 이유 중 하나가 되었다. 그리고 한양도성의 원형은 1907년 이후 급격히 훼손되었다. 1907년 일본 왕세자 방문을 앞두고 길을 넓힌다는 핑계로 숭례문 북쪽 성벽이 철거되면서 한양도성은 그 원형을 잃기 시작하였다. 이제 성벽과 성문은 도시 개조의 장애물일 뿐이었다. 1910년 조선을 강점한 일제는 서울을 식민도시로 개조하고자 하였다. 결국 소의문(1914년), 돈의문(1915년), 혜화문(1938년)과 한양도성의 서쪽(숭례문~돈의문), 동쪽(흥인지문~장충동) 성벽은 완전히 훼철되었다.

셋째는 한양도성에 대한 무관심과 방치이다. 1945년 해방을 맞이하였지만, 한양도성은 잊혀졌다. 1945년 해방을 맞이한 서울은 곧이어 6 · 25전쟁으로 폐허가 되었다. 주요 시설들이 파괴되었고 도성의 정문이었던 숭례문도 전쟁의 포화 속에서 손상되었다. 이후 전후 복구와 급격한 도시화, 산업화 과정을 거치면서 한양도성은 잊힌 채 계속 훼철되었다. 1970년대 한양도성은 복원되기 시작하였지만, 우리 곁에서 멀어졌다. 전쟁의 폐허 위에서 서울은 1960~1970년대를 거치면서 빠르게 발전해 갔다. 1967년 청계 고가도로가 건설되기 시작하였고, 1970년대 건설의 상징이 된 3 · 1빌딩 등이 도심의 스카이라인을 변화시켰다. 1968년 1 · 21사태를 계기로 한양도성은 대대적으로 복원되기 시작하였지만, 여전히 개발의 걸림돌일 뿐이었고, 백악산과 인왕산의 한양도성은 보안을 이유로 우리 곁에서 멀어졌다.

넷째는 한양도성에 대한 재발견과 세계문화유산화의 과정이다. 2000년 이후 한양도성은 발굴조사를 통해 재발견되었다. 사람들의 기억에서 잊혔던 한양도성은 2000년대 이후 청계천 오간수문(2003년), 종로구 송월동(2008년), 인왕산 구간 정비 및 동대문역사문화공원 복원(2008~2009년), 남산 회현 자락(2009~2014년) 발굴조사를 통해 재발견되었다. 이러한 발굴조사는 없어졌을 것으로 여겼던 한양도성 멸실구간에도 성벽이 남아있을 가능성을 제시해 주었고, 우리에게 도성의 의미와 가치를 일깨워 주었다. 그리고 한양도성은 오늘도 변함없이 거대도시 서울을 품고 있다. 현재 서울의 범위는 내사산을 넘어 외사산까지 확장되었다. 이제 600년 전 옛 서울의 외곽 경계선이었던 한양도성은 도심 속 문화재가 되었고, 600년 역사문화도시 서울을 상징하는 제1의 랜드마크가 되었다.

이에 따라 한양도성은 오늘날 많은 사람이 찾고 있는 세계적인 문화유산으로 인식되고 있다. 서울시는 2012년 한양도성도감과를 신설하고, 2013년 10월 국제기준에 부합하는 한양도성 보존 · 관리계획을 수립하여 한양도성의 역사성을 온전히 보존하고 세계인의 문화유산으로 전승하기 위해 노력하고 있다.

복원된 동대문역사문화공원 내 이간수문 현장

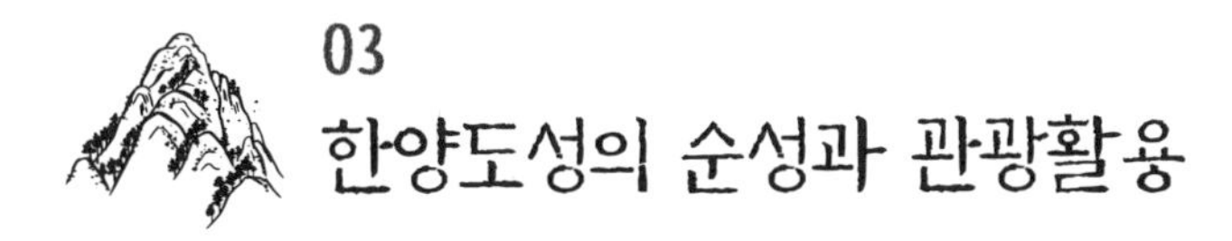

03 한양도성의 순성과 관광활용

한양도성 순성놀이

왕들도 순성했다

본래 순성(巡城)은 두 가지 의미가 있다. 한양도성을 한 바퀴 돌던 순성의 문화도 치안유지의 관점뿐만 아니라 풍류와 놀이의 관점에서도 바라볼 수 있다(서울특별시, 2012). 먼저 성 주위를 돌아다니며 경계함, 즉 치안이었다. 순라(巡邏)와 비슷한 의미이다. 조선 초기에는 전자의 의미로 많이 쓰였고, 관리 책임이나 감독 권한이 있는 사람들이 성을 둘러보는 것을 말한다. 여행의 개념이 없었던 조선시대 초기에는 당연히 순성은 순찰, 순라의 의미가 터 컸다. 1422년(세종 4)에 성의 안팎으로 모두 넓이가 15척이 되는 길을 내어 순성하는 데 편리하도록 순성로를 만들었다(서울특별시, 2009).

다음으로 순성은 성을 두루 돌아다니며 구경함을 의미한다. 조선 후기로 들어오면서 한양시민과 지방에서 올라온 사람들이 도성을 밟기 시작하면서 길놀이의 일종인 순성을 이용자의 관점에서 바라보기 시작하였다. 즉 민간인이 유람 목적으로 성을 도는 것을 순성으로 부르기 시작하였다.

조선 태조 이성계는 한양에 도읍을 정하고 약 18.6km의 성곽을 쌓았다. 국가 공식 기록에 나타나는 순성에 대한 기록을 살펴보면, 우선 임금이 순성하였다는 기록이 눈에 띈다. 태조는 종묘와 경복궁이 완공된 직후인 1395년(태조 4) 윤9월 10일에 도성 터를 정하는 단계에서 몸소 도성 터를 둘러본 바 있다. 도성이 아직 지어지기도 전에 순성을 한 셈이다. 뒤로 두 차례 공사 끝에 도성이 완공된 1396년(태조 5) 9월 24일로부터 7개월이 지난 1397년(태조 6) 4월 28일에 흥인문에 행차하여 옹성을 둘러보고 이어서 타락산을 넘어 혜화문까지 순성을 하였다. 태조는 해를 넘긴 1398년(태조 7) 2월 15일에도 또 순성을 하였다. 임금이 직접 순성하는 일은 그 이후 조선의 임금들에게는 흔치 않은 일이었다(홍순민, 2016).

1753년(영조 29) 4월 9일, 영조는 종묘에 제사를 지내러 갔다가 환궁하는 길에 갑자기 동쪽으로 방향을 틀어 도성을 순성하였다. 미리 준비하지 않은 행차라 급히 시위 군사를 꾸리고, 수행하는 관원들도 단출하였다. 영조는 동성, 즉 동대문을 올랐다. 영조는 흥인문 인근까지 가마를 바꿔가며 타고 간 뒤, 성 밑에서야 비로소 걸어서 성으로 올라갔다. 아무리 임금이지만 가파른 계단을 가마를 타고 올라갈 수는 없었다(홍순민, 2016). 1760년에 비단에 그려진 「수문상친림관역도(水門上親臨觀役圖)」에는 영조가 오간수문에 찾아와 청계천 준설을 참관하고 현황을 보고받았던 모습이 생생히 그려져 있다.

또한 북한산성을 쌓은 숙종은 북한산성을 행차하여 공사를 감독하였다. 영조는 두 차례 북한산성을 행차 때마다 행궁에 들렀다. 1760년(영조 36) 8월 북한산성에 행차하였을 때 영조는 선왕인 숙종이 사용했던 방식을 보고 눈물을 흘리면서 총융사에게 궤(櫃) 안에 간직하게 하였다(이근호, 2023).

주 이 그림은 오간수문 앞의 공사 현장을 생생하게 묘사하고, 왼편 위에 살짝 보이는 건물이 흥인지문이다.

수문상진림관역도(水門上親臨觀役圖, 부산시립미술관 소장)

백성들도 순성에 참여했다

조선의 왕뿐만 아니라 신하들과 백성들도 순성하였다. 조선 건국의 일등 공신인 정도전(鄭道傳)은 한양도성의 풍광을 「한양팔영(漢陽八詠)」으로 노래하였는데, 2번째가 도성궁원(都城宮苑)이다. 그 내용은 "성은 높아 철옹인데 천 길이요. 구름은 봉래산 둘렀는데 오색일새. 해마다 상원(上苑)에는 꾀꼬리와 꽃인데. 해마다 서울 사람들 놀며 즐기네"이다(이상해, 2014). 성종 때에는 서거정, 강희맹, 이승소, 성임 등이 한양의 승경을 「한양십영(漢陽十詠)」으로 읊었고, 영조 때 이덕무는 칠언고시 「성시전도(城市全圖)」를 남겼다.

'금척(金尺)의 산하 일만 리, 한양의 웅장한 모습 황도 속에 담겼네. 한 폭의 황도 대도회를 그렸는데. 역력히 펼쳐져 있어 손금을 보는 듯, 글 맡은 신하 그림에 쓰는 시 지을 줄 알아. 동월(董越)이 부를 지은 것 조금 뜻에 맞고, 서긍(徐兢)이 그림을 만든 것 어찌 혼자 아름다우랴(신병주, 2022).

또한 조선의 선비들을 중심으로 유산기(遊山記)가 다수 등장하였다. 유산기는 산수를 유람하고 남긴 기록을 총칭하는 것으로, 편폭이 긴 경우에는 유산록(遊山錄)이라 하였다. 유산은 심성 수양의 한 방편이지만, 벼슬살이의 권태로움을 벗어나 산수 자연에서 한바탕 풍류를 즐기고자 하는 의식 역시 공존하였다(이종묵, 1997). 서울의 내사산뿐만 아니라 북한산은 관원이나 지식인의 대표적인 산수 유람의 코스였다. 이정귀(李廷龜) 일행은 북한산 산영루 구지(舊址)에서 '금수비단의 세계(錦繡世界)'를 경험하였고, 노적봉에 올라가서는 '떠가는 구름과 지는 해로 은빛 세계'가 펼쳐진 세계를 「유삼각산기(遊三角山記)」에 남겼다(이근호, 2023). 한마디로 이정귀는 북한산을 관광 유람하였고, 현지에서 풍류를 즐긴 것이다. 북한산성의 축성 후 한양도성 내에 살던 사대부들이 '북한산성에 서로 가서 보는 것을 다투었다'라고 할 정도로 각광을 받았다.

한양도성은 전 세계에 현존하는 도성 중 가장 오랜 기간(1396~1910,

514년간) 도성 기능을 수행하였다(성균관대학교 유학대학, 2021). 한양도성은 서울 도심을 순환하며 수목이 적당히 우거져 시원하면서 보기 좋고 높낮이도 적당히 있어서 산책하기에 매우 좋다. 과거에도 한양도성을 따라 하루 종일 걸으면서 주변의 풍경을 감상하는 여행을 순성놀이라고 하며, 조선시대 당시 한성부 사람들이 여가활동으로 하였다. 도읍지 한양의 경치를 만끽하는 이 놀이는 꽃 피는 봄부터 여름철에 성행했다. 현대까지 풍경이 잘 남아있는 인왕산~백악산 지역은 물론이고 낙산, 목멱산(남산) 등지 또한 조선시대에는 서울의 명승지였다.

한양도성은 축성 초기에는 순성을 하며 도성의 방어와 관리기능을 충실하게 하였으나 세월이 흐르면서 시민들이 모여 놀거나 연날리기하는 장소로, 도성 안팎의 경치를 구경하는 공간으로, 단오에는 성곽 옆의 빈터에서 씨름이나 놀이하는 것으로, 먼 길을 떠나는 사람에게는 배웅하는 공간이 되었으며, 사월 초파일에는 관등(觀燈)하는 것이 되었다(이상해, 2014).

서울의 울타리 역할을 한 한양도성은 도성민의 일상생활에도 큰 영향을 미쳤다. 보신각 종루에 매달린 큰 종을 쳐서 성문 여닫는 시각을 알렸는데, 새벽에는 33번, 저녁에는 28번을 쳤다. 새벽에 치는 종을 바라(파루), 저녁에 치는 종을 인경(인정)이라 했는데, 민가의 대문도 이 종소리에 따라 열리고 닫혔으니, 성문의 개폐 시각이 도성민의 생활 리듬을 지배한 셈이다.

나아가 한양도성은 서울과 지방을 구분하는 경계선인 동시에 삶과 죽음을 가르는 경계선이기도 하였다. 왕이든 백성이든 생을 마감하면 반드시 도성 밖에 묻혀야 했으니, 서울 사람들에게 도성은 삶의 증표와 같았다(서울특별시, 2021). 먼 곳에서 상경하는 사람들에게 한양도성은 반가움의 상징이기도 하였다. 몇 날 며칠을 걸어서 온 이들이었으니 먼발치에서 한양도성을 마주하는 것만으로도 '드디어 한양이구나' 싶은 안도감이 생겼을 것이다. 특히나 과거시험을 보러 상경하는 선비들의 경우, 성안으로 들어가기 위해 밤낮으로 책을 읽었으니 한양도성의 의미가 남다를 수밖에 없었다. 그래서 과거 보러 온 선비 중에는 한양도성을 한 바퀴 돌며 급제를 비는 경우도 많았다. 이는 도성민들에게도 전해져 '순성놀이'라는 풍습이 생겼다.

정조 때 학자인 유득공은 『경도잡지(京都雜志)』에서 사람들이 산을 오르고 골짜기를 건너면서 풍류를 즐기는 것을 소개하였다(이상해, 2014). 그는 순성놀이를 '새벽에 출발하여 저녁 종이 칠 때까지 도성을 한 바퀴 빙 돌아서 안팎의 멋진 경치를 구경하는 놀이'라고 설명하였다. 그의 아들인 유본예(1777~1842)도 최초의 서울 지리지인 『한경지략(漢京識略)』에서 "봄과 여름이면 한양 사람들은 짝을 지어 성 둘레를 한 바퀴 돌며 안팎의 경치를 구경한다. 이른 새벽에 도시락을 싸 들고 5만 9,500척(尺 · 40리)의 전 구간을 돌아 저녁에 귀가했다. 도성의 안팎을 조망하는 것은 세상 번뇌에 찌든 심신을 씻고 호연지기까지 길러주는 청량제의 구실을 하는 데 부족함이 없다. 이것을 순성놀이(巡城之遊)라 한다"라고 적었다(서울특별시, 2021).

순성놀이는 조선 후기에 더 인기였다. 사람들은 성곽을 따라 걸으며 소원도 빌었다. 정조는 신하들에게 「성시전도」를 시제로 글을 올리게 했다. 정조의 명을 받고 신하들이 지어 올린 시 중 현재까지 13종이 전해오고 있다. 조선 후기 한양의 번영을 노래한 이집두(李集斗, 1744~1820)는 「성시전도시(城市全圖詩)」에서 한양도성 안의 풍경을 다음과 같이 읊었다.

봄바람 불어 높은 누대에 올라서 보니, 도성의 아름다운 경치 또렷하게 보이네. 평탄하고 긴 대로는 열십자로 훤하게 뚫렸고, 날아갈 듯 우뚝 솟은 용마루와 붉은색 팔각지붕. 두루두루 그려진 연기는 나왔다 사라지고, 뭉게뭉게 피어오르는 기운은 멀리도 뻗쳐 있네. 북쪽 마을은 밤마다 사람들이 달처럼 환하고, 남쪽 언덕은 아침마다 꽃들이 비단처럼 곱구나. 〈중략〉 반듯반듯 늘어선 대문은 서로 마주하여 열려있고, 빽빽한 여염집 다닥다닥 이어졌구나. 땅에는 먼지 자욱이 일고 사람들 붐비는데, 빠른 물살 웽웽 소리 그치지 않네. 큰 저택은 울쑥불쑥 솟아있고, 남북동서 넓고 큰길은 숫돌처럼 평평하네.

1786년 7월 16일 최창규를 비롯한 13명의 위항시인이 인왕산 옥계(玉溪)에 모여 시사를 결성하였다. 어릴 때부터 인왕산 서당에서 글공부하던 친구들이 중심이었는데, 인왕산의 모습이 철 따라 달라지므로 1년 열두 달 가장 경치를 즐기기 좋은 곳을 정하여 찾아갔다. 그들이 방문했던 곳은 옥류동 청풍정사, 인왕산 필운대, 옥류천, 인왕산 도성 등 여러 곳이었다. 그들은 1명이 시 한 수씩 매달 13수씩 지어 총 156수를 한 책으로 엮었다(허경진, 2012).

구한말과 일제 강점기에도 순성놀이는 사라지지 않았다. 당시 외국인들도 순성놀이를 즐겼다. 순성놀이를 즐기려면 아침 일찍 서둘러야 한다. 아침 먹고 출발해서 숭례문, 돈의문, 숙정문, 흥인지문을 거쳐 다시 숭례문에 도착하면 저녁이 다 돼간다. 성곽은 인왕산과 백악산, 낙산, 남산 등으로 이어지는데 산과 계곡의 아름다운 풍경에 취해 걷다 보면 하루가 다 간다. 삼삼오오 모여 경치를 즐기고 웃으며 걷는 모습은 예나 지금이나 변함없다(서울 성북구, 2019.03.25.). 이렇듯 조선 후기 서울 사람들에게 한양도성을 한 바퀴 도는 순성은 풍습이자 놀이문화로 정착되었다. 이러한 순성놀이는 일제 강점기에도 이어져 '순성장거(巡城壯擧)'라 하여 신문사가 본격적으로 주관하여 안내 광고를 낼 정도로 서울의 문화 형태로 자리 잡았다.

개화기 서양인에게 비친 한양도성

근대는 인간과 물자의 교류가 비약적으로 확대된 시대이다. 인류는 자유롭고 안전한 이동을 가로막았던 모든 요인을 차례로 정복했다. 교통수단과 교통로, 백신과 치료제, 숙박시설 등이 개발 · 발명 · 확충되었다. 이 과정에서 다른 풍경과 문화를 경험할 목적으로 이동하는 관광여행이라는 새로운 문화가 형성되었다. 19세기 말부터 서울에 외국인 관광객들이 들어오기 시작했고, 일제 강점기 전후에는 시찰 및 견학 등의 명목으로 일본인 단체 관광객이 밀려들었다. 이와 더불어 이색적인 문물과 자연경관에 대한 기억을 되도록 오래 간직하려는 관광객의 욕구에 맞춘 관광상품들도 등장하였는데, 그 대표적인 것이 사진엽서였다. 특히 일제 강점기 서울에서 발행 · 판매된 사진엽서에 가장 많이 담긴 것은 한양도성의 성문들이었다.

1880년대 서구 열강들과의 수교로 서양인들이 다수 서울로 입성하기 시작하였는데, 1882년 미국과의 수호통상조약 체결 후 공식적으로 서양인들이 서울로 들어오게 되었다(황선익, 2023). 이 시기에 서울에 들어온 독일인 마예트는 1883년 「서울기행문」(10월 27일~11월 28일)을 1884년 일본 극동민속학회에 발표하였다. 이 기행문은 마예트가 직접 기행하며 느낀 서울의 모습을 생생하게 기록하고 있다.

서울은 오랜 풍파 작용에 깎인 화강암이 많은 산으로 둘러싸인 계곡 안에 자리를 잡고 있는데, 북쪽 산에는 초목이 거의 없고, 주로 소나무로 이루어진 수림이 있었다. 동쪽 산등성이는 내리막이지만 서쪽은 한강변을 향해서 분지를 이루고 있었으며, 산 계곡에는 작은 마을들이 도로를 따라 형성되어 있었다. 조선왕조가 서울을 도읍으로 정한 이유가 외부의 침략을 맞기 위해서였다면 서울은 정말 군사방위처로 적격이다. 〈중략〉 이 모두가 거대한 도성으로 둘러싸여 있는데, 이 성곽은 2천여 척쯤 높은 산꼭대기에서부터 산등성이를 오르고 내리면서 계속된다. 성벽의 높이가 20~25척쯤으로 거대한 화강암으로 다듬어진 정방형의 돌덩이로 쌓았으며, 성벽 대부분이 시가지와 연결이 되었고, 성곽 위에는 외침에 대비해서 4척 높이로 총구를 냈다. 〈중략〉 여하튼 복원이 잘 된 이 성벽을 따라 아주 멋있는 산책을 할 수 있었다. 그래서 나는 사흘 동안 오후를 이용해서 서에서 남, 북쪽을 다 돌아봤다. 탁 트인 경관과 지붕이 강처럼 널린 수도 서울 시내가 다 바라보이는 이곳 산책은 누구에게나 권하고 싶다(황선익, 2023에서 재인용).

1886년에 조선에 들어와 고종의 뜻에 따라 설립된 육영공원의 교사로 재직했던 G. W. 길모어(1857~미상)가 쓴『서울풍물지』에 실린 한양도성과 서울의 모습은 한마디로 말해 '전근대성'으로 집약할 수 있다. 그는 특히 현재 광화문 사거리에서 동쪽(종로), 북쪽(왕궁로), 남쪽(남대문로)의 모습을 다음과 같이 묘사하고 있다.

서울의 성 안쪽에 들어가면 13세기식의 거대한 성벽에 둘러싸인 도시를 보고 받는 중세적 인상을 떨쳐버릴 수가 없다. 방문객들은 서울에는 단지

세 개의 대로가 있음을 알게 된다. 셋 중에 한 길은 도시를 동서로 가로질러 동대문에서 끝난다. 다른 두 길은 이 길에서 꺾여 나가는데 하나는 왕궁의 문으로, 다른 하나는 남대문으로 간다. 단 하나의 대로만이 언제 보아도 훤하게 뚫려서 그 너비를 확연히 알 수 있는데 그것이 바로 왕궁으로 통하는 길이다. 다른 길 위에는 노점과 상점이 즐비해서 마차 하나 지나갈 만큼의 너비밖에는 되지 않는다(신정일, 2012).

퍼시벌 로웰(Percival Lawrence Lowell, 1855~1916)은 미국의 천문학자로 보스턴의 부유한 로웰 가문에서 태어났다. 1883~'84년에 걸쳐 한국을 여행한 후 1886년에 『조선: 고요한 아침의 나라(Chosen: The Land of the Morning Calm)』라는 책을 발간하였다. 그는 이 책에서 한양도성을 거대한 구렁이에 비유하며 변화무쌍하며 현란한 성곽을 잘 묘사하고 있다.

서울의 성곽은 그 자체가 매우 인상적이지만 성벽이 놓인 위치와 지형을 고려하면 세상에 그 짝을 찾기가 어렵다. 험난한 지형에 성벽을 축조하면서 그 어려움은 무시되었고 높이는 안중에도 없었다. 성의 안팎을 가리지 않고 어디서나 바라보면 이 성곽은 가장 놀랄 만큼 아름다운 모습이다. 남대문에서 시작한 성곽은 서서히 산꼭대기를 향하여 기어 올라가는가 하면 불규칙한 산 정상의 지형을 따라 살짝 가라앉다가 다시 솟아오른다. 어떤 순간에는 가까이 있는 산자락에 가려 성곽이 사라지는가 하면 어느 순간엔가 다시 더 높은 산 능선을 따라 눈앞에 나타난다. 성곽은 정점에서 더 올라갈 수 없어 어쩔 수 없이 정상의 협곡을 향하여 내려와서 동북쪽 성문과 이어지는가 하면, 닭 볏 모양의 정점을 향하여 다시 숨 가쁘게 올라가기 시작한다. 성벽은 여기서 다시 산의 안팎으로 굽이굽이 돌

> 아가며 산과 성벽이 하나로 될 때까지 숨었는가 하면 또다시 나타나곤 한다. 성곽은 마치 거대한 똬리(둥글게 빙빙 틀어 놓은 것)를 틀고 나른하게 졸고 있는 거대한 구렁이같이 시가지를 둘러싸고 있으며, 정상으로 치솟아 올라가는가 하면 더 올라갈 수 없는 계곡에서는 하는 수 없이 다시 내려온다(짐 앳킨스 지음, 조성중 옮김, 2012).

영국 화가이자 탐험가인 아널드 헨리 새비지 랜도어(1863~1924)는 극동 여행 중 두 번에 걸쳐 한국을 방문했다. 그는 『고요한 아침의 나라 조선: 조선풍물지』에 일본을 거쳐 한국을 방문했던 1890년도의 기록으로 한국의 다양한 문화와 함께 한양도성의 모습을 생동감 있게 기록하고 있다.

> 서울과 그 주변은 언덕진 곳들이 많다. 도읍을 감싸고 있는 성벽은 마치 뱀처럼 높은 절벽의 위아래로 펼쳐져 있다. 그 벽을 살펴보면 실력 있는 석공의 훌륭한 작품처럼 보인다. 성의 꼭대기에 이르는 어떤 길들은 너무 가팔라서 걸어서 올라가기 몹시 어렵다. 성벽의 높이는 모두 같지 않으며, 높은 곳은 약 30피트가 넘는다. 예를 들면 북문은 도심보다 훨씬 더 높이 자리 잡고 있어 그곳에 가려면 가파른 길을 따라 올라가야 한다. 북문에서는 서울의 모습을 아주 정확하게 내려다볼 수 있다(강홍빈, 2015).

1901년 경의선 철로 부설을 위해 프랑스에서 초빙된 철도 기사 에밀 부르다레는 그의 저서 『대한제국 최후의 숨결』에서 한국에 머물면서 보고 듣고 조사한 내용과 한양도성의 경관 가치에 대해 구체적으로 평가하고 있다.

서울의 이 장벽은 하루 만에 한 바퀴를 다 돌 수 있다. 상당히 잘 걷고 산을 잘 타는 사람에게는 아주 흥미로운 산책이 된다. 대단한 구경거리로서 비범한 파노라마가 펼쳐진다. 특히 좋은 계절에 소나무와 꽃이 우거진 남산비탈을 따라갈 때, 흠잡을 데 없이 그림처럼 펼쳐지는 구석구석을 즐길 만하다(에밀 부르다레 저, 정진국 역, 2009).

이처럼 조선은 서양인에게 '은둔의 나라'였다. 1901년 말 고종 황제 시의(侍醫: 임금과 왕족의 진료를 맡은 의사)로 부임해 조선을 찾았던 독일인 의사 분쉬(Richard Wunsch, 1869-1911) 박사는 애인에게 쓴 편지에 서울 남산에서 내려다본 시가지 모습을 이렇게 묘사했다.

(남산에서 내려다보면) 서울 시내는 아주 크고 높은 바위들로 둘러싸인 아늑한 계곡 안에 자리 잡고 있으며, 나지막한 오두막집들은 마치 막 심은 곡식들이 자라고 있는 밭과 같은 인상을 줍니다. 다만 유럽의 성 건축 모양을 본떠 지어진 낯선 외교 관저들만이 이러한 단조로운 풍경 속에서 더욱 두드러져 보입니다(손영옥, 2019.03.10.).

일제 강점기의 순성

조선시대에는 봄과 여름 두 차례에 걸쳐 성을 따라 돌며 안팎을 구경하는 풍습이 있었다. 짝을 지어 성 둘레를 한 바퀴 돌면서 구경도 하고 소원도 빌었는데 이것을 순성이라고 한다. 이러한 순성의 전통은 일제 강점기에도 계속 이어졌다. 1916년 5월 5일 조선총독부 기관지인 일간『매일신보』주최로 열린 순성 광고에는 건강한 청 · 장년은 누구나 참가할 수 있으며, 특별한 준비물은 없으나 망원경, 윤도(輪圖), 지도를 가지고 가면 편리하다는 내용을 싣고 있다. 또한 숙정문에서 점심을 먹은 뒤 육군포병 정령(正領)인 어담(魚潭) 씨의 경성 지리, 역사, 전설, 군사학으로 보는 경성 성벽에 관한 강연이 있다는 내용으로 보아 단순히 '유쾌한 놀이'의 목적은 아니었을 것이다. 당시 순성 코스는 아침 7시 남대문 소학교에 집합하여 남대문~서소문~서대문~불암~무학현~인왕산~창의문~백악산~숙정문~성북동~동소문~낙산~동대문~광희문~남소문~장충단~남산~한양공원을 끝으로 해산하는 여정이었다. 1916년 5월 14일 매일신보 기사 중 '오늘은 순성하세'라는 제목하에 실린 글에는 한양도성을 돌면서 오백 년 역사도 생각하면서 즐겁게 지내는 몇 가지 주의 사항을 다음과 같이 장문으로 공지하였다.

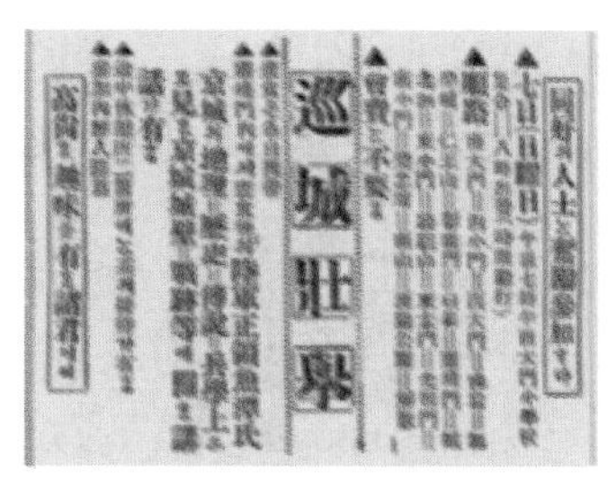

巡城壯擧

매일신보 순성 광고

> 기다리고 기다리던 경성의 순성도 오늘 14일의 일요일을 기약하여 실행하게 되었습니다. 〈중략〉 경성측후소의 관측한 바를 의하면, 일요일의 천기는 염려없다 한즉, 당 한양 사십 리의 성벽을 흔쾌히 돌면서 다리 아래의 새 녹음을 바라보는 것도 말하지 못하도록 상쾌한 일이라 생각합니다. 더구나 인왕산 북악산 남산면 상상봉에서 첫 여름의 훈풍을 쏘이면서 굽어보는 경치는 실로 장절(壯絕) 쾌절한 감동을 자아냅니다. 다리가 건장함을 자랑하는 청년 제군은 서로 다투어 이번 길을 같이 하시기를 권합니다. 출발은 오전 8시 그전 7시 30분에는 부전면화제조소의 화포를 한양공원에서 올려 집합하는 신호를 하게 되었습니다. 〈중략〉 행렬의 선두에

옛날의 순성놀이를 기념하기 위하여 기를 든 사람과 군악대가 나가며 길은 인왕산, 북악산, 남산의 세 곳이 험한 길이요, 그 외에는 그렇게 어려운 길이 아니라. 그러나 인왕산의 산꼭대기에는 수십 장의 절벽에 임한 어려운 길이 있는 고로 각기 매우 주의를 해야 하겠습니다. 더구나 행렬의 순서를 경쟁하는 의기로 내가 먼저 가리라 하는 마음으로 앞을 서라 하여 다치는 일이 생기지 않도록 삼가시기를 희망합니다. 또는 길에 위험한 곳에는 붉은 헝겊을 달고 길을 잃기 쉬운 곳에는 흰 끈을 놓아 있지마는 아무쪼록 인도하는 사람의 가는 뒤로 따라가셨으면 좋을 것이올시다. 그중에 인왕산과 같은 데는 다른 길로 잘못 들면 그릇되어 짐승을 잡는 함정에 빠질 위험도 있는즉슨, 반드시 단체의 한 일원이 되는 규례를 지켜야겠습니다. 〈중략〉 일행은 남산 산꼭대기로부터 다리 아래의 한강을 바라보며 한양공원으로부터 최초의 출발했던 남대문에 돌아옵니다. 또 도중의 만일을 염려하려 영목 칠성당 의원에서 구호반의 사람도 동행합니다. 〈중략〉 그러나 순성은 비가 오든지 바람이 불든지 꼭 하루에 마치지 아니하면 효험이 없는 것인즉 그것이 또는 재미있는 규정이라 생각하노라. 그중에는 종로의 상인들도 자기 상점의 운수를 축수하노라고 남몰래 가만히 성벽을 한번 도는 등 옛날에는 순성을 일종의 신앙으로 여겼던 모양이라. 〈중략〉 그때는 양반의 자제들도 성의 안쪽으로 매우 잘 돌아다녔던 것이라(강홍빈, 2015).

'백두산사에서 순성대 모집'이라는 기사가 실렸다. 백두산지리학회의 주최로 제1회 야외 관찰을 오는 11월 2일에 개최한다는바, 장소는 단풍에 쌓인 서울의 성을 한 바퀴 돌기로 되어 있어 남녀노소를 불문하고 참가하기를 바란다고 하였다. 참가하는 방법은 이 글을 본 즉시로 엽서

今日 巡城

매일신보(1916년 5월 14일 자)

에 주소, 성명을 써서 보내면 그만이라 하며, 특히 이번 순성대에는 이은상(李殷相) 씨 외에 여러 사람의 참관이 있어 전설 등을 자세히 들을 수 있고, 또 주최자인 백두산 측에서는 당일 기록할 노트를 한 권씩 제공하여 일반이 준비할 것은 단순히 점심, 칼, 연필, 물병 같은 것뿐이므로 이런 좋은 기회를 이용하기를 바란다고 하였다. 특히 남녀 학생들의 참가를 많이 바란다고 하였다(동아일보, 1930.10.31.). 일제 강점기에는 일반인은 물론 학생들의 한양도성 순성이 행하여졌고, 오늘날 안내원에 해당하는 가이드가 있었다.

한양도성의 개방과 이용현황

한양도성의 개방

한양도성은 해방 이후 대대적인 보수 · 복원 사업이 전개되었으나 1968년의 1 · 21사건 이후 군사적 이유로 한양도성의 일부 구간 출입이 통제되었고, 이후 25년이 지난 1993년 문민정부 시절에 통제되었던 인왕산 구간이 개방되었다. 서울 정도(定都) 600년을 맞던 1994년에는 '남산 제모습찾기' 사업의 일환으로 남산을 가로막고 서 있던 남산 외인아파트를 발파 철거한 뒤 생태공원을 조성하였고, 이어 주변 경관 회복 및 탐방로 정비가 시작되었다. 2007년 4월 5일에는 백악산 한양도성 구간이 전면 개방되었는데, 이에 따라 한양도성의 거의 전 구간 개방 시대를 맞게 되었다.

한양도성을 찾는 시민들이 늘고 도성에 관한 관심이 증대됨에 따라 성곽 주변의 탐방로 정비사업도 지속되었다. 2008년에는 남산 르네상스 마스터플랜에 따라 장충동 남산 탐방로 1,090m 구간이 복원되었고, 2011년에는 사유지인 신라호텔, 서울클럽 등을 통과하는 산책로를 정비하여 남산 탐방로가 개방되었으며, 낙산 탐방로는 북쪽 끝의 미개통 구간 약 100m를 정비하여 낙산 구간 2,160m의 탐방로 조성이 완료되었다.

또한 2009년부터 시작한 남산 회현 자락 서울 한양도성 복원은 공원 조성과 함께 2015년에 완료되었다. 이 밖에 동대문성곽공원, 와룡공원, 낙산공원, 백악산공원, 청운공원, 인왕산공원, 사직공원, 서울성곽근린공원, 서소문근린공원, 숭례문광장, 백범광장공원, 남산공원, 신라호텔 야외조각공원 등 서울 한양도성 주변에 많은 공원이 조성되었다.

서울 한양도성을 보전하고 관리하기 위한 사업들은 오랜 기간을 거쳐 이루어졌으며, 성곽을 돌아볼 수 있도록 탐방로가 정비됨에 따라 한양도성에 대한 시민들의 관심이 높아졌다. 또한 서울시와 자치구가 서로 연계되어 한양도성과 관련된 탐방 프로그램을 개발하고 있다. 서울시와 자치구뿐만 아니라 시민단체들이 주도하는 한양도성의 탐방 및 순성놀이와 같은 프로그램들이 운영되고 있고, 이에 대한 시민들의 관심과 참여도 점차 늘어가고 있다.

한양도성에 대한 시민들의 관심과 이용이 높아지게 된 것은 한양도성 자체가 지닌 힐링적 요소 때문이다. 이시형은 '한양도성의 치유적 가치'에서 한양도성의 600년의 역사, 아름다움의 힘, 자연과 인공, 직성과 곡선, 오르락내리락, 걸음마다 명상, 외침 · 수탈 · 독립운동, 5감의 쾌적한 자극, 한강의 기적이 힐링적 요소로 작용하고 있다고 주장한다(이시형, 2014). 시민들은 한양도성에서 현대와 공존하는 역사에 젖고, 성벽에 손을 대며 선조들이 흘린 피와 땀을 체험하며, 세계의 중심으로 떠오른 서울을 보며 긍지와 자부심을 느끼게 된다.

도성 탐방로 및 시설 현황

서울 한양도성과 관련된 탐방프로그램은 지자체(종로구)와 함께 시민단체에서 진행하고 있다. 2008년 8월 문화재청 협력사업으로 숭례문 복구 현장 시민 안내활동을 시작했던 시민단체 '도성 길라잡이'는 한양도성을 탐방하는 서울성곽 스탬프투어 프로그램을 종로구와 함께 기획하여 현재까지 운영하고 있다. 그 외에도 초창기 '도성 일주 답사'와 이를 발전시킨 '순성놀이'가 있다.

먼저 서울 한양도성 스탬프 투어는 2011년 3월부터 11월까지 종로구와 도성 길라잡이가 함께 마련한 행사이다. 종로구청 홈페이지를 통해 사전 예약을 받아 매회 참석인원을 30명으로 제한하였다. 스탬프 투어 행사는 총 31회가 진행되었으며 모두 1,085명이 참여하였다. 내사산을 중심으로 4개 구역으로 구간을 나누었으며, 첫째 주에는 남산 구간

(광희문~숭례문), 둘째 주에는 인왕 구간(숭례문~창의문), 셋째 주에는 백악산 구간(창의문~혜화문)을, 마지막 주에는 낙산 구간(혜화문~광희문)을 대상으로 행사를 진행하였다. 행사종료 후 참가자들을 대상으로 한 설문조사 결과, 서울 한양도성에 대한 이해가 높아졌다는 응답이 95%에 이르고, 응답자의 91.4%가 재참여하겠다는 의사를 밝혔다.

다음으로 '하루에 걷는 600년 서울 순성놀이'는 도성 길라잡이 활동 초기부터 운영되었던 '도성 일주 답사'를 발전시킨 프로그램으로 2011년 9월 24일에 진행되었다. 아침 7시에 서울역사박물관에서 개막식을 열었고 총 300명의 인원이 서울 한양도성 전 구간을 순성하는 데 10시간이 소요되었다. 기존의 '구간별 안내'와는 달리 도성일주 답사는 하루 동안에 서울 한양도성 전체를 둘러보는 프로그램이었다.

이에 더해 서울특별시는 현재 '서울 한양도성 관광안내 지도'를 제작 배포하고 있는데, 우리나라의 수많은 여행지도 중 가장 정교하며, 이용자의 입장을 배려하여 사용하기 편리하게 제작하였다. 또한 상시 해설 프로그램으로 종로구와 중구가 4개 구간별 해설예약 프로그램을 운영하고 있으며, 서울시에서 문화관광해설사 프로그램으로 낙산 성곽과 남산 성곽 구간을 운영하고 있다.

서울시와 별도로 종로구청은 한양도성 달빛 기행, 골목길 탐방, 순라길 및 순라군 해설 등을 운영하고 있다. 그리고 중구청은 해설사와 함께하는 도보관광(한양도성 남산구간, 순례역사길, 남산기억로 등), 서울시티투어버스 등을 운영하고 있다.

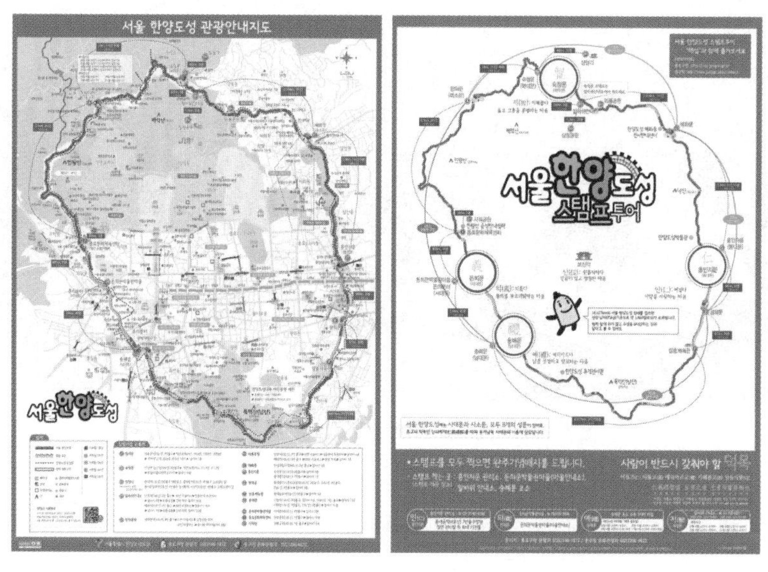

서울 한양도성 관광안내지도(제작: 한양도성박물관)

한양도성 이용객 수 현황

우선 한양도성 이용객에 대한 계측조사가 마지막에 이루어진 2018년의 자료를 살펴보자. 한양도성의 총이용객 수는 2018년 7,972,043명으로 나타났다. 이들 이용객의 계절별 분포를 보면 가을이 2,631,398명(33.0%)으로 가장 많으며, 봄 2,252,916명(28.3%), 겨울 1,623,916명(20.4%), 여름 1,463,277명(18.4%)의 순이다. 성별로 보면 남성이 48.9%, 여성이 51.1%로 여성 이용객이 많은 것으로 나타났고, 국적별로 보면 내국인이 75.6%, 외국인이 24.4%로 내국인 이용객이 월등히 많은 것으로 나타났다(서울특별시, 2018).

그런데 한양도성 이용객 수에 대한 계측이 2019년부터 무인계측 시

인왕산 정상에서 도심을 바라보는 국내외 관광객들

스템으로 바뀌면서 통계 데이터가 변화되었다. 2019년 이후에는 서울시 문화재관리과에서 이용객 통계를 집계하고 있는데, 2019~2020년도는 통계 정확성을 확보하지 못한 것으로 알려져 있다. 2021년부터 2023년(10월 말 기준)까지의 방문자 수는 2021년 3,651,640명, 2022년 4,640,785명, 그리고 2023년(10월 말까지)은 5,536,149명으로 연말까지는 700만 명에 근접할 것으로 보인다(서울시 문화재관리과 자료 제공).

한양도성 내의 공간을 4개로 구분하여 지역별 여가행태를 분석한 결과는 흥미롭다. 조준식 등은 한양도성 내에서 이루어지고 있는 여가통행 형태는 사회, 운동, 관광, 휴양으로 분류로 구분하고, 각 토픽의 공간적 분포를 확인하기 위해 핫스폿(hot-spot) 분석을 실시한 결과, 지역별 특성에 따라 다른 결과를 도출해 냈다. 동부 지역은 핫 플레이스가 많이 있어 '사교' 목적의 활동이, 서북부 지역은 등산지가 많이 위치하여 '운동' 목적의 활동이, 중부 지역은 다양한 문화 관광지가 존재하여 '관광' 목적의 활동이, 남부 지역에는 남산 휴양지가 있어 '휴양' 목적의 활동이 많이 이루어진 것으로 확인되었다(조준식 외 4인, 2023).

한양도성은 관광콘텐츠의 보고(寶庫)

서울 인구는 한때 1,066만 명에 달할 정도로 거대도시가 되었으며, 21세기로 들어와서는 국제교류의 선봉장 역할을 하고 있다. 서울시는 1986년 제10회 아시안게임, 1988년 제24회 서울올림픽, 2002년 제17회 한일 월드컵, 그리고 2010년 제5회 G20 정상회의 개최를 통하여 글로벌 도시로 계속 성장하였다. 서울방문 외국인 관광객 수도 2006년 615만 명에서 2012년 1,114만 명으로 늘어났고, 2014년에는 한국 방문객의 80%인 1,148만 명이 서울을 방문하였다. 코로나19 발생 이전 외래관광객이 가장 많이 방문했던 2019년은 전체 방문객의 76.4%가 서울을 방문한 것으로 나타났으며, 이는 연간 17,502,756명 중 1,337만여 명이 서울을 방문한 것이다.

이처럼 조선왕조 내내 서울이 국제도시였던 적이 있었는가? 21세기에 들어와서야 글로벌 도시로 변모한 것이다. 앞으로 서울의 방향은 '세계를 선도하는 글로벌 문화관광도시'이다. K-컬처로 솟아오르고 관광으로 꽃피우는 도시가 그것이다. 이와 관련하여 문화체육관광부와 한국관광공사가 2년 주기로 선정하여 홍보를 지원하는 '한국관광 100선'은 전국의 관광명소를 100개 선정하고 있다. 그동안 6차례의 선정 결과를 보면, 서울은 한양도성 내에 있는 관광명소가 전국 대비 10% 정도(최소 7개~최대 11개 선정)로 선정되었음을 알 수 있다.

이 가운데 5대 고궁과 남산서울타워가 각각 6회 선정되어 최고의 관광콘텐츠임을 입증하고 있다. 그리고 명동, 인사동, 익선동, 북촌한옥마을, 동대문디자인플라자가 각각 3회, 서울광장시장이 2회, 동대문시장,

서울시립미술관, 서촌마을, 청와대앞길이 각각 1회씩 선정되었다. 그동안 1회 이상 선정된 관광명소는 총 19개소였다. 그러나 안타깝게도 한양도성은 정부와 서울시의 안일한 대응으로 인해 한국관광 100선에 선정되지도 못하였다. 한양도성의 일부 지점(예: 남산서울타워)이 100선에는 포함되기도 하였지만, 하나의 완전체로서의 한양도성의 중요성을 왜 빨리 주목하지 못했는지 안타까울 뿐이다. 이 글에서는 한양도성 내 관광명소를 개별적으로 검토하되 서로 연계하고 도성 밖까지 확장하는 테마여행 코스를 개발하는 데 초점을 두고 있다.

2부

한양도성의 현재 톺아보기

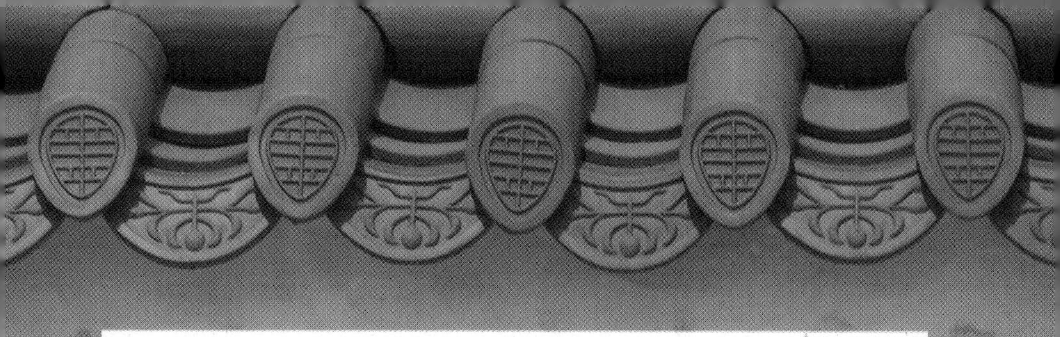

제2부는 한양도성의 '현재'에 대한 톺아보기이다. 한양도성은 사대문 · 사소문과 내사산을 연결하는 성곽이다. 그동안 한양도성의 순성길은 공공기관이나 전문가마다 다르게 제시되었다. 서울역사박물관 한양도성연구소가 2015년 발간한 '서울 한양도성'과 한양도성박물관 홈페이지를 보면, 백악산 구간(창의문~혜화문, 4.7km), 낙산 구간(혜화문~흥인지문, 2.1km), 흥인지문 구간(흥인지문~장충체육관, 1.8km), 남산(목멱산) 구간(장충체육관~백범광장, 4.2km), 숭례문 구간(백범광장~돈의문 터, 1.8km), 인왕산 구간(돈의문 터~창의문, 4km) 6개 구간을 제시하였다. 이러한 구간 분류는 자원의 집중성, 이용자의 접근성을 고려한 것이다.

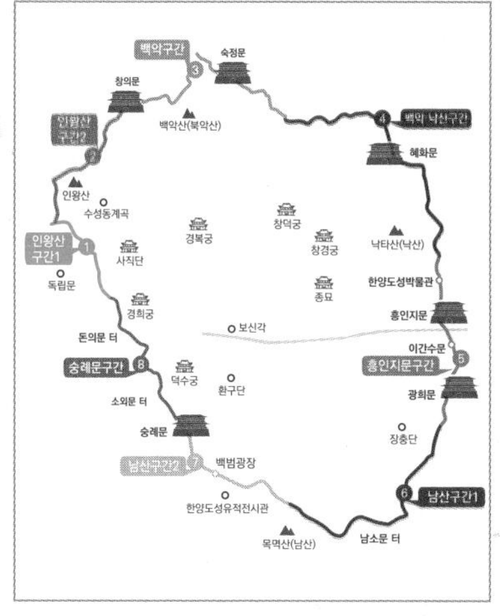

출처: 쿠키뉴스(2021) 참고 출처: 서울역사박물관 한양도성연구소(2015) 참고

한양도성의 구분 사례

그런데 최근 서울시는 『한양도성 가이드북』을 제작하면서 한양도성 순성 구간을 백악산 구간(창의문~혜화문 이전), 낙산 구간(혜화문~광희문 이전), 남산(목멱산) 구간(광희문~숭례문 이전), 인왕산 구간(숭례문~창의문 이전) 총 4개로 통

합하여 제시하고 있다. 이것은 내사산을 기준으로 한 것이나 이용자의 접근성, 자원의 분포, 성곽길의 테마 등을 가볍게 보고 공급자 중심으로 구간을 구분한 것이다.

2021년 한양도성 순성길을 심층 취재하며 쿠키뉴스에 특집기사(한양도성, 600년 서울을 품다)를 게재했던 곽경근 기자는 한양도성과 주변 지역을 순성한 후 한양도성 길을 각 코스의 콘텐츠와 자원의 분포에 따라 인왕산구간1, 인왕산구간2, 백악구간, 백악 · 낙산구간, 흥인지문구간, 남산구간1, 남산구간2, 숭례문구간 총 8개 구간으로 구분하였다.

구분	시점	종점	구분	시점	종점
① 인왕산구간1	사직단	인왕산 선바위	② 인왕산구간2	수성동계곡	무계정사
③ 백악구간	창의문	삼청공원	④ 백악·낙산구간	와룡공원	낙산공원
⑤ 흥인지문구간	한양도성 박물관	장충동 골목길	⑥ 남산구간1	장충단비	서울N타워
⑦ 남산구간2	봉수대	통감관저터	⑧ 숭례문 구간	숭례문	돈의문 터

2022년 최철호 성곽길역사문화연구소 소장은 『한양도성 따라 걷는 서울 기행』에서 600여 년의 역사를 품은 한양도성 안에 숨은 이야기를 담았다. 그는 한양도성 순성을 인왕산, 백악산, 낙타산, 목멱산의 순으로 6개의 테마 코스를 제시하였다. 테마 코스를 한양도성 밖까지 확장하여 각각에 대한 심층분석이 돋보였다(최철호, 2022).

필자는 한양도성길을 걸으면서 '입체적' 여행안내서의 필요성을 절감하였다. 특히 한양도성 길을 당일 순성길, 2일 답사길, 그리고 3일 심층 답사길로 구분하고 각각의 일정에 적합한 코스 및 콘텐츠 구성이 필요하였다. 한양도성은 길을 걷

는 것이기에 길을 걷다 중요한 스폿(spot)을 빠뜨리면 안 된다. 걷는 사람을 배려한 안내서가 필요하다. 우선 이용자들이 한양도성의 어디로 접근하고 있는가를 검토할 필요가 있다.

그동안 많은 기행기를 보면 숭례문을 기점으로 삼고 있다. 필자가 숭례문에서부터 시작한 이유는 다음과 같다. 첫째, 서울의 상징이기도 하고 지방에서 서울역으로 도착했을 때 처음 접하는 대문이기도 하다. 그리하여 남대문부터 시계방향으로 걷는 것이 가장 권장되고 있다. 다만 남대문부터 인왕산까지 성벽이 없어진 구간이 많아서 어떤 테마로 코스를 구성할 것인가에 대해 고민하여야 한다. 둘째, 성벽이 없어진 구간의 경우 역사의 흔적, 기억을 되살릴 수 있는 표지석이나 과거의 사진, 또는 전해오는 스토리 등의 콘텐츠를 찾아내 제시하는 것이 필요하다. 셋째, 한양도성이 성벽이긴 하지만 한양도성 안의 모든 공간과 그 속에 담긴 역사와 문화를 포함하고 있다는 점에서 성벽과 맥락을 같이하는 장소나 마을 등에 대해서도 다룰 필요가 있다. 넷째, 한양도성은 내사산과 사대문, 사소문으로 구성되어 있다. 그러나 내소산은 도성길이라는 선(線)을 연결해 주는 점(點)의 역할에 그치고 있다. 따라서 일차적으로 내사산을 중심으로 한 면(面)적 공간과 선적 코스를 충실히 살펴볼 필요가 있다. 그리고 8개 문을 통한 성 밖과의 콘텐츠 연결에 대해서 추가적인 검토가 필요하다. 다섯째, 한양도성을 논의하는 데 있어서 이용자를 배려한 콘텐츠 구성이 필요하다. 일차적으로는 서울시민이겠지만 대한민국의 수도라는 점에서 전 국민, 그리고 외국에서 오는 관광객들의 니즈(needs)도 감안하여야 한다. 즉 서울이 국제관광 도시로 부상하기 위해서 꼭 활용되어야 할 콘텐츠를 찾아내는 데도 초점을 두었다.

그리하여 이용자 편의성, 코스의 테마성, 시간적 적정성 등을 고려하여 8개 구간으로 구성하였다. 이는 한양도성박물관이 제작 배포하는 서울 한양도성 관광안내지도에서 제시된 주요 지점별 거리 및 소요 시간을 고려하였다. 이 안내도

에서는 광희문~장충체육관 구간을 별도로 제시하고 있으나 분포 자원의 규모를 고려하여 흥인지문~장충체육관 구간으로 통합하였다. 향토사학자인 신정일이 지은 『신택리지』에서도 남대문부터 한양도성을 답사할 것을 권한다(신정일, 2019). 그런데 그의 한양도성 답사는 시계방향이 아니라 시계 반대 방향으로 기술하고 있는 것이 이 글과 다르다. 시계방향으로 순성하는 것은 조선시대의 전통이었다.

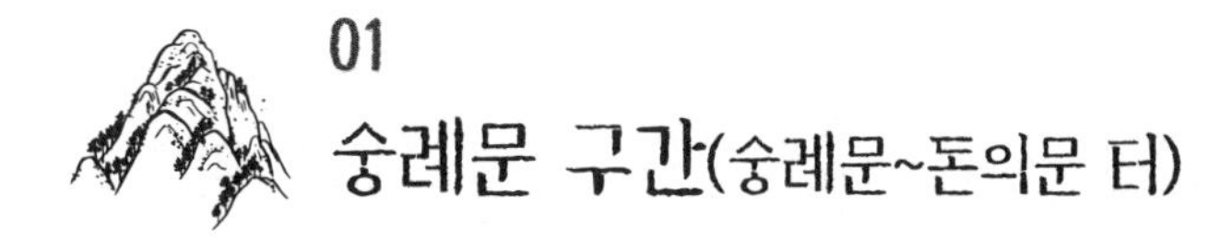

01 숭례문 구간(숭례문~돈의문 터)

서울역과 서울로7017

서울의 관문, 서울역

본래 서울역은 1900년 7월 남대문 정거장역으로 영업을 개시하였고, 경부선이 개통되면서 1905년 남대문역으로 역명이 변경되었다. 그러다가 1923년 1월 1일 다시 경성역으로 변경되었다. 서울역은 2022년 현재 수도권 전철 14.6만 명, 일반 · 고속철도 9.1만 명 등 하루 평균 23만 7천여 명이 이용하는 서울의 관문이다. 지금도 경부선, 경의선의 시 · 종착역 구실을 하고 있으며, 수도권 지하철 1호선과 4호선의 환승역이다. 2016년 2월 3일에는 세계에서 두 번째로 인천국제공항 자기부상철도가 운행을 시작하여 서울의 관문 기능을 강화하고 있다.

인천국제공항에서 도착하는 국내외 관광객들이 큰 가방을 밀며 도심 호텔이나 지방 관광지로 이동하는 모습이 자주 눈에 띄며, 서울역에 있는 롯데마트는 한때 '내국인 반 · 외국인 반'으로 외국인들에게 인기

서울역 전경

가 많았다. 현재도 주로 일본이나 중국, 동남아에서 온 관광객들이 출국 전에 포장 김, 라면, 과자 등을 카트에 잔뜩 담아 구매하고 있다.

1925년 9월 30일에 준공된 구서울역사는 이제 개장 100주년을 맞이한다. 구서울역사는 현재 남아있는 일제 강점기의 건축물 중 가장 뛰어난 외관을 갖고 있어 1981년 사적으로 지정되었다. 그런데 일제 강점기에 서울역을 건립하려던 일제의 의도를 잘 살펴볼 필요가 있다. 스위스 루체른역을 모델로 삼았다는 이 웅장한 벽돌 건물은 한때 식민지의 관문이었다. 일본은 이곳을 통해 만주뿐 아니라 모스크바와 베를린까지 연결하려고 했다. 영국이 항로와 동인도 회사로 인도를 개척하였다면, 일제는 철로와 만철(滿鐵)로 만주에 대한 식민지 지배를 획책한 셈이다.

서울역은 단순히 식민지 경성을 대표하는 기차역으로 지어진 것이 아니었다. 일제는 서울역을 일본과 조선, 만주를 잇는 '국제역'으로 기획했다.

도쿄에서 출발한 일본 국철이 시모노세키에 이른 후 부관연락선으로 갈아타 부산에 닿고, 다시 기차에 올라 서울역을 거쳐 만주와 시베리아, 더 나아가서는 모스크바와 베를린까지 연결하려는 구상이었다. 이에 따라 서울역을 건설한 주체는 남만주철도주식회사였다. '만철'이라는 약칭으로 불리던 이 회사는 마치 영국의 '동인도회사'처럼 식민지 경영을 위한 제국주의의 첨병이었다. 식민지 수탈을 위해 인도 전역에 철도를 깐 영국처럼, 일본도 만주의 식민 경영을 위해 철도를 중심 사업으로 채택한 것이다(출처: 네이버지식백과 대한민국 구석구석 여행이야기 일부 인용).

그 웅장했던 구서울역사는 고속철도 시대를 준비하며 새로 들어선 신역사, 즉 서울통합 민자역사가 들어서면서 왜소해졌다. 역으로 보면 구서울역이 들어선 이후 100년 동안 대한민국의 발전 규모가 엄청났다는 것이다. 서울통합 민자역사에 비하면 100년 전 우리 민족의 그릇 크기를 짐작할 수 있다. 2004년 4월 1일 KTX 신역사 개장 이후 기차역의 기능이 소멸한 구서울역사는 2008년 5월 1일 문화체육관광부로 관리가 위임된 이후 1925년 당시의 경성역 모습으로 복원하고, 2011년 8월 9일 대국민 공모를 통해 명칭을 '문화역서울284'로 변경하여 문화공간으로 개관하였다. 이뿐만 아니라 서울역광장을 리모델링하고 서울역 주변 고가도로도 새롭게 단장하였으니 '서울로7017'이 그것이다.

한양도성으로 들어가는 키(Key), 서울로7017

서울역에서 한양도성으로 들어가는 길은 여러 가지가 있겠으나 도보를 기준으로 본다면 '서울로7017'이 가장 좋은 루트가 될 것이다. 서울로7017은 1970년대에 만들어진 17m 높이의 고가가 2017년에 17개의 보행로로 다시 태어난다는 의미를 담고 있다(김희정, 2015). 서울시에서 배포하는 서울로 리플렛에 따르면, 서울로7017은 '지우고 새로 짓는' 전면 철거의 시대를 넘어 '고쳐 쓰고 다시 쓰는' 도시 재생사업을 본격화하고, '차량 중심 도시'에서 '사람 중심 도시'로 전환하는 보행친화 공간으로, 사람을 연결하고 사람과 자연을 연결하는 장소로서 서울로7017이 만들어졌다. 현재는 공중 보행로(보행자전용도로)의 기능과 녹지가 결합하여 살아있는 식물도감(植物圖鑑)의 모범사례가 되고 있다.

서울역 고가도로가 서울로7017로 재탄생하는 과정을 살펴보면, 물품생산과 운송의 중요성 못지않게 생태 및 문화창조형 재생사업으로의 전환도 사회경제적 의의가 있음을 보여준다. 약 1km에 달하는 길이에 17개의 사람 길을 연결하여 걷는 도시 서울의 상징이 되었다.

서울로7017

2021년 10월에는 경부고속철도 서울역사 내 주차장을 연결하는 폐쇄 램프에 '도킹 서울(Docking Seoul)'이라는 공공미술 프로젝트가 추진되어 지나가는 사람들을 끌어들이고 있다. 이 프로젝트는 예술가의 상상력과 과학이 만나는 공공미술 플랫폼을 조성하는 것이다. 도킹 서울의 내부 공간은 타원형의 중정을 가운데 두고 서로 만나지 않는 상향램프, 하향 램프가 휘감고 있는 독특한 구조로 되어있다. 방문객들은 과거 자동찻길 흔적이 고스란히 남아있는 약 200m 구간의 나선형 공간을 걸으며 작품을 감상할 수 있다.

서울역 옥상정원 '도킹 서울(Docking Seoul)'

서울로7017과 같은 재생사업은 그 자체만의 매력도 향상은 물론 주변 지역의 경제 활성화에도 기여한다는 점에서 눈여겨볼 필요가 있다.

즉 서울역 일대 재생을 통해 도심 활력을 주변 지역으로 확산시키는 계기가 되었으며 남대문시장의 활성화에도 도움이 되고 있다. 향후 이와 같은 사람을 모이는 재생사업을 통하여 지나간 시대의 역사와 문화를 이해하고 주변 지역의 활성화에 기여하길 바라본다.

숭례문과 주변 지역

숭례문의 역사

숭례문은 한마디로 말해 서울의 정문이다. 국보 1호이기도 하다. 그 위상에 걸맞게 도성문 중에서 가장 규모가 크고, 유일하게 현판이 세로 방향으로 쓰여 있다. 화재로 소실되기 이전까지 서울에서 가장 오래된 목조 건축물이었다. 1970~'80년대만 해도 한국의 관광엽서에 가장 많이 등장한 것은 숭례문의 화려한 야경 사진이었다. 지금은 숭례문 못지않은 관광 거리가 많아졌지만, 그 당시만 해도 숭례문이나 남산타워, 고궁만 한 관광명소가 없었다.

숭례문은 1395년(태조 4)에 짓기 시작하여 1398년 완공하였고, 1448년(세종 30) 개축, 1479년(성종 10)과 1868년(고종 5) 지붕 수리 공사로 3차례에 걸쳐 개축 및 수리하였다. 1907년 교통에 불편을 초래한다는 이유로 좌우 성벽이 헐린 뒤에는 문화재로만 남았다.

특히 1433년(세종 15)에 풍수지리적 관점에서 경복궁 우측의 산세가 낮아 열려있는 형세이므로 숭례문의 터를 높여서 산맥과 연결한 포국(抱

局)을 이루고자 개축에 대한 논의가 있어 1448년(세종 30)에 문루와 석축을 완전히 들어내고 지대를 높여 그 위에 다시 건축하였다. 그러나 개축 후 30여 년이 지나자 숭례문이 기울기 시작하여 1479년(성종 10)에 다시 개축하였다. 이후 500여 년 동안 원형을 유지해 오다가 1899년(광무 3)에는 전차가 시내를 관통하게 되면서 일부 성벽이 철거되었다(서울특별시, 2012).

1904년 초 숭례문 주변 사진(조지로스 촬영, 조상순 소장)

성문에 쓰인 '예(禮)' 자는 오행에 배치하면 불(火)이 되고 오방(五方)에 배치하면 남쪽을 지칭하는 말이라고 하여 남쪽에 있는 대문에 쓰인 것이다. 다른 문의 편액이 가로로 쓰였지만, 숭례문의 편액이 세로로 쓰인 것은 '숭례' 두 글자 모두 불을 의미하고 두 글자가 세로로 써짐에 따라 불꽃(炎)을 뜻하여 경복궁과 마주 보는 관악산의 화산(火山)에 대응하기 위한 것으로 '불은 불로써 다스린다(以火治火)'와 같이, 화재방지를 위한 비보풍수(裨補風水: 흉한 것을 길하게 고쳐서 복을 주도록 하는 것)의

복원된 숭례문(남대문) 모습

하나라고 한다(조인숙, 2013). 그리고 숭례(崇禮)는 '예절(禮)을 높인다'라는 뜻으로, 사서 중 하나인 유교 경전 『중용』에서 따온 말이다.

사실 『조선왕조실록』 등에서도 백성들은 이미 편하게 '남대문'으로 불렀다는 기록이 많으며, 단어 수도 '남대문'이 '숭례문'보다 더 많다. 다른 분야에서도 정식 명칭과 통상 명칭이 다른 예는 매우 흔하며, '남대문' 역시 숭례문의 통상 명칭으로 불린 것일 뿐이다.

숭례문은 2008년 2월 불에 탄 뒤 새로 '복구'되었고, 남쪽과 서쪽은 접근할 수 있게 광장으로 연결되었다. 하지만 북쪽, 그러니까 숭례문 안으로 들어서면 끝이다. 숭례문에서 북으로 세종대로 건너편 대한상공회의소의 서편에 있는 세종대로7길이 바로 도성 바깥 순심로였다. 인도의 한편으로 낮은 축대가 이어지는데 그것이 무너지다 남은 도성의 흔적이 있다. 숭례문에서 그곳으로 가려면 서울역 쪽으로 조금 내려가서 횡단보도로 세종대로를 건너서 다시 북쪽으로 조금 올라와 칠패로를 건너가야 한다. 칠패라는 명칭은 이곳이 어영청 제7패의 순라길이었던 데에서 비롯되었다. 참고로 칠패는 시전과 마찬가지로 목, 포목, 어물 등을 비롯한 각종 물품이 매매되었는데, 그중에서도 어물전이 가장 규모가 크고 활발하였다.

남지 터

남지(南池)는 서울특별시 중구 남대문로 5가에 있는 숭례문 앞 연못터다. 서울역에서 YTN 방향으로 가거나 숭례문에서 우측 방향에 있다. 남지는 관악산의 강한 화기(火氣)에 노출된 경복궁을 보호하기 위해 나라에서 만든 큰 연못으로, 장원서(掌苑署)에서 관리했다고 한다.

남대문과 남지(1890년대, 도쿄 한국연구원 소장)

옛 지도를 보면 숭례문 앞에 남지(南池), 돈의문 북쪽에 서지(西池), 흥인지문 안쪽에 동지(東池)라는 연못이 표시되어 있는데, 모두 연꽃이 피는 연못이었다 한다. 조선시대 한양의 행락 공간의 한 유형으로 동지, 서지, 남지를 꼽으며 연꽃이 유명했다고 하며, 이들 연이 중요한 경관 요소가 되었다고 한다(길지혜, 손용훈, 황기원, 2015). 그 연밥은 궁궐에서 식용으로 사용하기도 하였다. 남지의 조성에는 풍수지리가 큰 영향을 주었는데, 조선왕조의 개국공신인 정도전은 다음과 같은 대책을 강구하였다.

> 조선을 세운 태조와 '조선왕조의 설계자' 정도전(1337~1398)은 관악산 화기가 왕궁을 범하는 것을 경계하기 위해 겹겹의 안전책을 구비해 두었다. 첫째, 불길로부터 비켜서기 위해 경복궁의 방향을 틀어 지었다. 둘째, 광화문 양옆에 해태상을 세운 것도 불기운을 제압하려는 의도였다. 셋째, 숭례문을 도성의 정남쪽에 세워 화기와 정면으로 맞서도록 했으며, 마지막으로 방화수를 저장하는 연못인 남지(南池)까지 판 것을 보면 비록 풍수지리에 의한 방안이지만 당시로서는 치밀함을 읽을 수 있다(출처: 네이버지식백과 인용).

1629년 조선 중기 도화서 화원이었던 이기룡이 홍사효(洪思斅)의 집에서 열린 원로들의 잔치를 묘사한 「남지기로회도(南池耆老會圖)」에서 연꽃이 가득했던 남지를 확인할 수 있다. 70세 이상으로 정2품을 지낸 원로 고위 문신 12명으로 구성된 기로소 회원들이 풍류를 즐기는 모습이 보인다. 연꽃이 핀 연못을 중심으로 좌우에 버드나무를 배치했다. 그러나 1899년 일제가 서울역을 확장하면서 남지는 메워버렸다. 현재 표지석에는 '서울 도성 숭례문 밖에 있던 연못으로 장원서(掌苑署)에서 관리하였음'이라고 새겨져 있다.

남지기로회도
(19세기 중엽 이후, 고려대학교 박물관)

남지 터 표지석

예빈시 및 태평관 터

숭례문에서 시청 방향으로 우측 KB국민은행 앞 도로에는 예빈시(禮賓寺) 터라는 생소하지만, 우리 역사 속 자랑스러운 환대문화를 다음과 같이 소개하는 표지석이 있다. 예빈시는 입궐한 종친이나 고위 관원에게 음식을 제공하는 것이 일상 업무였다. 그리고 외국 사신이 서울에 체류하는 동안 베푸는 각종 잔치를 마련하고, 국가에서 거행하는 각

대한상공회의소까지 복원된 한양도성

종 잔치와 제사에 음식을 준비하는 것이 부정기적인 특별 업무였다.

예빈시가 있었던 서부(西部) 황화방(皇華坊) 지역에는 조선시대 명나라 사신을 접대하던 숙소였던 태평관(太平館)도 있었다. 현재는 신한은행 본점이 있는 곳으로, 뒤편에 태평관 터 표지석이 있다.

숭례문에서 예빈시를 거쳐 대한상공회의소 방향으로 건널목을 건너 서울역 방향에 설치된 남지터 표지 속을 지나 다시 상공회의소 옆길을 따라 북쪽으로 발길을 돌리면, 복원된 한양도성 성벽이 나타난다. 실제 한양도성의 축소판이라 할 수 있는데, 2005년 10월 25일 옛 성벽의 흔적을 재현하고 연속성을 유지하기 위하여 복원 · 정비한 것이라는 표지석이 성벽에 담겨 있다.

소의문과 서소문역사공원

일제 강점기에 흔적없이 헐린 소의문

대한상공회의소 옆 성벽재현 구간과 좌측에 보이는 중앙일보 사옥을 지나면 중앙빌딩 주차장 담에 '소의문 터'라는 표지석이 있다. 소의문(昭義門)은 속칭 '서소문'으로 불리며, 사소문 중 하나로 도성의 서남쪽에 있는 문이다. 1396년 도성과 함께 축조되었으며 처음 이름은 소덕문

(昭德門)이었다. 광희문과 함께 성 밖으로 상여를 내보내던 문이었다. 1744년(영조 20) 문루를 개축하면서 소의문으로 이름을 바꿨으며, 1914년 일제가 철거하였다. 『한양도성: 서울 육백년을 담다』의 저자 홍순민은 태조 때 완성된 소의문이 수백 년 동안 성문이 파괴되거나 명칭이 자주 변경되는 우여곡절을 많이 겪었다고 소개하고 있다.

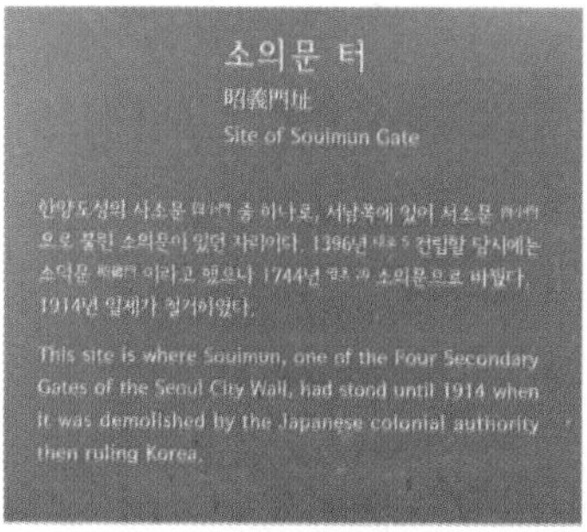

소의문 터 표지석

> 조선 태조 대 도성이 1차 완성되었을 때 소덕문이라고 불렸던 소의문은 임진왜란과 병자호란을 겪으면서 다른 도성문들과 같이 제 모습을 크게 잃어버렸고, 그 이름까지도 잃어버렸다. 1711년(숙종 37) 광희문과 돈의문을 다시 지을 때 소의문은 그 대상에 끼지 못하였고, 숙종 말년에 문루를 설치하려 하였으나 이루지 못하였다. 〈중략〉 1743년(영조 19) 11월에 문루를 짓는 공사가 시작되어, 1744년(영조 20) 10월에는 모든 공사가 끝났다. 이때 이름도 소의문으로 고쳤다. 1744년(영조 20)에 재건한 소의문의 규모와 형식은 1711년(숙종 37)에 지은 돈의문을 거의 그대로 본떴다. 〈중략〉 서소문은 남쪽으로 숭례문, 북쪽으로 돈의문과 가까운 거리에 있으면서 함께 삼문으로 불리는 등 서로 깊은 관련이 있었다(홍순민, 2016).

지금은 성문이 없어 소의문 주변에 대한 역사적 흔적을 찾기가 어려우나, 조선시대에 소의문은 숭례문과 돈의문 사이에 있었던 간문(間門)이었다. 아현에서 서소문으로 향하는 길에 있는 이곳 소의문 밖 네거리 일대는 강화도를 거쳐 양화진 · 마포 · 용산 나루터에 도착한 삼남 지방(충청 · 전라 · 경상)의 물류가 집결되어 도성으로 반입되는 통로였으며, 도성 내외를 잇는 육로가 교차하여 성저십리 내 번화한 지역 중 하나였다(서소문성지역사박물관 게시자료 인용).

아울러 중국으로 향하는 조선시대의 1번 국도인 의주로(義州路)와 접해 있어 이곳 서소문 밖 네거리는 한양도성 밖의 대표적인 외교와 상업활동의 중심 공간으로 발전했다. 이러한 위치적 특성으로 인근 순화동 지역은 숙박시설도 다수 들어서고 관청의 수레들이 많이 모여들게 되면서 차동 또는 수렛골이 형성되기도 하였다. 수렛골은 영조가 인현왕후 탄생지인 이 지역에 인현왕후 추모비를 세워 '추모동'이라고도 하였다. 지금 중구 순화동 소재 평안교회에는 과거 수렛골이라는 표지석이 입구에 세워져 있다. 서울시는 2017년 평안교회를 '서울미래유산'으로 지정하였다.

한편 소의문은 과거 광희문과 함께 도성 밖으로 상여를 내보내던 문이었다. 또한 사형수를 처형장에 끌고 나갈 때에도 사용되었는데, 소의문 밖 넓은 마당은 조선시대 사형집행장이었다. 천주교 순교자들 다수도 이 문밖에서 처형당하였기 때문에 외국인들 사이에서는 '순교자의 문'으로도 불렸다.

서울미래유산으로 지정된 평안교회 표지판

천주교 박해의 상징 터, 서소문역사공원

소의문 밖 경찰청 앞 사거리를 지나면 경의선 철로 옆에 서소문역사공원이 나온다. 서소문역사공원은 원래 서소문근린공원이었는데 대폭 리모델링하여 2019년 새로 조성된 공원이다.

소의문 밖 네거리는 당고개, 새남터, 그리고 절두산과 더불어 조선시대 공식 참형장이었다. 이는 사직단 서쪽에 처형장을 두어야 한다는『예기』(禮記: 중국 고대 유가(儒家)의 경전으로 오경(五經)의 하나)'의 가르침을 따른 것이었다. 또한, 서소문 밖 네거리가 정부 사법기관인 형조 · 의금부와 가깝고, 많은 사람이 오고 가는 '칠패시장'과 인접하여 일벌백계(一罰百戒)가 가능한 공간적 특성이 있었기 때문이기도 했다. 조선시대 서소문 밖에서의 행형 기록은 1504년(연산군 4)부터 기록에 등장하는데, 죄인을 이곳에서 능지처참한 후 머리를 베고 시신을 전시하여 뭇사람들에게 보였다는 내용이다. 이후 서소문 밖 네거리에서는 1800년 정조 사후부터 성리학적 사회질서를 위협하는 존재로 인식된 천주교도에 대한 처형이 주로 이루어졌다(출처: 서소문성지 역사박물관 홈페이지 자료 인용).

2023년 6월 2일 서소문역사공원 내 서소문성지역사박물관에서 서울시, 경기도, 고양시가 공동 개최한 '한양도성 관련 세계유산 비교연구 접근법'을 주제로 개최된 국제학술회의에 참석한 적이 있다. 그런데 이 장소가 소의문의 역사와도 밀접한 관련이 있어 보인다. 서소문성지역사박물관은 서울역 북쪽 염천교 부근에 세워진 기독교의 순교 박물관이다. 박물관 건물은 아주 파격적인 형태인데, 지상층이 없고 지하의 세 개 층으로만 구성되어 있다. 박물관 뒤에는 서소문 성지공원이 있다.

야외에는 서소문 밖 순교자 현양탑, 순교자의 칼, 노숙자 예수 조각상이 설치되어 있다. 그중 노숙자 예수 조각상은 티모시 슈말츠가 마태 복음을 묵상하면서 제작하였으며, 소외되고 고통받는 이가 단 한 사람도 없었으면 하는 소망을 담았다.

노숙자 예수(티모시 슈말츠 작, 2013)

2013년 한국 천주교회는 서소문 밖 네거리의 순교자들을 비롯한 수많은 순교자를 기리기 위해 서울 시내 24곳의 성지와 성지를 이어 서울대교구 성지순례길로 선포하였다. 이후 신자 및 시민들의 꾸준한 관심과 지속적인 발걸음이 이어진 결과, 2018년 9월 14일 로마 교황청에서는 천주교 서울순례길을 아시아 최초의 국제 공식 순례지로 승인, 지정하였다. 가회동 성동에서 출발하여 전옥서(典獄署: 조선시대 죄수를 관장하던 관서) 터와 서소문 밖 네거리 순교 성지를 거쳐 중림동 약현성당까지 9개로 구성된 2코스 생명의 길(5.9km, 약 2시간 소요)은 많은 순교자가 증거한 터들을 둘러볼 수 있는 순례길이다.

아펜젤러 기념공원과 배재학당

소의문~돈의문 멸실 구간

한양도성은 본래 18.627km의 길이로 축조되었다. 그러나 현재 12.8km의 성벽만 남아있고, 나머지는 훼손, 매장, 없어진 상태이다. 소의문~돈의문 구간도 대부분 없어졌다(김영수, 2015). 숭례문 권역은 천자문의 64번째인 강(薑)에서 73번째인 용(龍)까지 해당하는데, 이 구역은 1970년대 무분별한 도시개발로 인해 대부분이 없어졌다. 2008년 숭례문 화재 이후 복원 공사 과정에서 64구간에서 68구간까지 총 404m에 대해 진행된 발굴조사를 통해 숭례문 하부에서 태조 대 초축 당시 육축의 기초 지대석이 확인되었다. 또한 대한상공회의소, 창덕여중, 러시아대사관 부지를 발굴 · 조사한 결과, 한양도성 일부가 확인되어 성벽의 진행 방향을 추정할 수 있었다.

한양도성 성곽이 평안교회를 지나 아펜젤러 기념공원, 이화여고, 창덕여중을 거쳐 돈의문 터에 이르는 구간은 일제 강점기에 멸실되어 설치된 표지석 등을 바탕으로 한양도성의 흔적을 살펴봐야 할 것이다. 현재 창덕여중 외곽에 도성의 유구가 일부 노출된 상태이며, 이화여고와 대지 경계선에서 한양도성 잔존 성벽이 확인되고 있다.

아펜젤러 기념공원

아펜젤러 기념공원

평안교회를 지나 우측으로 걷다 보면 정동 근대역사길이 나타나며, 그중 가장 먼저 아펜젤러 기념공원과 그 뒤편에 있는 배재학당 역사박물관을 볼 수 있다. 아펜젤러 기념공원은 배재학당을 설립한 우리나라 최초의 선교사 아펜젤러(1858~1902)를 기념하기 위한 공원으로 그의 동상이 설치되어 있다. 아펜젤러는 1884년(고종 21) 미국 감리교 선교회에서 조선으로 파견하는 선교사로 임명되어 1895년 4월 5일 인천 제물포항을 통하여 조선에 입국하였다. 조선에 와서 한국선교회를 창설하고 영어교육을 위해 작은 학당을 설립하였는데 처음에는 2명뿐이었으나 이듬해 20명으로 늘어나자 고종이 배재학당(培材學堂)이라는 교명을 하사하였다고 전해진다.

배재학당 역사박물관은 미국인 선교사 아펜젤러가 세운 한국 최초의 서양식 학교 건물이며 중등교육기관이다. 이 건물은 옛 배재학당의 교실로 사용되었으며 한국 근대교육의 상징적 장소이다. 또한 건물의 구조와 창문, 외장 및 벽돌구조가 아름다우며 정면에 있는 현관과 양쪽 출입구의 돌구조 현관은 지금도 원형대로 잘 보존되어 있다.

배재어린이공원과 윤희순 의사 동상

정동 지역은 일제 강점기와 3.1독립만세운동과 관련된 유적들이 많이 분포한다. 1999년 아펜젤러 기념공원에서 한양도성 성곽이 이어지는 러시아대사관 내 성벽조사 결과, 당시 발굴부지는 주차장으로 사용되고 있었고 성벽 석축이 일부 노출되어 있었다. 없어진 성곽길을 따라 걷지 못하고 대신 배재어린이공원을 통과하였다.

공원의 면적은 크지 않지만 도심 속 힐링 · 휴식 공간으로 많은 사람이 찾는 배재어린이공원의 끝 무렵 도로변에는 우리나라 최초의 여성 의병장 윤희순(1860~1935) 의사 동상이 있다. 윤희순 의사는 글과 노래로 의병활동을 독려하였다. 대표적인 노래가 「안사람 의병가」, 「애달픈 노래」, 「병정의 노래」 등이 있다. 물론 여성의병대를 조직하고 남성 의병들과 함께 군사훈련을 받았던 최초의 여성 의병장이기도 하였다. 동상은 3 · 1만세운동 때 사용할 독립선언문을 인쇄하고 있는 윤희순 의사의 모습을 담고 있다. 윤희순 의사가 1895년 지은 「안사람 의병가」의 내용도 소개되고 있다.

안사람 의병가 조형물

근대역사 기억의 거리, 정동길

근대 역사길

정동(貞洞)은 대한제국 이전 시대에는 한양도성의 주변부에 불과했다. 제국주의 세력 확장이 팽배했던 19세기 말, 정동 일대는 구미 열강 세력이 하나둘 자리를 잡고 경운궁이 대한제국의 정궁이 되면서 서양 외교의 각축장이자, 근대사의 새로운 중심지로 부각되었다. 정동 지역은 근대 역사문화의 보고(寶庫)이다. 대한민국의 과거와 현대를 이어주는 근대 문화유산을 만날 수 있는 '정동 근대역사길'은 구 러시아공사관, 정동교회, 배재학당 등 정동 내 대표적인 근대역사유산과 옛길을 아우르는 총연장 2.6km의 역사 보행 탐방로다. 서울시가 구상한 정동 근대역사길은 5개 코스로 구성되며, 모두 걸으면 약 2시간이 소요된다(서울특별시, 2017.09.13.).

제1코스(배움과 나눔)는 조선시대 서학당, 근대 덕수궁 양이재와 성공회성당 등이 위치한 배움과 나눔 실천의 길이다. 제2코스(옛 덕수궁역)는 덕수궁 선원전 영역이 있었던 곳으로 일제 강점기 훼손되어 사라진 아픔의 길이다. 제3코스(외교타운)는 근대 서양의 외교 공관이 밀집되어 당시 '공사관 거리'로 불리던 외교 역사의 길이다. 제4코스(신문화와 계몽)는 정동교회, 배재학당, 독립신문 등 신문화와 계몽운동을 이끌었던 근대화의 길이다. 제5코스(대한제국의 중심)는 덕수궁, 환구단 등 대한제국의 탄생과 발자취를 간직한 근대국가를 향한 길이다(서울특별시 역사도심재생과, 2021.03.12.). 한마디로 덕수궁(경운궁)을 에워싼 근대역사의 흔적을 코스화한 탐방로이다.

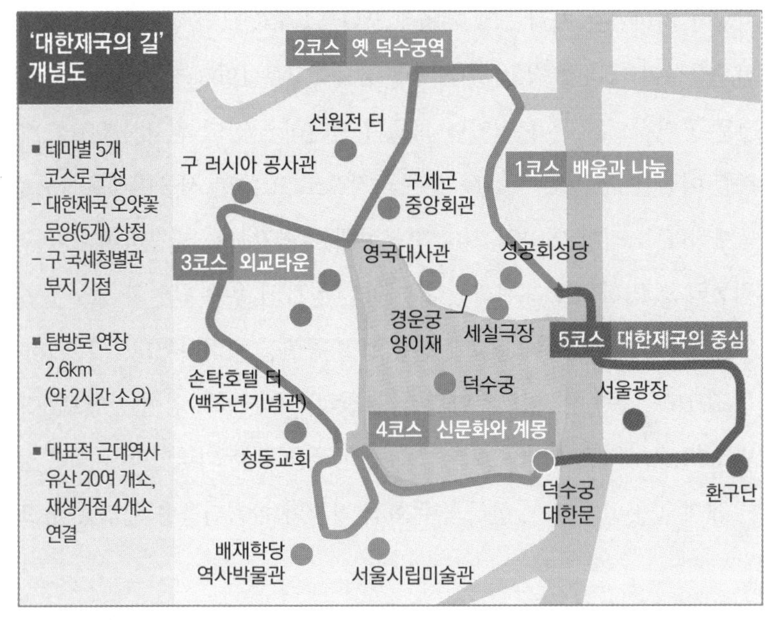

출처: 서울특별시(2017.09.13.)

정동 근대역사길 5개 코스

정동제일교회와 정동극장

정동길의 시작은 정동제일교회에서부터 시작한다고 할 수 있다. 배재학당의 설립자였던 미국인 선교사 아펜젤러가 1887년 10월 9일 조선인의 집에 현판을 내건 벧엘예배당은 정동제일교회의 모태가 된다. 고딕풍의 붉은 벽돌 건물로 1895년에 착공, 1897년에 완공하였다. 인근의 배재학당 · 이화학당과 더불어 개화기 미국 문물 도입의 통로 역할을 하였다.

정동제일교회 건너편 교차로 변에는 가수 이문세가 불러 히트한 '광화문연가', '가로수 그늘 아래 서면'을 작사 · 작곡한 이영훈 추모비가 설치되어 지나가는 사람들의 이목을 끈다. 그리고 교회 건너편에는 국립정동극장이 자리를 잡고 있다. 국립정동극장은 1908년 신극과 판소리 전문 공연장으로 문을 열었던 최초의 근대식 극장인 원각사(圓覺社)의 복원 이념을 담고 있는 유서 깊은 극장으로 2015년 서울미래유산으로 등재됐다. 이러한 역사적 의미와 근현대 예술정신을 계승하여 1995년 '정동극장' 명칭으로 개관하였다. 다양한 장르의 우수 공연과 새로운 시도들로 2000년 '전통예술무대' 연중 상설 공연을 시작하였다.

2010년 전통 뮤지컬 「춘향연가」를 창작 · 초연하며 상설 공연브랜드 '미소(MISO)'를 성공적으로 론칭하여, 한국을 찾는 외국인 관광객은 물론 세계 곳곳의 무대에 한국의 문화적 가치와 아름다움을 알려왔다. 또

정동제일교회 전경

한 한국 전통 문화예술의 본질적 가치를 현대적으로 재해석하여 내·외국인 모두가 즐길 수 있는 품격 있는 공연 '미소'의 두 번째 이야기 「배비장전」으로 많은 사랑을 받았다. 2019년까지는 외국인 관광객의 필수 공연관광 코스였으나 이후 코로나19 발생으로 외국인 관광객이 급감하면서 공연관광이 크게 위축되었다. 그리고 정동제일교회 남쪽으로 약간 언덕에 세워진 서울시립미술관 본관도 국내외 관광객들이 많이 찾고 있다. 옛 경성고등재판소 건물이었던 미술관은 앞에 야외조각공원을 품고 있다. 또 그 앞에는 덕수궁 정문인 대한문에서 미국 대사관저까지 1km를 걸어갈 수 있는 덕수궁 돌담길이 있다.

을사늑약의 치욕, 중명전

국립정동극장 옆길을 가면 덕수궁에 딸린 서양식 전각인 중명전(重明殿)이 보인다. 중명전 터는 원래 궁궐에 포함되지 않은 땅으로 미국인 선교사 호레이스 알렌의 거처였고, 1897년 경운궁(현 덕수궁)이 확장되면서 왕실도서관으로 쓰이던 건물이었다가 1901년 11월 화재로 소실된 자리에 1902년 5월, 러시아 건축가 사바틴이 설계해 지금의 2층 건물로 재건축된 것이 중명전이다. 원래의 이름은 수옥헌(漱玉軒)이었으나, 1904년 경운궁(덕수궁) 화재 이후 고종이 이곳으로 거처를 옮기게 되면서 중명전으로 이름을 바꾸었다. 중명전 외에도 환벽정, 만희당을 비롯한 10여 채의 전각들이 있었으나 1920년대 이후 중명전 건물 이외의 건물은 없어졌다.

중명전은 대한제국의 중요한 현장이다. 1905년 11월 18일 새벽, 중명전에서 '을사늑약'이 체결되었다. 중명전은 1907년 4월 20일 헤이그

중명전

특사로 이준(1859~1907) 등을 파견한 곳이기도 하다. 일제는 헤이그 특사 파견을 빌미로 고종황제를 강제 퇴위시켰다. 1963년 박정희 대통령은 영구 귀국한 영친왕과 이방자 여사에게 중명전을 돌려주었다. 그 후 2003년 정동극장에서 매입한 뒤 2006년 문화재청에 관리 전환하여, 2007년 2월 7일 사적 제124호로 덕수궁에 편입되었다.

보구여관과 손탁호텔

정동제일교회를 지나 돈의문 방향으로 100m 정도 가면 '보구여관(保救女館) 터'라는 표석이 보인다. 여관(旅館)이라는 단어로 오해할 수 있겠지만, 널리 여성을 구하는(普救女) 집(館)이라는 뜻이다. 보구여관은 1887년 미국 북 감리교회 여의사인 메타 하워드가 설립한 우리나라 최초의 여성전용 병원으로 여성 의사와 간호사를 양성하였다. 이 보구여관은 1912년 흥인지문 옆의 볼드윈 진료소와 합쳐 해리스 기념병원이 되었으며 1930년부터는 동대문부인병원으로 불렸다.

당시 메리 여사는 남자들이 운영하는 병원에 여자들이 갈 수 없는 한국의 전통적인 관습을 들어 미국 감리교 선교부 여자 외국선교회에 부인병원 설립 기금과 여의사 파견을 요청했다. 이에 고종황제가 '여성을 보호하고 구한다'는 의미의 '보구여관'이라 이름을 지어 하사했다. 1890년 10월 로제타 홀이 내한해 진료했으며 여성 의료인 양성을 위해 이화학당 학생들을 중심으로 의사 훈련 과정을 만들고 우리나라 최초의 의사인 박 에스더를 배출했다(네이버지식백과 '보구여관' 일부 인용). 이처럼 근대 정동길 지역이 억눌린 여권을 신장하기 위한 교육과 병원 육성에 큰 역할을 하였다.

보구여관

보구여관을 지나면 서울에서 최초로 등장한 서구식 호텔인 '손탁호텔(Sontag Hotel) 터' 표지판이 설치되어 있다. 손탁은 1902년 정동 29번지에 2층의 러시아식 건물을 짓고 호텔을 개업한다. 한국 근대사와 커피사에서 손탁호텔이 차지하는 비중은 매우 크다(박종만, 2014.11.13.). 손탁은 고종의 절대적 신임 아래 외교가에 큰 영향력을 행사했고 그녀를 중심으로 각종 정치세력과 외교관들이 모여들었다. 특히 커피를 즐겨 마신 고종은 손탁호텔에서 정관헌(靜觀軒: 덕수궁 내 궁중 건축물로 고종이 휴식을 취하거나 외국 사절을 맞이하던 곳)으로 커피를 배달시켜 다과를 즐겼다고 한다. 손탁호텔은 자연스레 정치와 외교의 주 무대가 되었다.

손탁호텔 터 표지판을 지나면 캐나다대사관 앞에 높이 17m, 둘레 5.16m의 현재 나이가 500년이 넘고 1976년에 서울시 보호수로 지정된 회화나무가 우뚝 솟아있어 정동길의 '터줏대감' 역할을 하고 있다. 보통 회화나무는 동북아 지역에 분포하는 나무이며 높이가 약 25m까지 자라고 가지가 넓게 퍼져 관상용 등으로 쓰인다. 회화나무는 잡귀를 물리친다는 속설도 있다.

그리고 건너편 이화여고 동문 옆에는 이화 100주년 기념관이 건립되어 있다. 이 기념관과 바로 인접한 부지에 2017년 국토발전전시관이 건립되어 사람들의 호기심을 자극한다. 이 전시관에서 다루는 국토는 국가의 주권이 미치는 범위로 영토, 영해, 영공을 대상으로 삼는다. 전시관은 국토동행실, 미래국토실, 국토누리실, 국토세움실 등으로 구성되어 국토에 관심이 있는 일반인이나 전문가들이 방문하면 유용한 도움을 얻을 수 있다.

국토발전전시관 전경

고종의 길

국토발전전시관을 지나 정동길 우측으로 난 도로에 가다 보면 구 러시아공사관과 고종의 길이 나타난다. 구 러시아공사관은 1890년(고종 27)에 완공된 르네상스식 건물로 언덕 위에 자리 잡은 정동의 상징적 건축물이었다. 명성황후 시해 사건인 을미사변 이후 신변에 위협을 느끼던 고종이 1896년 2월 이곳으로 피신해 1년간 머물렀다. 아관파천(俄館播遷)이란 말도 이때 생겼다. 한국전쟁 중 건물 대부분이 파손되어 탑 부분만 남았다. 1973년 현재의 모습으로 정비했으며 2007년과 2010년 두 차례에 걸쳐 보수하였다. 구 러시아공사관 터는 현재 정동공원으로 조성되어 있다.

'고종의 길'은 을미사변(1895)의 다음 해인 1896년 고종이 일본의 감시를 피해 경복궁에서 러시아공사관으로 거처를 옮길 때 이동한 길로 약 120m이다. 아관파천 당시 고종의 피난길로 2016년 9월 복원이 시작돼, 2018년 10월 정식 개방됐다. 덕수궁 선원전 부지가 2011년 미국과 토지교환을 통해 우리나라 소유의 토지가 되면서 그 경계에 석축과 담장을 쌓아 복원한 것이다. 당시 국제정세와 아관파천의 상황은 다음과 같다.

고종의 길

> 1896년 2월 11일, 차가운 기운이 감도는 이른 새벽. 가마 두 채가 황급히 경복궁을 빠져나간다. 가마가 도착한 곳은 정동에 있는 아라사(俄羅斯) 공사관, 즉 러시아 공사관(俄館)이었다. 이윽고 가마에서 낯선 두 사내가 내린다. 고종과 세자인 순종이다. 왕과 세자가 궁녀의 가마를 타고 몰래 궁궐을 빠져나와 외국 공관으로 거처를 옮긴 것이다. 이른바 아관파천이다. 아관파천 후 1년 동안 조선의 국사는 러시아공사관 안에 마련된 임시 사무소에서 이뤄졌다. 국왕은 러시아 공사와 중요한 국정을 논의했으며 대신들은 러시아 측의 허가를 받아 국왕이 있는 곳에 출입할 수 있었다.

자연스레 러시아의 간섭도 심해졌다. 러시아는 삼림과 금광, 어업 분야 등에서 각종 이권을 챙겼다, 고종은 1897년 2월 20일까지 1년여 동안 러시아공사관에 머물렀다(KBS뉴스, 2016.08.24.).

주 '고종의 길' 옛 모습을 찍은 것으로 추정되는 희귀사진. 미국 주간지 1897년 7월 24일 자에 수록된 사진, 미국 사진작가 윌리엄 헨리 잭슨(1843~1942)이 한국을 찾은 1896년에 찍은 것으로 알려짐

고종의 길 옛 모습

2019년 서울시는 중구 정동의 러시아대사관과 창덕여중 후문을 잇는 350m 길이의 역사탐방로를 조성한다고 발표하였는데, 이것은 일제가 1914~15년 소의문 · 돈의문을 철거한 지 100여 년 만에 보행길로 복원하는 것이다. 러시아대사관에서 이화여고, 창덕여중 후문의 구간을 답사할 수 없었으나 정동길 변 어반가든 레스토랑 골목으로 들어가니 창덕여중 후문에 하단 도성 위에 성곽을 재현한 것을 목격할 수 있다. 현재 서울 중구 정동 경향신문사 앞 정동사거리에 '돈의문 터'라는 표지

판이 있다.

돈의문을 건너가기 전 서대문 사거리에 농협중앙회가 자리 잡고 있고 농협이 운영하는 농업박물관과 쌀박물관도 있다. 농업박물관은 전국 1,300여 개 지역농협과 조합원의 적극적인 참여와 협조로 활발히 전개된 '농업유물 수집운동'을 기반으로 1987년 11월 18일 농협중앙회에서 설립하였다. 이후 전시시설 확충, 개편 및 신축 공사를 진행하여 2005년 7월 1일 현재의 모습으로 개관하였다. 2011년 별관에 수장고를 신설하였으며, 2012년 1월 10일부터 쌀박물관도 인수하여 함께 운영하고 있다. 농업박물관은 농업홍보관, 농업역사관, 농업생활관으로 구성되어 있고, 쌀박물관은 전시관과 체험관으로 구성되어 있으며, 청소년들의 교육체험 공간으로 각광을 받고 있다.

농업박물관

쌀박물관

02 돈의문 구간(돈의문 터~인왕산 순성안내쉼터)

돈의문 터 표지판

돈의문 터에서 인왕산 순성안내쉼터까지 돈의문 구간은 넓게 보면 인왕산 자락에 해당할 수도 있으나, '산'으로서 인왕산의 모습을 담고 있지 않다. 그렇다고 숭례문 구간에 포함하기도 애매한 독특한 특징이 있다. 인왕산 안내 지도에서도 종로구 문화체육센터 이남 지역은 인왕산의 경계에서 제외하고 있다.

따라서 돈의문 터에서 인왕산 순성안내쉼터는 별도로 구분하여 한양 도성길의 두 번째 구간, 즉 돈의문 구간으로 선정하여 소개하고자 한다. 돈의문은 정동 경향신문사 건너편에 설치된 표지판으로 보아 종로구나 서대문구가 아니라 중구의 관할구역이다. 그러나 애초 돈의문이 사직동에 설치되었다가 허물고 현재의 위치에 조성되었고, 바로 위 돈의문박물관마을과의 연계성, 그리고 근대에 들어와 새문, 신문(新門)으로도 불렸다는 점에서 돈의문 터를 두 번째의 돈의문 구간으로 포함하고자 한다.

돈의문과 돈의문박물관마을

사연도 많은 돈의문

돈의문(敦義門)은 사대문 중 서쪽의 성문으로 1396년(태조 5)에 현재의 사직터널 부근에 완공되었다. 그러나 처음 세워진 '돈의문은 경복궁의 지맥을 해친다'하여 1413년(태종 13)에 폐쇄되었고, 그 남쪽에 새로 서전문(西箭門)을 현재의 경희궁 서쪽 언덕에 열었다. 그러다가 다시 1422년(세종 4)에 도성을 대대적으로 고쳐 쌓으면서 서전문을 닫고 오늘날 우리가 알고 있는 돈의문을 세웠다(서울특별시, 2012). 이때 건립된 돈의문은 한양도성 서쪽의 큰 문이라 하여 서대문(西大門)이라는 명칭으로 가장 잘 알려져 있고, '새문', '신문(新門)'이라고도 불렀다. 돈의문으로 가는 길에 있는 중구 정동의 '신문로'나 '새문안길', '새문안교회' 등의 이름도 돈의문의 다른 이름인 '신문', '새문'에서 따온 말이다.

한양도성의 사대문 중 돈의문은 조선시대에 한성부에서 평안도 의주부까지 이르는 제1 간선도로의 시작점이자, 강화도로 가는 간선도로의 시작점이기도 했다. 외교사절이 오면 국왕이 직접 마중을 나가고 조선 외교사절이 중국으로 갈 때 이용하는 나라의 중요한 문이었다. '돈의문'의 뜻은 '의(義)를 두텁게 하는(敦) 문(門)'이다. '의(義)' 자는 전통적으

출처 : 서울특별시(2012)

돈의문 앞 전찻길

로 서쪽을 가리켰기 때문에 돈의문 이름의 뜻을 '서쪽을 두텁게 하다'로 해석하기도 한다. 다른 이름은 서대문이다. 이 때문에 서울 서대문구에 있다고 생각하는 사람들이 많지만 사실 중구 정동 현 경향신문 사옥 앞 정동사거리 건너편의 현재 행정구역인 종로구 평동에 위치한다. 중구 서쪽 지역 및 종로구 서부 지역은 1975년에 서대문구에서 중구 및 종로구로 편입되었기 때문에 1975년까지는 실제로 서대문구에 돈의문 터가 있었다. 동대문 및 동대문구와 유사한 경우이다. 그러나 사대문 중 돈의문의 위상은 상대적으로 높지 않음을 보여준다.

돈의문은 도성의 동서를 가로지르는 간선도로인 운종가의 서쪽 끝에 자리 잡고 있었다. 운종가를 따라 서쪽으로 곧바로 진행하면 경희궁의 흥화문(興化門)이 나왔다. 흥화문에서 남으로 살짝 돌아나가 궁성을 따라가면 돈의문이 있었다. 돈의문을 나서면 내리막길이 서쪽으로 뻗어 만초천 과 만나고 경교(京橋)라는 다리를 건너면 오른편에 경기감영(京畿監營) 이 널찍하게 자리 잡고 있었다. 경기감영을 지나면 네거리가 나온다. 오른편으로 돌아 북쪽으로 나가는 길이 무악재를 넘어 개성, 평양을 지나 의주로 이어지는 서북대로였다. 오늘날의 의주로다. 그 길을 따라 북으로 조금 올라가다 보면 왼편, 그러니까 서편에 서지(西池)라는 큰 연못이 있었고, 조금 더 올라가면 중국 사신을 맞이하는 모화관이 있었으며, 또 조금 더 올라가면 길 한가운데 영은문(迎恩門)이 있었다. 영은문을 나서면 무악재를 넘게 된다. 〈중략〉 돈의문은 임진왜란과 병자호란을 거치면서 다른 도성문들과 같이 문루가 없어진 상태였고, 1711년(숙종 37)에 다시 지으면서 숭례문이나 흥인문보다는 작게 만들었다. 〈중략〉 돈의문은 대문과 소문 중간쯤의 위상을 갖는 문이었다고 할 수 있다(홍순민, 2016).

1912년 조선총독부가 발표한 「경성시구개수예정계획(京城市區改修豫定計劃)」은 경성의 도심을 격자형 공간으로 정비해 재편하는 것이었다. 이듬해인 1913년부터 경성시구(市區) 개수 예정 노선 제15호에 따라 경희궁 앞에서 돈의문을 지나 서대문우편국 앞까지 연장 584칸(약 1,062m) 도로의 폭을 15칸(약 27m)으로 확장하는 공사가 시작하여 1918년에 완공되었다(도시공간개선단, 2017). 돈의문은 공사가 한창 진행 중이던 1915년 당시 단선이었던 전차 노선을 복선화하면서 철거되어 건축자재로 매각되었다.

돈의문박물관마을에 복원된 돈의문 모형

1915년에 사라진 돈의문의 흔적은 현재 국립고궁박물관에 소장된 돈의문 현판이 유일하다. 돈의문은 사대문 중의 하나지만 숭례문과 동급의 예우를 받지는 못하였던 것으로 보인다. 2021년 「도성의 서쪽 문 헐값에 팔리다」를 주제로 한 한양도성박물관 하반기 기획전의 안내책자에는 "성문이 본래의 역할을 잃고 사라졌다는 것은 수 세기 동안 유지되었던 중세도시 한양의 체제가 해체되었음을 의미한다. 돈의문의 철거는 조선의 수도 한양에서 식민도시 경성(京城)으로 전환되는 과정에 있던 중요한 사건이었다"라고 기록되어 있다(한양도성박물관, 2021).

돈의문박물관마을

돈의문박물관마을은 서울 100년의 이야기를 전시, 공연, 교육, 모임을 통해 몸소 체험할 수 있는 역사문화 공간으로 세대를 아우르며 세대 간 소통의 소재를 제공하고 있다. 돈의문박물관마을은 무료 개방 공간으로 시민 누구나, 언제든 찾아와 서울 100년 역사를 새롭게 즐길 수 있는 도심 속 시간여행 명소이다.

2017년 9월, 서대문역 근처 강북삼성병원과 서울역사박물관 사이에 돈의문박물관마을을 개장했다. 돈의문 터 근처의 돈의문 박물관 마을은 근·현대에 조성되었던 골목길과 주택들을 활용한 공간으로 새롭게 조성한 서울의 새 명소이다.

1960년대부터 '70년대까지 새문안 동네에는 가정집을 개조해 소수의 학생을 가르치는 과외방이 성행하였다. 주변에 서울고, 경기고, 경기중, 경기여고 등 명문 학교가 있었고 광화문과 종로2가 일대에는 유명 입시학

돈의문박물관마을 전경

원이 많아 사교육의 적지였다. 1970년대 이후 다수의 명문고가 강남으로 옮겨가고, 과외 금지령이 내려지면서 신문로 일대 과외방 열풍은 서서히 사그라졌으나, 같은 시기 교육청이 마을 뒤편으로 이전해 오고 길 건너 강북삼성병원 신관과 같은 고층빌딩이 들어서면서 송월길 가로변을 중심으로 인근 회사원 등을 대상으로 하는 식당이 많아졌다. 1990년대 초부터는 떠나는 동네 주민들이 내놓은 주택이 개조되어 식당으로 운영되기 시작하였으며, 이후 새문안 동네는 식당 골목으로서 전성기를 누렸다(돈의문박물관마을, 2023).

돈의문박물관마을의 부지는 애초 2003년 서울시가 돈의문 뉴타운을 조성하면서 공원화 사업을 추진할 예정이었으나, 서울시가 옛 도시 형태를 모두 지워버리는 전면 철거 대신 도시재생의 방법을 선택하였고, 골목을 따라 건물을 비우거나 보강하면서 도시의 오래된 층위와 풍경을 유지하는 결정을 하였다. 그리하여 2017년 새문안 동네는 돈의문박물관마을로 재탄생하였다.

돈의문박물관마을은 옛 새 문안 동네를 '서울형 도시재생' 방식으로 개조해 만들어졌다. 기존 가옥 63채 가운데 총 40채를 유지 · 보수했고, 일부 집을 허문 자리에 넓은 마당을 조성했다. 근 · 현대 건축물과 조선시대 골목길, 언덕 등이 어우러져 전체가 박물관마을이 되는 새로운 문화의 장으로 재탄생했다. 현재 돈의문박물관마을은 마을안내소, 마을마당, 돈의문 구락부, 시민갤러리, 생활사전시관, 새문안극장, 삼대 가옥, 돈의문역사관, 작가갤러리 등으로 구성되어 있다.

돈의문역사관 입구

이 가운데 돈의문역사관은 돈의문 일대의 역사와 장소, 그리고 그곳에 살았던 사람들의 삶과 기억을 저장하는 현장 박물관이다. 이탈리안 레스토랑 '아지오'와 한식당 '한정'으로 사용되던 두 동의 양옥은 이제 전시실이 되었다. 돈의문역사관은 건물이 가진 기억을 그대로 되살리고자 전시실 이름도 식당 이름인 '아지오'와 '한정'을 그대로 따랐다. '이조순대국'과 '고인돌' 집은 교육관이 되었다. '무진장'과 '한양삼계탕' 집터에는 발굴된 경희궁의 궁장과 생활유적을 원형 그대로 보존하여 유적전시실을 조성하였다.

서울역사박물관

서울의 역사와 문화를 축약해 보려거든 서울역사박물관으로 가보라는 말이 있다. 서울역사박물관은 조선시대부터 현재에 이르기까지의 서울의 역사와 문화를 정리하여 보여주는 서울의 도시 역사박물관이다. 돈의문박물관마을에서 동쪽으로 경희궁을 지나면 서울역사박물관이 나타난다. 제일 먼저 보이는 것은 전차 381호이다. 1930년대부터 1968년까지 서울 시내를 운행하던 전차이며, 제작사는 일본 차량회사이다. 서울 시내에서 전차는 1899년 5월 17일부터 1968년 11월까지 약 70년간 운행되었는데, 이 전차는 서울에서 운행했던 전차 두 대중 하나이다.

서울역사박물관은 서울이 단기간에 세계적인 대도시로 성장하는 과정에서 빠르게 사라져가는 서울의 원형을 보존하기 위한 노력 속에 탄생했다. 서울역사박물관은 유서 깊은 서울의 역사와 전통문화를 정리하여 보여줌으로써 서울에 대한 이해와 인식을 심화하는 한편, 서울시민과 서울을 찾는 내 · 외국인들에게 서울의 문화를 느끼고 체험할 기회를 제공하는 서울의 대표적 문화중심이다. 1985년에 서울특별시립박물관 건립추진계획이 수립되어 1993년 건물을 착공하였으며, 1997년 12월 준공되었다.

전차 381호

서울역사박물관

도시 서울의 역사를 담은 세계에서 유일한 박물관으로 상설전시실, 기획전시실, 기증 유물전시실, 교육실, 강당, 뮤지엄숍이 있으며 전통문화체험교실, 아이좋은 박물관 등 대상별 맞춤 교육과 음악회 등 다양한 문화프로그램을 운영하고 있다. 그리고 서울역사박물관은 경교장, 한양도성박물관, 청계천박물관, 백인제 가옥, 돈의문역사관, 공평도시유적전시관, 서울생활사박물관, 딜쿠샤 등의 분관을 운영하고 있다.

경교장과 국립기상박물관

경교장은 종로구 새문안로 강북삼성병원 내에 자리 잡고 있다. 1938년에 지어진 경교장은 원래 죽첨장(竹添莊)이라는 이름이었으나, 해방 이후 김구가 거주하면서 동네에 있던 경교라는 다리 이름을 따서 경교장으로 바꾸었다(도시공간개선단, 2017). 1945년 대한민국 임시정부 환국 후 1946년까지 임시정부청사이자 백범 김구 선생 관저로 사용된 곳으로, 독립국가 건설 운동 및 통일운동의 중심 무대 중 하나였다. 1945년 중국에서 환국한 대한민국 임시정부의 주석 김구와 주미외교위원부 위원장 이승만을 비롯한 임시정부 각료들은 이곳에서 국무회의를 개최하였다. 백범 선생이 안두희의 총탄에 맞아 서거한 현장이기도 하다. 서거 이후 60년간 중화민국 대사관저, 베트남대사관, 병원시설 등으로 사용되다가 2013년 3월 해방 직후 임시정부청사의 모습으로 복원하여 시민에게 개방하였다. 당시 해방정국의 혼란기 경교장의 모습은 다음과 같았다.

경교장 모형도

> 광복을 맞이하고 3개월 뒤인 1945년 11월 23일, 임시정부 요인들이 조국의 땅에서 첫 밤을 맞이한 곳이 경교장이다. 경교장은 그로부터 백범 김구 선생이 암살당하기까지 3년 7개월, 정확히 1,310일간 임시정부의 마지막 청사였으며 남북통일운동의 본산이었고 백범 암살의 현장이다. 일제 강점기 때인 1938년 금광(金鑛)을 통해 수익을 얻었다는 친일 기업인 최창학 소유 자택으로 본래는 '죽첨장(竹添莊)' 혹은 '죽첨정(竹添町)'이라는 이름으로 불렸던 곳이다. 해방 후 임시정부 요인들이 환국하게 되면서 분위기를 파악한 최창학이 헌납하였다. 왜색(倭色)적인 분위기가 짙은 이름을 김구 선생이 근처에 있던 경교(京橋)라는 다리 이름을 따서 '경교장'이라 개명하였다(쿠키뉴스, 2021.07.25.).

백범은 1949년 6월 26일 경교장 2층 집무실에서 육군 소위 안두희의 흉탄에 의해 암살되기까지 이곳에서 생활하면서 건국에 대한 활동 및 반탁, 통일운동을 이끌었다. 김구가 반탁, 건국, 통일운동을 주도할 때는 흔히 서대문 경교장이라고 불렸으며 민족진영의 집결처로 이용되었다.

돈의문 박물관마을에서 서울시 교육청을 가로지르자마자 국립기상박물관이 나온다. 물론 옛 국립중앙관상대 건물이다. 1932년 경기도립 경성측후소 청사로 신축되었다가 1939년에 2층 건물이 증축되어 현재의 모습이 되었다. 기상청이 1988년 동작구로 이전하기 전까지는 우리나라 기상관측의 중심지였다. 이후 2020년 국립기상박물관으로 개관하였다. 박물관 홈페이지에 실린 소개 글을 인용하면 다음과 같다.

> 국립기상박물관은 기상관측 역사부터 현대 기상기술 발전까지 우리나라 기상과학문화의 역사와 우수성을 한눈에 볼 수 있는 공간이다. 우리 선조들은 1441년 세계 최초로 표준화된 우량계인 측우기를 발명하고, 350여 개소에 달하는 전국적인 기상관측망을 구축하여 관측 결과를『조선왕조실록』에 기록하는 등 전 세계 그 어느 나라보다도 우수한 많은 기상유물과 기상과학문화를 우리 후손에게 물려주었다(국립기상박물관 홈페이지).

국립기상박물관은 우리의 우수한 기상 과학문화를 보존하고 가치를 재해석하여 기상문화에 친숙하게 다가갈 수 있도록 노력하고 있다.

주요 전시시설은 제1~2전시실(하늘을 섬기다), 제3전시실(다른 하늘을 만나다), 제4전시실(하늘을 가까이하다), 제5전시실(지진계실), 제6전시실(날씨, 소리로 듣다), 100년 쉼터로 구성되어 있다.

국립기상박물관

행촌권역 성곽마을

행촌마을의 탄생

조선 후기로 들어와 한성부 관할구역 내의 인구는 점차 증가하여 18세기에는 조선 초기에 비하여 약 2배로 증가하였는데, 당시 한성부의 성외(城外)인구는 성내(城內) 인구보다 월등히 많았고 특히 서부 지역에 인구가 밀집하여 살고 있었다.

행촌동은 조선시대 후기부터 자연스럽게 생겨난 한양도성 밖의 마을로 일제 강점기가 되면서 지도에서 본격적으로 보이기 시작하였다. 조선 후기의 지도인 「경기감영도」나 「도성대지도」, 「수선전도」에서는 영은문과 모화관을 확인할 수 있지만, 구체적인 마을의 모습을 보여주지는 않고, 일제 강점기에 제작된 지도에서는 행촌동 일대의 가로와 필지를 확인할 수 있다. 일제 강점기 당시 19세기 말부터 경성부는 이미 성 밖과 안인 정동을 중심으로 공간이 재편되고 있었고, 다양한 자료 분석을 통해 행촌동에 본격적인 주거지가 형성된 것은 1912년 이전임을 알 수 있다.

1920년대 중 · 후반 서울 인구가 다시 급증하기 시작하자, 빈터가 많았던 행촌 일대는 '토막'이라 불린 극빈자들의 불량주택 밀집 지구가 되었다. 행촌지구 인근에는 국가 주요시설의 자취인 문화유산이 많지만, 일반 서민의 생업 및 생활과 관련한 자취는 그리 많지 않다. 다만 행촌지구 서쪽 영천동, 냉천동 일대에 좋은 우물이 많아 물장수들의 왕래가 빈번했던 것으로 보인다. 당시의 빈곤상을 동아일보에서 기록하고 있다.

> 조선의 피해는 오직 농촌뿐이 아니다. 우리는 이미 신경조차 마비되어 그 감수력이 희박하거니와 경성이라 한복판인 종로의 대도상에도 걸인 떼가 얼마나 종횡하며 골목마다 빈민을 상대한 고구마 장사가 얼마나 서 있는가. 경성의 空家(공가)는 千(천)으로 算(산)한다 하나 집세에 쫓기어 거리에 방황하는 이는 그 얼마이며 금융기관에는 적체된 화폐가 전보다 늘었다 하나 火氣(화기)를 못 돌려 냉돌에서 떨고 있는 빈민의 수는 그 얼마이뇨. 누상동 누하동의 게딱지 같은 초가집들은 그만두고라도 시내서 새로 이사하여 신축하는 행촌동의 집들은 얼마나 참혹하냐. 조선인의 빈곤상은 어디나 마찬가지다(동아일보, 1932.03.24.).

행촌권역은 성벽을 사이에 두고 동쪽으로 경희궁과 사직단, 서쪽으로 독립문과 서대문형무소, 남쪽으로 경기감영 터인 적십자병원, 경기

중군영이자 최초의 일본공사관 터였던 동명여자중학교, 북쪽으로는 인왕산에 둘러싸인 공간이다. 주변에 주요 국가 시설이 많았던 데다가 성벽에 바로 바깥쪽 고지대였기 때문에 조선 초기에는 민가가 희소했던 것으로 추정된다.『세종실록지리지(世宗實錄地理志)』에 따르면, 세종 때 성 밖 성저십리 일대에는 1천여 호, 5,000여 명의 인구가 있었는데, 성저십리는 현재의 서울 강북 지역 전체에 해당한다.

과거 행촌동은 한양도성 밖의 마을로 도성을 배경으로 돈의문과 독립문 그리고 인왕산을 중심으로 자리 잡은 마을이며 백범 김구 선생의 경교장과 우리나라 기상관측의 메카였던 관상대,「봉선화」의 주인공 난파 홍영후의 가옥, 임진왜란의 영웅 권율 장군 집터에 심어진 500년의 수령이 넘은 은행나무, 우리의 3 · 1 독립운동 소식을 전 세계에 타전한 UPI통신사 특파원 앨버트 테일러가 거주하면서 이상향을 추구했던 딜

행촌권역 성곽마을

쿠샤 등 다양한 문화재가 존재하는 지역이다.

행촌동은 문인과 학자들의 마을이기도 하다. 「남으로 창을 내겠소」, 「향수」 등의 시로 잘 알려진 김상용(1902~1951)과 소설 『감자』, 『배따라기』를 쓴 김동인(1900~1951)은 일제 강점기에 행촌동에 살면서 많은 작품을 남겼다. 『외딴방』, 『기차는 7시에 떠나네』로 잘 알려진 소설가 신경숙(1963~)도 동생과 함께 행촌동에 잠시 살았던 것으로 알려져 있다(서울특별시, 2016a).

월암공원과 월암바위

월암(月巖)은 본래는 바위 이름인데, 도성의 서쪽에서 경관이 좋기로 유명했던 곳이다. 『승정원일기』의 기록을 보면, 1656년(효종 7)에 지명으로서 돈의문 밖에 월암(月巖)이라는 기록이 최초로 확인되고 있어 그 지명의 유래가 오래되었음을 알 수 있다.

> 이유원의 『임하필기(林下筆記)』에서도 사료적 가치가 높은 것으로 알려진 「춘명일사(春明逸史)」 편에서 월암에 대해 "....우리나라에도 월암이 있는데, 돈의문(敦義門) 밖의 서성(西城) 아래에 있는 바위로서 깜깜한 밤에도 오히려 밝은 빛이 나고 귀 기울여 들으면 은은히 파도 소리가 난다. 이에 따라 '월암(月巖)'이라고 불렸다. 백사(白沙, 이항복) 선생이 권상(權相, 권율)의 집안에 장가들었는데, 그 집이 월암 아래에 있었고 지금까지도 서로 전해 오며 간가(間架 : 집의 칸 수)는 10여 칸에 불과하다고 한다" 라고 기록하고 있다(서울특별시, 2016a).

행촌권의 재개발 사업으로 주위 환경은 많이 바뀌었으나 월암(月巖)이라는 바위만은 명맥을 유지하고 있다. 월암공원 변 한양도성의 발굴공사는 참으로 우여곡절이 많았다. 2008년도에는 한양도성 서대문 북쪽 월암공원 구간에서 성벽 발굴 공사가 있었다. 이전의 한양도성 정비방법이 복원 중심이어서 진정성에 논란이 있었기 때문에 월암공원 구간은 현상 보존하자는 논의가 있었다. 또 일부 구간은 성벽에 건물이 올라타고 있어서 여장까지의 복원이 힘든 입장이기도 했다. 그러나 정비 결과는 거의 복원에 가깝게 되었다는 것을 알 수 있다.

특히 인왕산 쪽 구간은 여장까지 복원하였기 때문에 현상 보존이라고 하기 어려울 정도의 정비였다. 원 유구의 노출 부분이 면적상으로도 월등히 적고 신부재가 많으며 복토에 의해 성곽 기저부가 발굴 때와 같이 보이지 않기 때문에 발굴 때에 느낄 수 있었던 역사적 층위와 세월의 흔적, 폐허의 아름다움, 진정성을 떨어뜨렸다. 즉 발굴 당시의 역동성을 정비된 유적에서는 찾아보기 어렵다. 서대문 방향의 아래쪽은 여장을 복원하지 않고 최대한 유구를 보존하여 전시했다. 한양도성에서 복원을 마무리하지 않고 유구를 노출 전시한 최초의 사례지만, 발굴 상태를 그대로 전시하지는 못했다(김왕직, 2015).

그러나 노출된 유구의 성돌 높이가 일정치 않아, 노출 전시의 장점인 발굴 당시의 느낌을 그대로 전달하지 못하고 있다. 성돌도 씻어 폐허의 아름다움을 주지 못한다. 복원된 여장에서 풍기는 새것 느낌은 문화재로서의 가치를 전혀 느낄 수 없다. 관람과 활용은 중요한 부분이지만 유적에 충분히 어울리는 것도 매우 중요하다(김왕직, 2015).

'월암동' 각자바위

월암동(月巖洞) 각자바위는 종로구 송월동 2-8 일대 서대문 밖 1리쯤 떨어진 바위산에 있다. 고고한 선비의 품격이 느껴지는 글씨로 붉은 주사(朱沙)를 채워놓았던 흔적이 남아있다. 월암봉은 둥그렇게 생긴 바위 모습이 마치 달 뜨는 모습과 비슷하여 인근 마을의 이름이 되었다.

홍난파 가옥과 베델 집터

월암공원 일대는 홍난파 가옥뿐 아니라 베델의 집터, 앨버트 테일러가 거주했던 딜쿠샤, 권율 장군의 집터까지 역사 문화재의 보고이다. 홍난파 가옥은 본래 독일 영사관으로 쓰이다 홍난파 선생이 6년간 지내면서 말년을 보냈는데 이 때문에 홍난파 가옥이라 부르고 있다. 홍난파는 이 집에서 그의 대표작 가운데 많은 작품을 작곡했다. 예전에는 대문과 마당도 있었지만, 지금은 아쉽게도 흔적이 없다. 이 집의 지붕은 다른 서양 선교사 집보다 경사가 가파르며 거실에 벽난로가 있다. 「고향의 봄」, 「봉선화」 등 가곡과 동요 100여 곡을 작곡한 홍난파 선생을 기리기 위해 난파기념사업회에서 1968년에 세운 홍난파 상이 집 앞에 있다. 후면에 "우리나라 최초의 바이올리니스트로 1936년에 경성방송 관현악단을 창설하여 지휘하신 방송 음악의 선구자이다. 난파를 기리는 이들의 정성을 모아 그 모습을 새겨 여기 세우니 과연 인생은 짧아도 조국과 예술과 우정은 길구나"라는 글귀가 쓰여 있다.

홍난파 가옥

홍난파 가옥에서 성벽 쪽으로 계단을 오르니 베델의 집터 표지판이 보인다. 표지석에는 "1904년 조선에 온 영국인 어니스트 베델(Ernest Thomas Bethell, 한국명 배설, 1872~1909)은 그해 7월 대한매일신보를 창간하여 항일 언론 활동을 힘껏 지원했다. 이곳은 그가 조선에 와서 정착해 사망할 때까지 가족과 함께 산 한옥 터이다"라는 설명이 적혀 있다. 그는 조선의 독립을 돕기 위해 곧바로 양기탁(梁起鐸, 1871~1938)과 함께 국 · 한문 및 순 한글판, 영어판 등 3개의 신문을 발행한다. "나는 죽지만 신보(申報)는 영생케 하여 대한민국 동포를 구하시오" 양화진 외국인 묘소에 잠들어 있는 베델의 유언이다. 한국인보다 한국을 더 사랑했던 영국인 출신 조선 독립운동가 베델을 기억하기 위한 표석이 남아있다.

또한 홍난파 가옥에서 사직터널 위로 200m가량 떨어진 곳에는 권율 장군의 집터가 있다. 권율 장군(1537~1599)은 임진왜란 당시 행주대첩을 승리로 이끈 도원수다. 은행나무의 수령이 460년이 됐다고 하니 권율 장군 생전에 살아 있던 역사적인 나무다. 행촌동이라는 지명도 이 나무에서 유래한다. 1924년 7월 14일 자 동아일보를 보면, 이 은행나무는 행촌동의 명물이었다.

행촌동 은행나무와 표석

사직골 성 터진 너머 남향판 언덕 위에 은행나무 하나가 우뚝 서 있다. 맑은 바람이 불 때마다 가지와 잎사귀는 속살속살 옛날이야기를 하는 듯하다. 이 은행나무는 행촌동의 명물이요, 행촌동의 이름은 이 은행나무가 있는 까닭이다. 이 은행나무의 춘추는 얼마나 되었는지 자세히 아는 이가 없으나 노인네의 전하는 말을 들으면 사직 안에 있는 태조대왕 수식송(手植松: 태조가 심은 소나무)과 벗할 나이 아니면 연치 존장(年齒尊丈: 나이가 많다는 의미)은 단단하다고 한다. 그리고 물구즉신(物久則神: 물건이 오래되면 조화를 부린다는 뜻)이라더니 낫살(나잇살)이 많아서 아는 일이 있는지 보통 해에는 열매가 열지 않다가 나라에 큰일이 있으려면 한 번씩 열린다는 말도 있다. 몇 해 전까지는 엉클한 뿌럭지(뿌리)를 드러내어 오가는 사람을 붙들어 앉히고 구름 같은 그늘로 덮어주며 "내가 너희들 몇 대조부터 이렇게 정답게 굴었다" 하는 듯하더니 지금은 코 큰 양반의 울타리에 들어가서 예전 인연을 다 끊어 버리고 "어느 몹쓸 놈이 나를 팔아먹었노" 하고 궂은 비를 눈물 삼아서 뿌리고 있다(동아일보, 1924.07.14.; 권기봉, 2019.09.12.; 서울특별시, 2016a에서 재인용).

딜쿠샤

딜쿠샤는 미국인 금광 기술자로 UPI 서울특파원을 겸하면서 3 · 1 운동을 외국에 타전해 독립유공자로 인정받은 앨버트 타일러가 기거(1923~1942)했던 가옥이다. 딜쿠샤는 붉은 벽돌로 지어진 특이한 건물로 일제 강점기의 근대 건축양식으로도 가치가 있다. 원래 이 건물은 근처에 베델의 집이 있었다고 하여 대한매일신보 사옥이라는 주장도 있었지만, 집 앞에 쌓아둔 물건을 치우니 '1923년'과 'DILKUSHA'란 글자가 새겨진 머릿돌이 나왔다. 신문사가 없어진 지 한참 뒤 지은 건물이고 딜

딜쿠샤

쿠샤는 영어로 해석이 되지 않는 낱말이었다.

딜쿠샤의 내력이 밝혀진 것은 2006년이다. 이 집에서 살았다고 주장하는 미국인 브루스 테일러가 등장했기 때문이다. 이 집은 자신의 아버지인 '앨버트 테일러'가 지었으며 집 이름은 어머니가 힌두어의 '이상향', 또는 '희망의 궁전'을 뜻하는 딜쿠샤로 지었다고 했다. 테일러는 이 집에 부인과 인도에서 보았던 딜쿠샤 궁전의 이름을 붙이면서 따뜻하고 행복한 삶을 꿈꿨을 것이다(문화재청, 2014). 하지만 그가 조선에서 맞닥뜨린 현실은 결코 기쁜 마음으로 지켜볼 수 없는 것들이었다. 그러던 중 3 · 1운동이 일어났고 아들의 출산 때문에 부인이 세브란스에 입원했을 때 우연히 3 · 1독립선언서를 입수했다. 이를 자기 동생을 통해 일본으로 보내 세계에 널리 알렸다. 앨버트 테일러는 일제의 만행을 서구에 보도한 대가로 6개월간 서대문형무소에 수감되었다가 1942년 조선총독부에 의해 강제 추방되었다.

서울시는 딜쿠샤의 원형을 복원하기 위해 2018년 11월 공사를 시작해 2020년 12월에 복원을 완료하였고 2021년 3월에 개관하였다. 딜쿠샤 1 · 2층에는 테일러 부부가 거주하던 모습을 재현해 놓았으며, 고전 가구의 모습이 돋보인다. 테일러 부부의 인연이 시작된 이야기부터 결혼에 이르기까지의 과정과 관련된 물건들이 전시되어 있다.

딜쿠샤에서 성벽 방향으로 5분 정도 걸어 올라가면 종로구 문화체육관이 나타나며, 이어 성벽 안에 인왕산 순성안내쉼터가 지나가는 여행자들을 불러 모으고 있다. 좌측으로 가면 서대문독립공원으로 갈 수 있다.

서대문독립공원과 대한민국임시정부기념관

독립운동가 가족을 생각하는 작은 집

딜쿠샤를 둘러보고 독립문 사거리 방향으로 내려오면 독립 관련 시설들이 하나둘 보인다. 그중 가장 먼저 서울 역사 흔적 지키기 1호인 '독립운동가 가족을 생각하는 작은 집'이 보인다. 이 작은 집은 일제 강점기 서대문형무소에 수감된 독립운동가를 옥바라지했던 가족들과 그 가족들이 모여 살았던 동네를 기억하는 작은 전시공간이다. 가족과 주고받았던 옥중편지와 옥바라지 일화, 과거 서대문형무소 주변 동네였던 무악재 골목의 옛 풍경 등을 통해 삼천리 강토 전체가 감옥이었던 일제 강점기 '옥바라지'의 의미를 되새기는 공간이다.

조선 최초의 비행사였던 안창남(1900~1930)이 서울의 풍경을 설명한 「공중에서 본 경성과 인천」에서 독립문과 서대문형무소가 자리했던 옛 무악재 언덕에는 초가집으로 가득했고, 그곳에서 셋방을 얻어 생활하며 옥바라지했던 독립운동가들의 가족이 있었다. 2019년 12월 20일 개관한 이 작은 집의 '전시실 A동'은 독립운동가 가족들의 삶과 이야기를 엿볼 수 있다. 공간이 갖는 의미와 면회와 관련된 일화, 옥중편지와

독립운동가 가족을 생각하는 작은 집

옥바라지를 했던 가족들의 삶과 마음을 담아 작업한 바느질 콜렉티브 작품 등이 전시된다. 전시실 B동은 일제 강점기부터 현재까지 무악재 언덕의 풍경을 보여주는 사진과 영상을 통해 당시 모습과 무악재 사람들의 다양한 삶의 흔적을 되새겨 보는 공간이다.

서대문독립공원

'독립운동가 가족을 생각하는 작은 집'에서 독립문 사거리 건널목을 건너면 가장 먼저 서대문독립공원이 보인다. 독립공원은 독립마당, 서재필 동상, 독립관, 3 · 1운동 기념탑, 유관순 동상, 순국선열추념탑, 서대문형무소역사관, 어울쉼터로 구성되어 있다. 과거 서대문구 천연동

13번지, 현재의 금화초등학교 자리에는 조선 초 명나라에서 오는 사신을 맞이하기 위해 세운 모화관(慕華館)이 있었다. 이 모화관 앞길에 홍살문(紅箭門)을 세우고 명나라 사신이 오면 왕이 이곳까지 직접 나가 맞이했다. 1535년(중종 30) 김안로(金安老, 1481~1537)의 건의로 이 홍살문을 쌍주문(雙柱門)으로 고쳐 세우고 청기와로 덮어 영조문(迎詔門)이란 현판을 걸었다. 그 뒤 중종 33년 명나라 사신 설정총(薛延寵)이 왔다가 현판 이름을 영은문(迎恩門)이라 고쳐 달게 했다. 당시 중국 사신이 오면, 조선 왕은 중국 사신보다도 서열이 낮아 앞서가지 못했다. 얼마나 치욕적인 일인가? 1895년 청일전쟁이 청나라의 패배로 끝남으로써 조선은 청나라와 명목상의 사대관계를 단절했다.

출처: 1890년대 구한말 한성 풍경(작성자 대니얼)

1890년대 영은문(迎恩門)

출처: 1890년대 구한말 한성 풍경(작성자 대니얼)

독립문과 헐린 영은문

조선의 개화 지식인들은 이를 기념하기 위해 영은문을 헐고 그 인근에 독립문을 세우는 한편, 주변을 공원으로 조성하기로 하고 기금을 모으는 기관으로 독립협회를 설립했다. 왕실과 정부도 이를 적극 지원했다. 1896년 2월 영은문이 헐리고 그해 11월 영은문 자리 조금 남쪽에 독립문이 새로 세워졌다. 프랑스 파리의 개선문을 모방한 독립문은 홍문

(ten)으로 된 화강석 돌문으로, 설계는 러시아 국적 우크라이나인 건축기사 아파나시 세레딘사바틴(1860~1921)이 담당했다. 독립문 건립과 동시에 모화관도 독립관(獨立館)으로 이름을 바꾸고 독립협회의 회의 장소로 사용되었다. 1978년 성산대로 고가도로의 건설로 인해 원래 독립문이 있던 자리에서 80m 정도 북서쪽으로 이동해서 복원한 것이 오늘날의 독립문이다.

그런데 '독립'이라 하면 으레 일본과 연관시키는 경향이 있는데, 독립문은 일본이 아니라 조선왕조 내내 시달렸던 중국과의 단절을 상징하는 건축물이다. 특히 중국에 사절을 파견하여 예물을 바치고, 조선 국왕이 중국 황제에게 자신을 조선 국왕으로 임명해 달라고 요청하는 '조공책봉관계(朝貢冊封關係)'는 참으로 견디기 어려웠던 의례였다.

그러나 독립문의 건립을 이끌었던 주체 세력 가운데 상당수는 이내 친일 세력으로 돌아섰거나, 개중에는 심지어 일제 강점기에 이르러서는 작위를 받은 이들도 적지 않았다는 사실에 주목할 필요가 있다. 결국 독립문의 설립의 근본 취지에 의구심이 생길 정도이다.

여기에 더하여 1999년에 출간된 윤덕한의 『이완용 평전』이라는 책에 따르면, 독립문 상단 앞뒤에 한자와 한글로 '독립문'이라고 새겨진 글씨(獨立門: 무악재 쪽, 독립문: 영천시장 쪽)는 친일 매국노 이완용이 쓴 것이 백 퍼센트 확실하다. 무엇보다도 그 글씨체가 굵고 힘 있는 이완용의 전형적인 필체이며, 그는 당대 제일의 명필로서 이미 궁중의 여러 전각 현판을 쓴 경력이 있다는 것이 그 근거였다(윤덕한, 2012).

독립문

독립관

독립공원 내 독립관은 조선시대 중국 사신들에게 영접연과 전송연을 베풀던 '모화관(慕華館)'으로 사용했던 곳이다. 1894년 갑오경장 뒤에는 사용되지 않고 있다가 1897년 5월에 독립협회가 중심이 되어 건물을 고쳤다. 황태자(순종)는 '독립관'이라고 쓴 현판을 하사하였으며, 독립협회의 사무실 겸 집회소로 사용하였다.

독립관은 개화 운동과 애국계몽운동의 중심지 역할을 담당하였던 곳이다. 자주독립, 민족문화 선양, 이권양여(利權讓與) 반대, 자유언론

독립관

신장, 신교육 진흥, 산업개발 등을 주제로 1898년 말까지 매주 토론회가 개최되었다. 자주 · 민권 · 자강 사상과 민족의식을 고취하고 시민대중을 계몽하는 집회장으로 사용하다가 일제에 의해 강제 철거되었다. 독립관의 원래 위치는 이곳에서 동남쪽으로 350m 떨어진 곳에 있었으나, 현재 위치에 한식 목조건물로 복원하여 1층은 순국선열들의 위패(位牌) 봉안실, 지하는 강의실로 사용하고 있다.

서대문형무소역사관

1905년 을사늑약 이후 의병 항쟁이 치열하게 벌어짐에 따라, 일본은 초대형 감옥을 새로 짓기로 하고, 독립문 바로 북쪽을 부지로 지정했다. 1908년에 완공된 감옥에는 처음 '경성감옥'이라는 명칭이 붙었으나, 1912년 마포 감옥이 신설되자 '서대문감옥'이 되었고 1923년에는 서대문형무소, 1946년에는 경성형무소, 1950년에는 서울형무소, 1961년에는 서울교도소, 1967년 서울구치소로 여러 차례 개칭되었다. 서대문형무소는 1960~'70년대의 급속한 도시 현대화 과정을 거치다가 1987년 11월, 도심부에 형무소를 두는 것은 적절치 않다는 여론에 따라 경기도 의왕시로 이전했다.

서대문형무소역사관 입구

이와 동시에 서울시가 법무부로부터 이곳을 매입하여 1988년부터 공원조성 공사를 시작했고, 1988년 2월 27일 서울구치소의 남은 건물들은 서울 구 서대문형무소라는 명칭 아래 대한민국의 사적 제324호로 지정되었다. 사적의 관리자인 서울특별시 서대문구는 그 장소를 역사의 교훈으로 삼기 위해 1988년 11월 5일, 같은 자리에 '서대문형무소역사관'을 개장하였다. 서대문형무소역사관의 공원 규모는 10만 9,193.8㎡인데, 서대문형무소역사관은 역사전시관, 제9~13 옥사와 중앙사, 한센병사, 추모비, 사형장, 지하옥사로 구성되었고 그밖에 순국선열추념탑, 3 · 1 독립 선언 기념탑, 독립문, 독립관 등을 두었다.

대한민국임시정부기념관

서대문독립공원에서 안산 쪽으로 오르다 보면 한성과학고 인근에 대한민국임시정부기념관을 볼 수 있다. 대한민국 헌법은 "3 · 1운동으로 건립된 대한민국 임시정부의 법통을 계승"한다고 밝히고 있다. 대한민국임시정부기념관은 바로 그 헌법정신의 내용과 가치를 널리 알리는 공간이며, 대한민국 임시정부의 역사적 가치를 담고 있다. 방문자들은 독립관, 서대문형무소역사관과 함께 '나라사랑 벨트'를 이루는 기념관에서 나라사랑의 역사를 보고 느끼며 다짐하는 기회를 얻게 된다. 대한민국임시정부기념관은 2017년 7월 건립 결정을 하였으며, 2022년 3월 국립대한민국임시정부기념관으로 개관하였다. 1층에는 상징광장, 추모광장, 복합문화공간을 배치하고 있으며, 2층에는 상설전시 1관, 유물관리실, 보존과학실을 두고 있다. 3층에는 상설전시 2관, 4층에는 상설전시 3관과 전망대, 그리고 지하 1층에는 의정원 홀을 배치하고 있다.

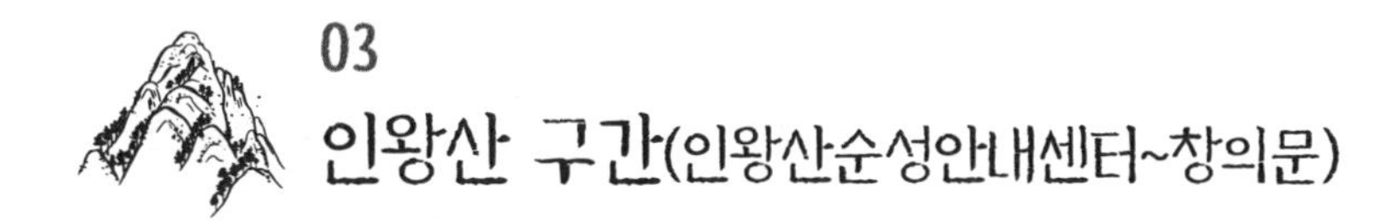

03
인왕산 구간(인왕산순성안내센터~창의문)

인왕산 구간은 천자문 73번째 용(龍)에서 93번째 유(有)까지 한양도성의 우백호에 해당하는 인왕산의 능선을 따라 조성된 성벽을 말한다. 1396년(태조 5) 1월부터 시작된 도성 초축 시기에 인왕산 구간은 전라도 민정에 의해 축조되었다. 당시 전라도는 서남쪽 남산 일부와 숭례문 · 서소문을 지나 창의문 인근까지 9,000척을 담당하였다. 1421년(세종 3) 개축 공사 당시 인왕산 구간은 당시 가장 많은 구간인 25구간을 맡은 황해도 군정 39,888명에 의해서 공사가 이루어졌다. 세종 대의 개축 공사는 태조 대와 마찬가지로 인력을 동원하여 이루어졌으나, 전국 8도에서 뽑은 점과 민정이 아닌 군정을 동원한 점이 다르다. 임진왜란 때 허물어진 도성의 피해를 복구하기 위해 광해군 때 한차례 수축이 이루어졌으며, 이후에도 숙종 대 북한산성의 축성과 함께 도성의 잦은 수축이 이루어졌다. 태조, 세종 대와는 달리 삼군문을 동원해 구간을 나눠 수축하였다. 1745년(영조 21)부터는 도성을 둘러싼 성곽의 여장이 수리되면서 전체 14,935보 구간을 삼군문이 나누어 수축하고 수비하였다. 당시 인왕산 구간은 훈련도감과 금위영이 수축하였다.

이 책에서 인왕산 구간은 종로문화체육관 인근 인왕산 순성안내쉼터에서 창의문까지를 범위로 설정하였다. 이렇게 설정한 이유는 한양도성 순성길 중 인왕산의 범위가 인왕산 순성안내쉼터에서 시작되기 때문이다. 인왕산 초입부로 접근하는 루트는 독립문역에서 기암괴석을 보면서 인왕산으로 등산하는 방법, 경복궁역에서 사직공원, 단군성전을 통해 성벽길로 접근하는 방법 두 가지가 있다. 첫 번째 방법은 지하철 3호선 독립문역에서 하차한 뒤 인왕산 아이파크와 무악현대 아파트 사이를 가로질러야 빠르다.

인왕산 순성안내쉼터는 한양도성을 순성하는 사람들을 위한 만남의 광장 역할을 한다. 종로문화체육관 방향으로 올라오다 한양도성을 만나면 인왕산 순성안내쉼터가 자리잡고 있다. 여기에는 한양도성 순성길 가이드북이 국문, 영문, 중문, 일문으로 마련하여 방문객들이 선택 활용할 수 있으며, 인왕산 주변의 명소들도 함께 확인할 수 있다.

인왕산 순성안내쉼터

사직공원 권역

종로구에는 이름난 공원이 4개 있다. 탑골공원, 사직공원, 청운공원, 삼청공원 등이 그것이다. 그중 정부종합청사 서쪽, 인왕산 남동쪽 기슭에 있는 총면적 188,710㎡의 사직공원은 조선 태조 이성계가 1395년에 종묘와 함께 맨 처음 만든 사직단을 한복판에 두고 이루어진 공원이다. 어린이 놀이터, 율곡 이이 선생과 신사임당의 동상, 황학정, 시립어린이도서관 등이 자리를 잡고 있으며, 단군성전, 종로도서관 등이 인접해 있다.

사직단

경복궁역에서 내려 인왕산에 올라가기 위해서는 세종마을 음식문화거리를 거쳐 사직동주민센터를 지나면 사직단과 그것을 감싸고 있는 사직공원을 볼 수 있다. 음식문화 거리는 주말에 한양도성 등산객이나 도심 골목투어를 하는 여행객들이 즐겨 찾는 음식의 명소이다.

사직단(社稷壇)은 사직동 1-28에 있는 조선왕조의 제단으로 종묘와 더불어 왕조 자체를 상징하는 국가 주요 시설이었다. 사직은 중국에서 연원한 것으로 사(社)는 토지신, 직(稷)은 곡식신을 의미한다. 주자 성리학을 통치 이념으로 삼은 조선왕조는 도성을 조영하면서 가급적 『주례(周禮)』 동관 고공기(考工記)의 조묘후시(前朝後市), 좌묘우사(左廟右社) 원칙을 지키려 했다. 이에 따라 사직단의 위치는 법궁(法宮)인 경복궁(景福宮)의 좌측, 즉 서쪽인 서부 인달방(仁達防)으로 정해졌다. 사직단은 1395년(태조 4)에 조영되었으며 단(壇)이 완성되자 주변 산기슭을 따라 담장을 두르고 안에 신실(神室)과 신문(神門)을 세웠다.

사직단 정문

사직단에서는 매년 봄, 가을로 제사가 거행되었으며, 왕이 친히 지내는 경우도 많았다. 대한제국의 국권이 허구화된 1907년 일제는 사직단 제사를 폐지했으며, 1921년에는 이곳을 공원으로 조성해 일반에 개방했다. 이때 경희궁 회상전(會峰殿) 북쪽에 있던 황학정도 사직공원 경내로 이전되었다.

종묘와 사직은 조선왕조의 존립 기반인 상징적 시설물인 점을 감안하여 2012년 1월 1일부터 문화재청장이 직접 관리하고 있다. 2010년대 들어 문화재청은 사직단 복원 계획을 세우고 종로도서관과 어린이도서관을 허물고 조선시대 사직단 부지 전체를 다시 확보하려 했으나, 주민들과 뜻있는 시민들의 반대로 무산됐다. 그러나 사직 시민공원은 폐쇄됐고, 조선시대 제단과 부속물들을 만드는 공사 및 발굴조사를 진행하였다. 2022년 전사청 권역의 복원이 완료되었다. 문화재 보호시설로 지정되었기 때문에 일반인이 직접 출입하거나 왕래는 할 수 없고 대신 사직단 홍살문이나 돌담 너머로 제단의 모습을 볼 수 있다.

황학정과 단군성전

사직공원 뒤의 황학정은 유형문화재 제25호로 대한제국 때인 1898년 고종의 명에 의해 경희궁 내에 건립된 사정(射亭)이다. 조선시대 활쏘기는 군사 훈련 겸 민간놀이로 성행하여 서울 곳곳에 활터가 만들어졌는데, '사정'이란 활터에 건립한 정자를 말한다. 황학정(黃鶴亭)이라는 이름은 '고종황제가 황색 곤룡포를 입고 활을 쏘는 모습이 마치 학과 같다' 하여 유래했다. 조선 후기 경복궁 주변에는 풍소정 · 등룡정 · 운룡정 · 대송정 · 등과정 등 다섯 사정이 있어 이를 '서촌오사정(西村五射亭)'이라 했다.

고종은 옛 선비들의 필수 교양이었던 육례(六藝: 禮 · 樂 · 射 · 御 · 書 · 數) 중 하나인 활쏘기(射)를 통해 백성들이 심신을 단련하고 무너져 가는 전통을 북돋우고자 세운 뒤 이곳에서 직접 활쏘기했다. 동이족(東夷族)이란 말은 '동쪽의 활을 잘 쏘는 민족'이라는 뜻으로 중국이 우리 민족을 예로부터 일컫던 말이다. 일정한 거리에 과녁을 세워놓고 활을 쏘아 맞히는 활쏘기는 우리 민족의 오랜 전통놀이였다.

원래는 경희궁 내 회상전(會祥殿) 담장 옆에 있었다. 그런데 일제가 이곳에 학교를 짓는다는 이유로 경희궁을 철거하고 경희궁 건물을 일반에게 매각했다. 그때 황학정 사우들이 이를 불하받아 1922년 지금의 사직공원 북쪽 인왕산 기슭에 있었던 등과정 터로 옮겨 현재에 이른다. 등과정(登科亭)은 조선시대 무사들의 궁술 연습장으로 유명한 사정이다. 사정이란 활터에 세운 정자를 말한다. 그러나 갑오개혁 이래 궁술(弓術)이 폐지되면서 헐렸다. 등과(登科)란 과거에 급제함을 이르는 말이니, 조선시대 무과(武科)에 지망하던 젊은이들이 급제의 꿈을 꾸며 궁술을 연습하던 곳이다.

황학정

황학정을 지나 인왕스카이웨이 방면으로 약간 내려오면 삼거리에 단군성전이 보인다. 서울특별시 종로구 사직동 인왕산의 줄기가 남쪽으로 뻗어 내려온 곳에 사직단과 함께 자리 잡고 있다. 입구에는 삼문을 세웠고 단군성전의 본전은 정면 3칸의 다포계 팔작지붕으로 건립되었다. 성전의 내부에는 단군을 형상화한 조형물이 안치되어 있다. 매년 한민족의 시조 단군이 개국한 날을 기념하는 개천절 기념행사가 열린다.

사직단에서 출발하여 황학정과 '등과정 터' 표지석을 지나면 인왕산 숲길 입구가 보인다. 택견수련터~수성동계곡~해맞이동산~가온다리~이빨바위~청운공원~윤동주문학관을 통과하는 총 2.5km 숲길로 도보로 완주하면 대략 1시간 40분이 걸린다. 코스 사이사이 그와 연관된 상징시설과 안내 패널이 서 있어 천천히 걸으며 감상하면 된다. 인왕산숲길은 인왕스카이웨이 포장도로에 비하여 낮은 위치에 있으며, 팻말의 '인왕산숲길'을 따라 가면 된다.

인왕산 숲길 표지석

인왕사와 국사당

인왕산을 독립문역 전철역에서 오르기 위해서는 인왕산 아이파크 후문 쪽으로 올라가 무악공원을 지나거나, 인왕사 방향으로 올라가면 많은 기암괴석 군을 발견하게 된다. 우선 가장 먼저 발견할 수 있는 인왕사와 국사당을 살펴볼 필요가 있다.

인왕사와 국사당

인왕사

인왕산에는 여러 사찰이 있지만 인왕사는 성벽 밖에 있다. 인왕사는 서울시 종로구 무악동 인왕산 자락에 자리한 전통 사찰이다. 조선 초에 호국 도량으로 창건된 단일 사찰이었지만, 근대기에 들어와 여러 개의 암자가 군락을 이루며 '인왕사(仁王寺)'라는 하나의 사찰로 공존해 오고 있다.『조선왕조실록』에 태조가 인왕사에서 조생 스님을 만났다는 기록이 있는 것으로 보아 태조의 후원으로 늦어도 1397년에는 사찰이 창건되었음을 알 수 있다. 창건주는 무학대사와 조생선사이며 매월 초하루 보름마다 내원당에서 법회를 올리고 '호국인왕금강반야바라밀경(仁王護國般若波羅蜜多經)'을 강설(講說: 강론하여 설명함)하였다고 한다. 인왕산 서쪽에 자리한 인왕사는 선바위 · 국사당으로 불리는 무불습합(巫佛習合: 무속 독경과 불교 염불의 상호작용)의 신앙지와 함께 특이한 가람(伽藍: 승려가 살면서 불도를 닦는 곳)이 존재하고 있다. 5개 종단의 11개 암자가 하나의 인왕사라는 하나의 명칭 아래 공존하는 곳이다.

국사당은 조선 태조 때 남산에 세운 국가 신당이며, 중요민속문화재 제28호로 지정되어 있다. 국사당은 무속신앙에서 섬기는 여러 신들을 모시는 당집으로 우리나라 신들이 좌정하고 있는 신전이라 하겠다. 과거 남산의 정상 자리에 위치(현재 남산팔각정 인근)하였던 것을 1925년 일제가 남산 중턱에 조선신궁을 지으면서 국사당을 헐자 무속인들이 인왕산 서쪽 자락으로 옮기고 사설 무속 신당으로 바꾸었다.

> 인왕산 국사당은 신당(神堂)이다. 국사당은 『조선왕조실록(朝鮮王朝實錄)』, 『신증동국여지승람(新增東國輿地勝覽)』 등의 기록을 통해 조선 초부터 왕실과 경 · 대부 · 사와 서민들이 모두 찾는 제당(祭堂)이었음을 알 수 있다. 조선 헌종(1835~1849) 때 이규경(李圭景)은 『오주연문장전산고(五洲衍文長箋散稿)』에서 국사당이 민간에서 굿과 치성을 드리는 장소라고 언급하였으며, 궁중발기(宮中件記: 왕실의 생활문서)를 비롯한 여러 궁중 기록에서 궁중의 나인들이 왕실을 대신하여 무당을 시켜 치성을 드렸다고 전해진다(문화재청, 2017).

현재 국사당 건물은 6칸통(2×3칸)의 큰 대청으로 된 본당과 그 좌우에 온돌방이 덧대어 있다. 내부의 대들보가 아치형으로 된 것이 특징이며, 전체적으로 구조가 간결하면서도 부재의 짜임새가 튼튼한 편이다. 인왕산 국사당은 다른 당집에 비해 건물이 견고하고 많은 무신도를 볼 수 있다.

선바위의 전설

선바위는 인왕산 남쪽 기슭에 사람 모습을 한, 거대한 두 개의 바위이다. 바위의 모양이 "스님이 장삼을 입은 모습과 같다" 하여 선(禪)바위라 한다. 선바위는 높이 약 6m이며, 뒷면에 크고 작은 구멍들이 뚫어진 풍화혈이 있고, 앞쪽으로는 수직 방향 면에 가깝게 길쭉한 구멍들과 타원형의 흠이 형성되어 있다. 선바위는 1973년 1월 26일에 서울특별시 민속문화재 제4호로 지정되었다.

『상고역사실록(上古歷史實錄)』에 의하면, 도선국사는 인왕산과 선바위가 왕기가 서리는 길지라고 하였다(해랑, 2020.12.26.). 민족 신앙의 대상이자 약 일억 오천만 년 전에 생성되었다고 추정되는 선바위는 천년을 이어온 한민족 정신의 뿌리로서, 기도 정진하는 자는 꼭 소원을 이룬다는 일명 '소원바위, 선바위'로 신앙의 대상이 되어왔다.

인왕산 선바위

조선시대에 한양도성을 쌓을 때 선바위의 포함 여부를 두고 태조 이성계, 정도전, 무학대사의 의견충돌이 있었다. 국사당 위쪽에 있는 선바위는 고깔 쓰고 장삼 입은 승려가 참선하는 형상의 바위이다. 불교를 배척했던 정도전이 한양도성의 경계를 정하면서 일부러 선바위 있는 곳을 제외하였다는 이야기가 전한다.

선바위에는 조선 태조 이성계와 관련된 설화가 전해지고 있다. 조선을 개국한 태조 이성계는 한양도성을 쌓기 위한 계획을 구상하였다. 이때 한양도성 안에 선바위를 둘 것인가 말 것인가를 두고 정도전과 승려 무학대사가 의견충돌을 일으켰다. 선바위를 한양도성 안에 두면 불교가 왕성하게 되어 유학자들이 힘을 못 쓰고, 한양도성 밖에 두면 유학이 왕성하게 되어 승려들이 힘을 못 쓴다는 것이다. 태조는 선바위의 위치를 결정하지 못하고 궁궐에 돌아와 잠을 잤다. 꿈속에 4월인데도 눈이 내리고 있었고, 밖을 내다보니 낮에 회의하던 곳이 보였다. 안쪽으로 들여쌓은 쪽의 눈은 녹아버리고, 다른 한쪽은 눈이 녹지 않았다. 이를 본 태조는 눈이 녹지 않은 곳이 성터라고 생각하여 정도전의 의견대로 선바위를 성 밖에 두게 되었다(한국문화원협회, 2023).

선바위와 주변에 있는 바위들은 풍화작용으로 인해 암석 표면에 구멍이 많다. 이 구멍 안에 자식 없는 사람이 작은 돌이나 동전을 넣으면 자식을 얻을 수 있다는 이야기가 전해진다. 그래서 선바위와 주변 바위에는 작은 돌을 문질러서 붙인 자국이 남아있어 '붙임바위'라고 불리기도 한다. 바위에 돌을 붙여 자식을 원하는 기자신앙은 민속학자 임동권의 조사에서도 찾아볼 수 있다. "선바위와 같은 기암절벽의 바위들은 오래된 기도 터라고 할 수 있다. 그리고 부인들의 아기를 낳는 소원을 비는 바위가 인왕산에 올라가는 길에 있었다. 암문을 빠져서 내려가다 보면 있다. 문 안에 있는 아낙네들이 아이를 낳고 싶어 바위에 돌을 문지르며 기도했다. 이때 바위가 붙어야 소원이 이루어진다고 믿었다" 바위에 돌을 붙여 자식을 기원하는 기자신앙은 전국적으로 나타나고 있으며, 이 중에 가장 유명한 기도 터가 선바위다(한국문화원협회, 2023).

인왕산의 기암괴석

인왕산(仁王山)은 서울특별시 종로구와 서대문구에 걸쳐있는 산이며, 전체 면적은 1,086㎢이다. 바위산이기 때문에 조망도 좋고 해골바위, 얼굴바위, 모자바위, 달팽이바위, 석굴암, 필운대, 치마바위, 기차바위 등이 저마다 기이한 모습들을 보이고 있다.

해골바위

해골바위는 인왕산 서편 개나리동산의 동쪽이자 선바위를 지나면 나오며 해골처럼 생겼다고 이름이 붙여졌다. 바위 피부는 대자연이 무심히 뚫어놓은 큼직한 구멍들이 여럿 있는데, 약 5m 정도 정상으로 올라가면 서울 하늘 풍경이 참 아름답게 다가온다. 해골바위 위로 오르니 아래서 보던 것과는 완전히 다른 풍경이 펼쳐진다. 멋진 곡선으로 흐르는 성곽, 남산까지 펼쳐진 시내 조망이 바위와 잘 어우러진다. 봄이면 해골바위 위에서 서북쪽으로 개나리꽃이 온 산을 다 뒤덮으며 장관을 연출한다. 시인 문일석은 2020년 11월 22일 '인왕산 해골바위'를 바라보며 죽기 전까지 사이좋게 웃으며 살자는 의미의 시를 남겼다.

서울 인왕산에 가면 해골바위가 있다네. 사람이 죽으면 해골이 된다네. 나도 죽으면 해골이 되겠지. 죽어서 해골이 안 되는 사람 있다면 손들어 봐요. 인왕산 해골바위는 해골바위다네. 살아있는 사람들은 누구나 해골을 만드느라 분주하게 산다네. 어차피 해골이 될걸 하하하 웃으며 살게나 (문일석, 2020.11.25.).

인왕산 해골바위와 얼굴바위

얼굴바위(부처바위, 장군바위)

인왕산 얼굴바위는 바라보는 위치에 따라서 각양각색으로 보이는 인왕산의 기암이다. 어떤 사람은 부처바위라 하고 또 건강한 무사처럼 생겼다고 하여 장군바위라고도 한다. 또 서쪽 독립문쪽에서 보면 인왕산을 지키는 수호신처럼 생겼다. 얼굴바위 바로 아래쪽에서 바라보면 그 생김새가 마치 무명옷을 입은 여인이 앉아서 일하다가 인기척에 고개를 옆으로 돌린 얼굴처럼 보이는 바위이다.

모자바위와 달팽이바위

모자바위는 이름과는 달리, 모자처럼 보이기보다는 흑백의 기이한 사람 얼굴 형상으로 보인다. 인왕산 얼굴바위와 모자바위는 나란히 있다. 얼굴바위 위에는 서울성곽의 곡장이라고 하는 넓은 장소가 있는데, 현재는 군부대가 상주하고 있어 출입이 금지되었다. 인왕산 성곽을 거의 올라가 범바위로 가기 전 왼쪽을 바라보면 인왕산 곡성 부근에 달팽이처럼 생긴 유독 검은 바위가 있는데 그것이 바로 달팽이 바위이다.

모자바위

달팽이바위

인왕산 석굴암

인왕산 석굴암

석굴암 뒤쪽은 인왕산 정상이다. 정상에서 내려다볼 때는 잘 보이지 않는 지점에 석굴암이 있다. 정상에서 내려올 수 있고, 반대로 도로에서 한참 걸어 올라갈 수도 있다. 먼 옛날 지각 변동 때 정상에서 무너져 내린 것으로 보이는 거대한 바윗덩어리가 포개져 있다. 거대한 바위 아래 작은 방이 있는데 들여다보니 천장에 연등이 달려 있고 벽면에 불상이 있다. 인왕산 석굴암에서 오른쪽 좁은 등산로를 따라가니 천향암(天香庵)이 있는 이곳 역시 바위 아래 기도하는 곳이다.

인왕산은 화강암의 바위산으로 기암과 소나무가 어우러져 아름다운 자연경관을 연출하여 '인왕산 생태 · 경관보전지역'으로 지정되었다. 소나무숲이 주로 고지대 능선부와 사면 암반부에 대면적으로 군락을 이루고 있으며, 일부 상수리나무림과 아까시나무숲이 분포한다. 또한 보전지역 내 서식하는 야생조류는 박새, 어치, 유리딱새, 소쩍새 등이 있으며 그 외 암먹부전나비, 작은주홍부전나비, 노랑나비, 호랑나비 등 다양한 곤충이 서식하고 있다.

필운대

필운대(弼雲臺)는 조선 중기의 백사 이항복(李恒福, 1556~1618)이 살던 곳으로 '필운'은 그의 호이다. 종로구 필운동의 배화여자고등학교 뒤뜰에는 큰 암벽이 있는데, 그 왼쪽에 붉은 글씨로 쓰인 '弼雲臺'가 정자(正字)로 크게 새겨져 있고, 가운데에 시구(詩句)가 새겨져 있으며, 오른쪽에 10명의 인명이 나열되어 있다. 이 글은 고종 때 영의정을 지낸 이유원이 지은 것이다. 이항복의 9대손인 이유원이 지은 글에는 "우리 할아버지 옛날 살던 집에 후손이 찾아왔는데, 푸른 돌벽에는 흰 구름이 깊이 잠겼도다. 끼쳐진 풍속이 백년토록 오래 전했으니, 옛 조상들의 의복과 모자가 지금까지 전해지고 있다"라는 내용이다.

필운대

남산 자락 여러 곳 가운데 특히 창동(倉洞) 일대에는 여러 대에 걸쳐 지역 기반을 유지한 가문들이 없지 않았다. 그중에는 경주이씨 이항복

(李恒福)과 그의 후손들도 있었다. 이곳에 있는 '필운대'라는 글씨가 이항복의 것이고 이항복이 여기서 살았기 때문에 틀린 말은 아니다. 그러나 이곳은 이항복이 권율의 딸과 결혼 후 처가살이하던 곳이었으므로 엄밀하게 말한다면 권율의 집이라 해야 옳다. 2000년 7월 15일 서울특별시의 문화재자료 제9호로 지정되었다. 겸재 정선의 필운대 그림을 보면 선비들이 시회(詩會)를 즐기던 공간을 잘 묘사하고 있다.

치마바위

인왕산 정상의 오른쪽에 펼쳐져 있는 큰 바위는 '치마바위'이다. 치마바위는 조선 중종과 그의 첫 번째 왕비인 단경왕후와의 애절한 사랑 이야기가 야사를 통해 전해지고 있다.

506년 폭정을 일삼던 연산군이 반정으로 폐위되고, 수많은 병사들이 진성대군의 사저에 몰려들었다. 진성대군은 연산군이 자신을 죽이려는 줄 알고 스스로 목숨을 끊으려 했다. 그때 부인 신씨가 진성대군을 말리며 말했다. "말 머리가 우리를 향해 있다면 우리를 잡으러 온 것이요, 우리를 지키러 왔다면 말꼬리가 우리를 향해 있을 것입니다". 결국 부인의 말대로 말 머리의 방향을 확인한 진성대군은 문을 열고 병사들을 맞이하였다. 그가 바로 훗날 조선의 제11대 왕 중종, 그리고 그의 부인이 바로 단경왕후였다. 하지만 신씨는 왕후가 된 지 얼마 되지 않아 위기에 빠지게 된다. 그의 아버지 신수근이 연산군을 위해 반정을 반대하다 제거된 후 역적으로 몰렸기 때문이다. 반정에 의해 왕위에 오른 중종은 조강지처를 지킬 힘이 없었고 결국 부인 신씨는 왕후가 된 지 불과 일주일 만에 폐위되어 쫓겨나고 말았다. 부인을 잊을 수 없었던 중종, 경회루에 올라 인왕산 부근을 바라보았다고 한다. 그 소식을 들은 부인 신씨는 자신이 궁에서 입던 붉은 치마를 경회루가 보이는 바위에 걸어 놓았고 중종은 치마를 보며 아내 신씨를 향한 마음을 간직했다고 한다. 이후 두 남녀의 슬픈 이야기가 전해졌고 사람들은 이 바위를 치마바위라고 부르게 되었다. 치마바위에 얽힌 애처로운 사연으로 왕과 왕후의 이루어질 수 없었던 슬픈 사랑 이야기이다(YTN, 2015.05.02.).

인왕산 병풍바위에 새긴 '동아청년단결' 글씨(사진 국립중앙박물관 소장)

그런데 1939년 일제는 전시동원체제에서 조선연합청년단을 대일본연합청년단에 가입시킨 것을 기념하여 치마바위 밑 병풍바위에 조선총독 미나미 지로가 쓴 동아청년단결(東亞青年團結)이란 글을 서울 어디서나 볼 수 있도록 새겨넣는 만행을 저질렀다. 해방 후 치마바위에 새겨진 일제의 만행을 삭제했지만, 그 상처는 아직도 남아 있다(이성우, 2021.10.17.).

기차바위와 붙임바위

기차바위는 병풍처럼 펼쳐져 있는 북한산의 멋진 능선을 볼 수 있다. 기차바위는 인왕산 정상에서 홍지문으로 가는 도중 산등성이에 있으며, 거의 수직 절벽으로 되어 있다. 인왕산 등산코스 중 북쪽 북한산의 여러 봉우리를 잘 관찰할 수 있는 최적지이다. 그리고 붙임바위도 기차바위 정상 부근에 있다. 정상(낙월봉) 조금 아래 일명 기차바위(벽련봉)에 나무숲에 가려져 있는 2m 정도의 공깃돌 같은 붙임바위가 있다. 겸재 정선의 그림에도 나온다. 붙임바위를 한자어로 '부암(付岩)'이라고 하는데, 지금은 부암동(付岩洞)이라는 동네 이름이 이 붙임바위에서 유래하였다고 한다.

인왕산 호랑이 이야기

'인왕산 호랑이' 하면 서울시민 중 모르는 이들이 없으며, 서울을 한눈에 조망할 수 있는 곳 하면 인왕산을 모르는 이가 없다. 인왕산은 호랑이의 주요 서식지였다. 또한 전체적으로 흰빛을 띤 큰 화강암 덩어리와 같은 산의 모양이 흡사 옆으로 길게 누운 호랑이처럼 보여 오래전부터 인왕산과 호랑이는 서로 짝을 이루는 말처럼 불러왔다. 옛날에는 인왕산에 호랑이가 많아서 장안 사람들은 밤 나들이를 삼가고 집 안에 박혀 지내야 했다. 1405년(태종 5)에는 호랑이가 경복궁 내실까지 들어왔고, 1464년(세조 10)에는 창덕궁 후원, 그리고 1503년(연산군 11)에는 종묘에 침입했다는 기록도 있다.

홍제동 인왕산 둘레길 안내판

서대문구에서 세운 홍제동 인왕산 둘레길 안내 간판에는 서대문구 현저동에서 홍제동으로 넘어오는 고개인 '무악재'라는 이름의 유래가 있는데, 그 중 하나는 인왕산 호랑이가 자주 나타나 이 재(고개)를 넘으려면 사람을 모아 넘어갔다고 하여 '모아재'라고 부르다가 오늘날의 무악재가 되었다고 한다. 호랑이는 인왕산의 대표 상징이 되었다.

그러나 조선시대 호랑이는 영험한 존재인 동시에 공포의 대상이기도 했다. 오죽하면 영국의 지리학자 이사벨라 버드 비숍이 쓴 『조선과 그 이웃 나라들』에서 조선 사람들의 호랑이 공포증이 심각했음을 적고 있다.

> 호랑이와 귀신에 대한 공포 때문에 사람들은 밤에는 거의 여행하지 않는다. 관리의 신분증을 가진 사람들이 부득이 밤에 여행을 할 때는 마을에 들러 횃불을 가진 사람들의 호위를 부탁하는 것은 당연한 일이다. 야행을 할 경우 길손들은 보통 몇몇이 서로를 끈으로 묶고 등롱(燈籠)을 밝히며 횃불을 흔들며, 고함을 지르고 꽹과리를 치며 길을 간다. 조선 사람의 호랑이에 대한 공포는 너무나 유명해서, '조선 사람은 일 년의 반은 호랑이를 쫓느라

보내고 나머지 반을 호랑이에게 잡혀서 먹힌 사람의 문상하느라 보낸다'고 하는 중국 사람들의 말이 거짓이 아님을 알 수 있다(신정일, 2019).

범바위의 전설

범바위

범바위는 인왕산 정상 부근에 못 미쳐 있던 바위로서, 호랑이 모양인 데서 유래된 이름으로 호암(虎岩)이라고도 하였다. 범바위에 얽힌 이야기는 다음과 같다. 인왕산 중턱에 범 한 쌍이 살면서 무악재를 넘나들었으나 사람에게는 해를 끼치지 않고 나쁜 사람들이 지나가면 노려보면서 포성을 질렀다. 어느 날 인왕산에 산불이 나 먹을 것이 없자 인가까지 내려왔다. 이를 본 강원도 포수가 범을 잡아 가죽을 벗겼다. 암컷을 잃은 수호랑이는 울부짖다가 이 바위에 머리를 부딪치면서 바위가 떨어져 나갔고 범은 죽었는데 그 모습이 죽은 수범(범의 수컷)처럼 생겼다. 그런데 이 바위는 앞서 포수에게 잡혀 죽을 때의 방향과 일직선을 하여 햇살이 바위에 반사되어 마치 범의 눈에서 나는 광채와 같았다. 그 후에 범을 죽인 포수는 그 빛으로 눈이 멀었다고 하는 범바위의 내력이 전하고 있다(서울역사편찬원, 2009.02.13.).

강감찬 장군과 호랑이 전설

고려시대 귀주대첩의 명장 강감찬(948~1031) 장군이 지금의 서울시 판관으로 근무하던 시절에 주민들이 호랑이 때문에 힘들어했다는 것을 알고, 인왕산에서 고승으로 변신한 호랑이를 알아보고 호통을 쳐서 멀리 북으로 쫓아냈다는 전설이 있다(서울특별시, 2016a). 이 전설이 시사하는 것은 고려시대 종로구 일대에 도시개발이 진행돼 호랑이들의 서식지가 크게 파괴됐다는 것이다. 한양의 호랑이들에겐 끊이지 않고 더 큰 고난이 찾아왔다. 고려 문종 때인 1067년 한양이 남경으로 지정돼 대도시 1000년의 역사를 본격 시작했다. 이어 1394년에는 새 왕조 조선이 개경에서 한양으로 천도했다. 그런데 『조선왕조실록』 태종 5년 7월 25일에는 호랑이가 근정전의 뜰에까지 나타나기도 하였다(종로구, 2023).

인왕산 호랑이상

사직공원에서 인왕산 자락길을 따라 올라가면 삼거리가 나오는 곳에 호랑이 동상이 세워져 있다. 호랑이 동상 받침돌에는 '청와대와 경복궁을 지키는 호랑이가 돌아왔다'라는 문구가 있는데, 서울을 지키는 호랑이의 모습을 강인하게 표현하고 있다.

또한 윤동주 문학관에서 인왕산 언덕 방향으로 오르면, 두 개의 조형물이 등장한다. 그중 하나는 '문화강국 호랑이' 석조물로 2010년 종로구가 성선옥 작가의 작품을 설치하였는데 꾀가 많고 감성적인 호랑이의 상을 잘 표현하였다. 아마도 이 문화강국 호랑이상은 K-콘텐츠를 잘 지켜내며 문화강국을 지향하자는 의미로 보인다.

인왕산 호랑이상

문화강국 호랑이상

인왕산 정상부

인왕산은 높이 338.2m이다. 조선 초기 서산(西山)으로 불리다가 세종 때 인왕산으로 개칭되었다. 인왕산은 조선을 수호한다는 의미가 있지만, 조선시대 많은 고관대작과 문인들이 찾으면서 성리학에서 말하는 인자요산(仁者樂山)의 상징으로 여겨지기도 하였다(유홍준, 2020). 허영구의 「산길순례」 중 '인왕산 석굴암에서 조선의 진경산수화가 겸재 정선의 수성동계곡까지'를 보면, 인왕산을 정형화된 성곽길로만 올라가지 말고 다양한 등산로를 섭렵할 것을 다음과 같이 권한다.

> 산 하나를 완전히 이해하려면 정상에 오르는 수많은 등산로를 따라 걷고 자연환경은 물론이고 역사까지도 이해해야 한다. 한 분야에서만 전문가였던 사람이 최고 권력의 자리에 오르면 위험하거나 불통이 될 수 있다.

귀를 열고 다양한 이야기를 들어야 한다. 매우 짧은 산행이었지만 인왕산을 좀 더 알 수 있는 시간이었다(허영구, 2023.05.17.).

인왕산 순성안내쉼터에서 인왕산 정상까지

성곽을 기준으로 할 때, 인왕산 구간의 시작은 인왕산 순성안내쉼터이다. 해당 시설이 자리한 위치는 한양도성 탐방의 출발점이지만, 그동안 인왕산 구간에는 한양도성과 관련된 안내정보나 출발 · 경유지로서 순성객 휴게 · 집합 장소가 없어 한양도성의 탐방에 어려움이 있었다. 이에 인왕산 탐방 정보를 제공하고, 성곽 탐방 프로그램 운영의 거점 및 행사 장소, 인왕산로 출발 및 중간 경유지로서의 휴게소 및 모임 장소 기능을 하고 있다.

이후 성곽을 따라 오르다 보면 암문을 발견하게 되는데, 암문을 지나

인왕산 곡성

면 인왕산의 얼굴바위, 모자바위, 해골바위 등을 볼 수 있다. 큰 바위들과 어우러져 끊어질 듯 이어진 성벽은 한양도성의 빼어난 아름다움을 드러낸다. 인왕산 정상 가까운 곳에는 무악재와 안산(무악) 방향으로 길게 돌출된 곳이 있는데 이런 지형을 활용하여 곡성(曲城)을 쌓았다. 곡성이란 주변을 관찰하기 좋은 전략적 요충지에 성벽을 지형에 따라 길고 둥글게 내밀어 쌓은 성을 말한다. 인왕산 전체가 다 개방되었지만, 인왕산 곡성은 현재에도 군사시설로 이용되고 있어 일반인은 출입할 수 없다.

옥계석과 삿갓바위

범바위를 지나 인왕산 정상부에 가면 옥계석이라는 표지판과 실물을 전시하고 있다. 이 옥계석은 한양도성의 일부로 성곽의 최상단에 놓이는 지붕돌이다. 평상시에는 빗물이 체성으로 흘러드는 것을 방지하여 성곽을 보호하는 지붕 역할을 하지만, 유사시 지붕돌을 밀어서 적군의 머리를 박살 내는 무기이기도 하다.

삿갓바위

인왕산은 산 전체가 화강암으로 되어 있고, 암반이 노출된 것이 특징이다. 인왕산 정상의 삿갓바위에 오르면 동서남북 360도로 탁 트인 서울 도심의 전경을 바라볼 수 있다. 잠실 롯데월드부터 남산, 안산, 북한산까지 서울을 둘러싼 모든 산이 보인다.

정상에서 5분 정도 내려가면 기차바위로 가는 갈림길이 있다. 그곳에서 부암동 창의문 쪽으로 내려가면 부부 소나무가 서 있다. 이 나무는 각기 다른 뿌리를 가지고 있으며, 몸체가 서로 연결되어 '연리지(連理枝)'라 부르기도 한다. 한 나무가 죽어도 다른 나무에서 영양을 공급하여 살아나도록 도와주는 연리지는 예로부터 귀하고 상서로운 것으로 여겼다.

다른 연리지들은 몸체가 붙어서 올라가는 것이 대부분인데, 이곳의 부부 소나무는 특이하게 나뭇가지가 서로 연결되어 있다. 한양도성을 병풍 삼아 인왕산 순성길에 푸른 옷을 입고 한 몸이 된 연리지의 깊고 깊은 아름다운 사랑을 느낄 수 있다.

연리지(부부 소나무)

창의문으로 내려가는 도성길은 멀리는 북한산에서부터 북악산에 이르는 아름다운 풍경을 감상할 수 있으며, 가깝게는 도성 바로 밖에 위치하는 목인박물관 목석원의 멋진 풍경을 볼 때는 바로 방문하고 싶은 생각을 들게 한다.

탕춘대성 가는 길

조선 왕조는 한양천도와 더불어 궁궐 축조가 끝나자마자 도성을 축조하여 궁성과 도성을 갖추었다. 도성은 궁궐과 각종 도시시설을 에워싼 백악산 · 낙산 · 목멱산 · 인왕산의 내사산을 잇는 형태로 산지와 평지에 축조되었다. 그리고 조선 후기에 들어 북한산성 · 탕춘대성 등 산성 체제를 구축하였다. 이처럼 한양도성은 산성과 평지성을 결합하고 나아가 이를 잇는 중간 성곽까지 축조된 삼중의 방어 체제를 갖추고 있다.

탕춘대성은 한양도성의 유사시를 대비하여 한양도성의 북쪽에 축성된 북한산성과 서울 한양도성을 이어주기 위해 조성된 성이다. 조선 왕조는 두 번의 큰 전쟁을 겪으면서 도성을 버리고 피난해야 했던 경험을 거울삼아 한양의 북쪽에 축성한 북한산성과 연결하고 북한산성에 필요

기차바위와 인왕산 산불 진화 후의 모습

한 물자를 저장하기 위한 목적으로 탕춘대성을 축성하였다. 즉 탕춘대성은 한양도성과 북한산성의 방어를 보완하기 위해 만들어진 성이다.

창의문 밖 홍제천 골짜기는 서울의 뒤를 지키는 요충지이자 양반들이 즐겨 찾는 경승지였다. 고급 종이를 만드는 조지서가 있는 곳이고, 사초(史草)를 세초(洗草)하는 장소이기도 했다. 탕춘대성이 지어지면서 그곳은 북한산성을 담당하는 총융청의 기지가 되었다. 총융청의 본영이 자리했고, 창고들이 들어섰다. 도성의 다른 문들은 일반 백성들과 상인들, 그들이 다루는 물품이 많이 드나들었다. 반면에 창의문은 일반인들보다는 관원들, 군인들, 장인들이 많이 드나들었다(한양도성박물관, 2015).

인왕산 정상에서 부암동 창의문 쪽으로 성곽길을 따라 내려가는 길이 있고, 곧장 직진하면 기차바위를 통해 개미마을을 거쳐 홍지문으로 갈 수 있다. 인왕산 구간에서도 시기별 축성 방법의 차이를 확인할 수 있는 곳이 있다. 정상에서 치마바위를 지나면 탕춘대성 갈림길이 나온다. 이곳부터는 성 안팎으로 길이 나 있다.

인왕상 정상에서 내려오면 기차바위 능선을 넘어 북한산의 보현봉과 문수봉, 나한봉, 승가봉, 비봉, 향로봉이 줄지어서 있는 모습이 보인다. 기차바위는 여름에 자주 찾는 피서 코스이다. 아무리 더운 여름날에도 기차바위에 오르면 에어컨 바람보다 더 강력하고 시원한 바람이 한여름의 더위를 날려버린다.

그런데 불행하게도 2023년 5월 2일 인왕산 북동쪽 지하미술관 인근 기차바위 쪽 6부 능선에서 산불이 발생했다. 때마침 대기가 건조하고 바람이 많이 불어 불길은 정상 인근까지 빠르게 확산하였고, 서대문구 홍제동 개미마을까지 연기가 퍼졌다. 축구장 약 21개 규모에 해당하는 15.2ha(헥타르)의 피해 면적이 발생했다. 산불이 발생한 지 두 달이 지나서 가보니 소나무들이 온통 검게 타버렸고 지나가는 사람들 모두 안타까워했다.

인왕산 정상에서 내려와 자락길을 걷다 보면 개미마을이 등장한다. 6 · 25 전쟁 당시 피난민들이 판자로 만든 집에서 옹기종기 모여 살던 달동네였다. 가파른 언덕 위에 빽빽하게 들어선 집들과 피난민들의 모습 때문에 '인디언촌'이라고 불리었던 것으로 추정된다. 행정구역상 서울특별시 서대문구 홍제동에 인왕산 등산로 입구에 자리한 마을로 낙후된 개미마을을 개선하기 위해 2009년 '빛 그린 어울림 마을' 프로그램이 시행되었다. 금호건설이 기획한 벽화마을 프로젝트는 낙후된 지역을 아름다운 벽화 거리로 바꾸었고, 집마다 다양한 벽화들이 그려져 있는 지금의 개미마을은 홍제동의 관광 명소로 사랑받고 있다.

개미마을을 지나 홍제천 변에 마련된 도보 길을 따라 상류로 올라가며 개천 옆 큰 바위에 암자를 만든 보도각(普渡閣)을 지나니 커다란 오간수문과 홍지문이 지키고 있다. 홍지문은 인왕산에서 탕춘대성을 잇는

홍제동 개미마을 벽화

성문이다. 이 성문은 1719년(숙종 45)에 쌓은 것으로 한양도성과 북한산성의 사이 사각지대인 지형에 맞게 두 성 사이를 이어 성벽을 만든 일종의 관문성(關門城) 성격을 지녔다. 탕춘대성의 성곽 둘레는 약 4km로서 성안에 연무장인 연융대를 만들고 군량 창고 등을 갖추었다.

홍지문은 홍예 위에 정면 3칸, 측면 2칸짜리 문루로 지었는데, 대개의 성문처럼 우진각지붕이다. 그 옆으로 이어진 오간대수문은 홍예 5칸을 들어 수구(水口)로 썼다. 성의 이름은 연산군 때 세검정 동편 봉우리에 탕춘대를 쌓고 연희를 베풀었던 것에서 유래하였고, 홍지문은 한북문(漢北門)으로도 불렸다. 홍지문은 1715년(숙종 41)에 건립한 탕춘대성의 정문으로 숙종이 친히 '홍지문(弘智門)' 현판을 써서 걸었다고 전해진다.

1921년 홍수로 오간대수문과 같이 허물어진 것을 1976년 6월 23일 한양도성과 북한산성을 연결하기 위하여 만들어졌으며, '홍지문 및 탕춘대성'은 서울특별시 유형문화재 제33호로 지정되었다(기호철, 2022).

홍지문과 오간수문

인왕산 부암동 권역

부암동이라는 지명은 세검정 쪽 길가에 높이 2m의 붙임바위(付岩)가 있었기 때문에 생겼다. 부암동은 예로부터 무계동(武溪洞), 백석동(白石洞), 부암동(付岩洞), 삼계동(三溪洞) 등의 마을로 이루어져 있는데 북한산과 인왕산 자락에 있어 바위, 계곡 등과 관련된 지명이 많다(전우용, 2016).

그리고 부암동을 돌다 보면 '동천(洞天)'이란 글씨가 많이 보인다. 서촌에 누하동천이 있던 것처럼 백운동천, 청계동천, 백석동천도 있다. 동천은 예로부터 산천으로 둘러싸인 경치 좋은 곳을 말한다. 무계정사길 일대에는 과거 많은 사람이 찾아와 경치를 즐겼는데, 중국의 무릉도원에 있는 계곡처럼 생겼다고 해서 무계동으로 불려 왔으며, 안평대군의 필적으로 보이는 무계동(武溪洞)이라는 글자가 바위에 새겨 있어 이것이 무계정사가 있던 터임을 알 수 있다. 종로구는 부암동 무계정사가 있던 바위 옆에 무계원을 세우고, 옛 무계정사와 안평대군의 숨결을 보전토록 하였으며, 이 길을 명예도로명 '무계정사길'로 지정하였다.

무계원과 오진암

무계원은 종로구 부암동에 개원한 도심 속 전통문화 공간이다. 고즈넉한 풍광 속에서 한옥을 체험하며, 전통과 문화를 통해 한국의 아름다움을 느낄 수 있다. 무계원의 건물은 과거 종로구 익선동에 있었던 서울시 등록음식점 1호 오진암의 건물 자재를 사용하여 지어졌으며 무계원의 대문을 비롯해 기와, 서까래, 기둥 등에 쓰였다. 조선 말기 서화가 이병직의 집이기도 하였던 오진암은 1910년대 초 대표적인 상업용 도시 한옥으로서 그 희소성과 함께 보존 가치가 뛰어날 뿐만 아니라, 남북 냉전 체제를 대화 국면으로 이끈 7 · 4 남북 공동성명을 도출해 낸 역사적인 장소였다.

무계원

무계정사

무계동은 자하문 밖 서쪽 골짜기에 있었던 마을로 수석(水石)이 좋고 경치가 매우 아름다운 곳이었다. 세종대왕의 셋째 아들인 안평대군 이용(1418~1453년)은 어려서부터 학문을 좋아하고 시(詩), 서(書), 화(畵) 모두에 능해 삼절이라 불렸다.

중국의 무릉도원(武陵桃源)에 있는 계곡처럼 생겼다 해서 무계동이 되었는데 안평대군(安平大君)이 쓴 '武溪洞'이라는 각자가 남아있다. 왜 '무계동천'이라고 각자하지 않았는지 궁금하다.

1447년 안평대군이 무릉도원을 거니는 꿈을 꾸고, 이를 화가 안견에게 들려주어 그리도록 하였는데, 3일 만에 그려진 것이 바로 「몽유도원도(夢遊桃源圖)」이다. 몽유도원도는 왼쪽부터 안평대군의 꿈이 시작되고 커다란 산 아래 끊어질 듯 이어지는 험준한 산길과 깊은 계곡, 그리고 동굴을 거쳐 도원에 이르는 구도를 취하고 있다. 그로부터 3년 뒤인 1450년 인왕산 기슭을 유람하던 안평대군은 무계동에 이르러 꿈속에서 본 도원과 비슷하다고 생각해 터를 닦고 산정(山亭)을 세워 무계정사(武溪精舍)라 이름을 붙였다.

안평대군은「몽유도원도」를 보고 신숙주, 이개, 정인지, 김종서, 최항, 박팽년, 성삼문 등 쟁쟁한 21인의 명사들이 제출한 친필 시문이 모이자 다시 시를 짓고 이를 모두 붙여 하나의 장대한 두루마리 축(軸)을 만들었다. 그리고 첫머리에 다름과 같은 시를 지었다(매일경제, 2016.09.18.).

世間何處夢桃源(이 세상 어느 곳을 도원으로 꿈꾸었나)
野服山冠尙宛然(은자들의 옷차림새 아직도 눈에 선하거늘)
著畵看來定好事(그림으로 그려놓고 보니 참으로 좋구나)
自多千載疑相傳(천년을 이대로 전하여 봄 직하지 않은가)

안평대군이 무계정사를 짓기 전에는 세종의 형인 효령대군(孝寧大君)의 집터였다고 한다. 안평대군이 사약을 받고 죽은 1453년(단종 1) 이후에는 이곳도 폐허가 되고 지금은 '무계동'이라는 글씨가 새겨진 바위와 그 터만 남아있다. 무계정사에 대한 유명한 일화가 있다.

혜빈(세종의 후궁)이 비밀리에 보고하기를, "이용이 사직을 위태롭게 하기를 꾀하여 무뢰배들을 모으고, 이현로의 말을 듣고서 무계정사를 방룡(傍龍)이 일어나는 땅에 지었으니, 마땅히 미리 막아야 합니다"라고 하였다. 성녕대군(태종의 6남)의 노비인 김보명이 풍수지리설을 거짓으로 꾸며서 이용을 유혹하여 말하기를, "보현봉 아래에 집을 지으면 이것은「비기(秘記)」에서 말하는 명당이 장손에 이롭고 만대에 임금이 일어난다는 땅입니다"라고 하였으므로, 이용이 무계정사를 짓고서 핑계를 대기를, "나는 산수를 좋아하고 속세를 좋아하지 않는다"라고 하였다(세종대왕기념사업회, 2001).

현진건 집터와 반계 윤웅렬 별장

무계원을 지나면 바로 옛 청계동천(淸溪洞天) 자리에 현진건 집터가 나온다. 현진건(1900~1943)은 근대문학 초기 단편소설이란 양식을 개척하고 사실주의 문학의 기틀을 마련한 소설가이다. 그의 「빈처」, 「운수 좋은 날」, 「고향」 등의 작품들은 자전적 소설과 민족적 현실 및 하층민에 대한 소설, 역사소설이 주류를 이루고 있다. 그는 친일문학에 가담하지 않은 채 빈곤한 생활을 하다가 1943년 장결핵으로 세상을 떠났다.

현진건의 집터를 지나 목인박물관 쪽으로 가다 보면 삼거리에 윤웅렬의 별장인 부암정이 나타난다. 부암정은 조선 말 개화기의 무신(武臣)인 윤웅렬(1840~1911)이 창의문 밖 부암동에 지은 별장으로 민속문화재 제12호이다. 개혁파 지식인 윤치호(1865~1945)가 그의 아들이다. 1906년 건립 당시 서양식 2층 벽돌 건물만 세웠으나, 1911년 윤웅렬이 세상을 떠난 후 그의 셋째 아들 윤치상이 상속받아 안채를 비롯한 한옥 건물을 추가로 조성하여 오늘날과 같은 형태가 되었다. 안채는 대청을 가운데 두고 안방과 건넌방이 좌우에 있으며, 'ㄱ' 자로 된 사랑채의 한쪽 끝 부분에 서양식으로 지어진 2층 벽돌 건물이 있다. 반계 윤웅렬 별장은 한양도성 밖의 인왕산 북쪽에 세워진 건물로 외국에서 도입된 근대 건축양식이 주택에 적용된 흥미로운 사례이다. 그러나 일반에 개방되어 있지 않아 담 너머로 건물과 정원을 보는 것이 전부이다.

목인박물관 목석원

2006년 인사동에 개관한 목인박물관은 서울시 등록 제19호 전문 박물관으로 국내 · 외 전통 목조각상을 소장한 사립박물관이다. 목인박물관에는 조선 후기부터 근 · 현대까지의 우리나라 전통 목조각상과 아시아의 목조각상인 탈, 지팡이, 악기 등 8,000여 점에 이르는 다양한 목인들이 소장되어 있다. 현재 목인박물관은 부암동으로 확장 이전하여 목인박물관 목석원이라는 이름으로 목인뿐만 아니라 문인석, 무인석, 동자석 등과 같은 다양한 석물들을 추가하여 2019년 9월 새로이 개관하였다. 6개의 실내 전시장에는 세계 각국의 목인(木人)이 전시되어 있으며, 약 3,000평 규모의 야외전시장은 인왕산 한양도성과 맞닿아 있으며 민불(民佛), 문인석(文人石), 무인석(武人石), 동자석(童子石), 하마석(노둣돌) 등 한국의 석물들이 전시되어 있다.

목인박물관 목석원

석파정과 서울미술관

석파정 서울미술관은 국제문화 도시인 서울의 핵심적인 문화공간을 지향한다. 서울미술관은 스스로 새로운 문화가 창조되는 용광로이자 다양한 문화가 오가는 허브를 자임하고 있다. 2012년 8월에 개관한 서울미술관은 이중섭의 작품 19점을 비롯하여 박수근, 천경자, 김기창, 오치균 등 한국 근 · 현대 거장의 작품 100여 점을 소장하고 있다.

석파정에 들어가기 위해서 이 전시장을 관람하는 티켓을 끊어야 한다. 창의문 바깥 저 너머에 있는 바위산 중턱 서울미술관 안에는 유형문

석파정 너럭바위

화재 제26호 석파정이 있다. 19세기 중엽에 영의정을 지냈던 당대의 세도가 김흥근(金興根, 1796~1870)이 지은 집인데 고종 즉위 후 흥선대원군 이하응의 별장이 되었다.

석파(石坡)는 이하응의 호다. 본래 일곱 채의 건물이 있었는데 지금은 안채와 사랑채, 별채만 남아있다. 그리고 석파정 내에는 '삼계동(三溪洞)' 각자가 거북바위에 새겨져 있으며, 천세송이 넓게 흐드러지게 펼쳐져 있으며, 인왕산 쪽으로 올라가면 '유수성중관풍루(流水聲中觀楓樓)'

라 명명된 석파정 정자와 너럭바위가 있다. 석파정 사랑채 아래 계곡의 바위에는 소수운렴암(巢水雲簾菴)이란 각자가 새겨져 있다. 그 뜻은 '물로 둥지를 틀고 구름으로 발을 삼은 집'이라는 의미로 석파정을 잘 표현하고 있다. 석파정은 골짜기와 어우러진 우리의 소중한 전통정원이다.

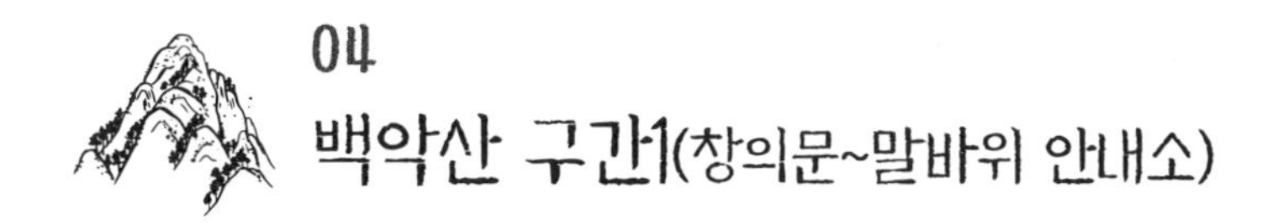

04 백악산 구간1(창의문~말바위 안내소)

부암동 백악산 권역

백악산 구간은 예전에 많은 사람이 통행하기 어려웠던 구간이다. 특히 창의문과 북정문을 오랜 기간 닫아놓았고, 1 · 21사태로 인하여 도성 탐방이 수십 년간 막혀 있었다. 그러다 2007년 와룡공원~숙정문~백악마루~창의문으로 이어지는 성곽 탐방로 개방을 시작으로, 2020년 북악스카이웨이와 숙정문 사이를 잇는 북측 탐방로가 개방되었고, 드디어 54년 만에 북악산의 모든 탐방로가 활짝 열렸다. 지난 2022년 4월 6일 그동안 보안상의 이유로 통제됐던 남측 탐방로, 약 3km 구간이 공개되면서 북악산이 완전히 개방된 것이다. 창의문은 사람들의 진입이 활발했지만, 북정문은 등산객의 발길이 뜸하고 오히려 말바위 안내소가 백악산을 등산하는 사람들이 많이 찾는다. 따라서 창의문~말바위 안내소 구간을 '백악 구간1'로 명명하고 자세히 소개하고자 한다.

최고(最古)의 문, 창의문

창의문은 백악산과 인왕산 중간인 서북 지역에 있는 사소문 중 유일하게 원형을 간직하고 있는 문으로 장의문(藏義門) 또는 자하문(紫霞門)으로도 불렸다. 현재는 자하문으로 더 많이 불리는데, 이 문 부근의 경치가 개경(開京)의 승경지(勝景地)였던 자하동과 비슷하여 붙은 별칭이다. 숙정문과 함께 북한산(北漢山)·양주(楊州) 방면으로 통하는 교통로였으나 1416년(태종 16) 풍수지리설에 의해 폐쇄되어 통행이 금지되었다가 1506년(중종 1)에 다시 문을 열어 통행할 수 있었다(서울특별시, 2012). 문루는 임진왜란 때 소실되었던 것을 1741년(영조 17) 다시 만든 것이며, 문루 안쪽에는 인조반정 때 반정군이 창의문을 통해 도성에 들어온 것을 기념하기 위해 공신들의 이름을 새긴 현판이 걸려있다.

현재의 창의문 전경

창의문은 '올바른 것을 드러나게 한다'라는 뜻이 있다. 돈의문처럼 '의(義)' 자는 전통적으로 서쪽을 가리켰기 때문에 창의문 이름의 뜻을

'서쪽을 밝게 하다'로 해석하기도 한다. 봉황이 조각되어 있고 천장에도 봉황이 그려져 있다. 자세히 보면 봉황보다는 닭의 형상에 가까운데, 창의문 밖의 지세가 지네를 닮아 그 천적인 닭을 그렸다는 속설이 전한다. 창의문과 혜화문 홍예 천장에는 봉황이, 숭례문과 광희문에는 용이 그려져 있다. 사소문 중 유일하게 조선시대 문루가 그대로 남아있다.

1396년(태조 5)에 도성 8문의 하나로 창건되었으나 1413년(태종 13) 이후로는 폐쇄되어 일반인의 출입은 금지되었고, 왕명(王命)이 있으면 일시적으로 통행이 허가되곤 했다. 창의문을 닫아 둔 것은 이 문이 경복궁을 내리누르는 위치에 있어 풍수적으로 좋지 않다는 해석 때문이었다. 이에 따라 창의문 밖은 교통로로 거의 사용되지 않았고, 성 밖도 민가가 희소한 지대로 남았다. 인조반정 때 반군이 이 문을 통하여 도성으로 진입한 것도 이 때문이다.

400여 년 전 인조 반정군은 홍제원에서 말을 타고 홍제천 물을 거슬러 세검정에 모였다. 말을 탄 능양군은 병사 700명을 이끌고 출전해 창의문을 부수고, 창덕궁을 불태웠다. 마침내 광해군을 경운궁 석어당에서 무릎 꿇렸다. 인조대비의 윤허를 받아 즉조당에서 인조가 즉위하였다.

창의문이 도성 문으로 제구실하기 시작한 것은 숙종 대 탕춘대성을 쌓음으로써 도성 안과 탕춘대 일대에 새로 들어선 병영들 사이의 왕래가 빈번해진 뒤이다. 이에 따라 영조 대에는 창의문을 개수하여 도성문의 위엄을 드러낼 필요성이 제기되었다. 1740년(영조 16) 왕은 창의문이 인조반정 때 의군(義軍)이 들어왔던 문이니 개수하여 표시하는 것이 마땅하다는 훈련대장 구성임(具聖任, 1693~1757)의 건의를 받아들여 다음

해 봄부터 공사에 착수하라고 지시했다. 이에 1741년부터 창의문 개수 공사가 진행되었는데, 문루와 망루도 이때 함께 건설되었다. 창의문 개수 2년 뒤인 1743년, 북교(北郊, 지금의 성북동 일원)에서 기우제를 지내고 돌아오는 길에 창의문에 들른 영조는 인조반정 때의 일을 회상하는 시를 짓고, 이 시와 반정 공신들의 이름을 새긴 현판을 문루에 걸라고 지시했다. 한편 2023년 1월 1일 이전까지 행해져 왔던 창의문안내소에서 북악산 구간에 대한 출입문 개폐가 폐지되었다.

겸재 정선의 「창의문도(彰義門圖)」 최상단의 해골 모양 바위(바둑알처럼 까맣게 그려진 부분)와 그 아래의 현재 '기차바위'로 불리는 백련봉 부분의 그림을 보면 겸재가 수없이 이곳을 다니면서 지형을 마음에 담아 그렸음을 알 수 있다. 해골 모양 바위를 지나면 바로 큰 바윗길이 나타난다. 기차바위(백련봉)다. 「창의문도」에서는 이 바위의 옆면이 먹선(墨線)으로 그려져 있어 묵직한 중량감을 드러내고 있다. 훗날 이것이 발전하여 걸작 「인왕제색도」가 탄생한 것으로 알려졌다(이한성, 2018.02.26.).

자료: 이한성(2018.02.26.)

창의문도(彰義門圖, 겸재 정선 작)

백악구간 오르기

백악산의 위상

예로부터 풍수에서는 기의 흐름을 중시해 '기운이 흐르는 길'을 산줄기라고 여겼다. 백두대간인문학연구소 김우선 소장은 「풍수지리로 보는 북악산」에서 백두산은 그 기운의 시발점으로 백두산에서 흘러내려 금강산, 설악산, 오대산, 속리산을 거쳐 지리산으로 이어진 것을 백두대간이라 부르고, 이 척량(脊梁) 산줄기를 통해 우리나라의 정기가 흐른다고 여겼다. 1대간(大幹) 1정간(正幹) 13정맥(正脈)으로 이루어진 백두대간 가운데서도 한북정맥은 금강산 북쪽 분수령에서 갈라져 나와 한강 북쪽의 산들을 아우른다. 도봉산, 북한산을 지나 북악 멧부리에 백두산의 맥맥한 기운인 양 솟구쳐 수도 서울의 진산으로서 그 위용을 뽐낸다. 이러한 기를 끊기 위해 일제 침략기에 일본은 풍수지리를 역으로 이용해 우리 산 곳곳에 쇠말뚝을 박았다. 백악산에 있는 촛대바위는 일제가 박은 쇠말뚝을 빼내고 나라의 발전을 기원하는 촛대를 세운 이후 촛대바위로 불리게 되었다(김우선, 2022).

다음으로 성리학적 관점에서, 경복궁은 백악산이 존재함으로써 더 웅장하고 뛰어나게 보이는데, 그 속에는 깊은 의미가 담겨있다. 이성계의 스승이자 불교계를 대표하는 무학대사와 성리학을 추종하는 정도전 사이의 권력 투쟁에서 정도전의 승리로 한양도성의 축성과 경복궁 전각의 배치에 이르기까지 철저하게 성리학적 해석에 바탕을 두게 되었다. 경복궁을 정면으로 보면 북악산과 근정전, 광화문이 보이는데, 우뚝 솟은 궁궐은 가까이 다가갈수록 산은 사라지고, 광화문과 근정전만 보이는 절묘한 배치를 보인다. 이는 하늘에서 내린 모든 권력이 북악산을 통해 임금이 있는 대궐로 이어진다는 정치철학을 철저하게 적용한 구도다. 백두대간 한북정맥으로 이어지는 산의 웅장함에서 가까이 다가갈수록 궁궐의 웅장함으로 바뀌는 시점의 변화는 왕의 절대 권위를 상징하며 그러한 상징성을 건축적인 시각으로 풀어내었다. 이러한 배치는 원거리와 근거리에서 사진을 찍으면 더욱 분명히 알 수 있다(김우선, 2022).

겸재 정선은 한양진경 중 「백악산(白岳山)」을 그렸는데, 백악산은 산이 마치 하얀 연꽃 봉오리처럼 보여서 '백악산'이라 불렀고, 서울의 진산으로 북주가 된다고 하여 북악산으로도 불렀다. 상봉에 가까운 동쪽 기슭에 거대한 거북바위처럼 생긴 바위가 우뚝 솟아난 바위 절벽 위에 얹혀 있는 것처럼 보이는데 이것이 '비둘기 바위'이다. 지금 청와대가 있는 위치나 인가가 있던 지역들은 구름으로 가려 놓았다(최완수, 2022).

백악산(白岳山, 겸재 정선 작)

백악마루까지 가는 성벽길

창의문에서 시작하여 백악산 정상인 백악마루를 오르는 길은 언제나 힘들다. 계단의 수를 세기도 힘들다. 창의문에서 백악마루 정상까지는 세어보진 않았지만, 수천 개의 계단으로 계속 오르기를 반복해야 한다. 가파른 성벽을 따라 걷다 보면 왼편에 삼각산이 병풍처럼 펼쳐진다.

족두리봉에서 향로봉과 비봉 그리고 보현봉이 손에 잡힐 듯하다. 창의문에서 말바위 안내소까지는 약 2.2km로 느린 걸음으로 약 2시간 내외 소요되고 있다.

백악 정상으로 가다 보면 우측에 자북정도(紫北正道)라는 표석이 보인데, '자하문 북편의 정의로운 길'이라는 뜻이다. 그리고 조금 더 오르면 돌고래 쉼터가 있다. 급경사의 계단을 올라온 여행자들은 쉬고 가지 않을 수 없는 쉼터이기도 하다. 다음 쉼터는 백악 쉼터로 평창동 넘어 북한산의 여러 봉우리가 병풍처럼 줄지어 서 있다.

백악마루

백악산(白岳山)은 문화재 명승 제67호로 지정되어 있고, 산의 높이는 342m의 화강암으로 이루어진 서울의 주산(主山)이다. 서쪽의 인왕산(338m), 남쪽의 남산(262m), 동쪽의 낙산(125m)과 함께 서울의 사산(四山) 중 하나로, 북쪽의 산으로 일컬어졌다. 그리고 산 전체를 부를 때는 백악산이라 하지 않고 북악산이라고 부르고 있다. 한북정맥(漢北正脈)의 끝자락인 북한산 보현봉에서 서남 방향으로 형제봉을 거쳐 북악터널 위의 보토현(補土峴)으로 이어진다. 이어 표고 328m의 호경암 봉우리와 팔각정 휴게소 앞 능선을 따라 북악 뒤편의 구준봉(狗蹲峰: 개가 쭈그리고 앉아 있는 모양)으로 이어진다. 그리고 서울의 부주산

백악마루 표지석

(副主山)인 응봉(鷹峰)으로 이어져 경복궁의 배산인 북악에 다다른다.

1396년 처음 성을 쌓을 때, 공사 구간을 97개로 나누고 각 구간의 이름을 천자문의 순서에 따라 붙였다. 백악마루가 그 기점으로, 이곳에서 천(天)자 구간이 시계방향으로 시작되고 마지막 조(弔)자 구간이 끝난다. 백악마루는 2007년 한양도성 백악구간이 개방되기 전까지 서울의 하늘을 방어하던 벌컨포가 있던 곳이다. 백악마루 구간은 수풀이 울창한 수풀로 인하여 서울 시내를 조망하기가 쉽지 않다. 다만 경복궁과 육조거리, 저 멀리 관악산이 보인다.

삼청공원에서 칠궁까지

청와대 개방과 더불어 청와대 뒷산으로의 방문도 개방되면서 많은 사람들이 찾고 있다. 삼청공원이나 칠궁 어디 쪽에서도 가능하나 삼청공원 쪽이 더 많이 이용된다. 삼청공원 관리사무소에서 공원 후문을 지나면 머지않아 삼청 안내소가 나오고 삼청 쉼터로 올라간다. 여기에서 청운대 전망대와 청와대 전망대 가는 길이 갈라지며, 청와대 전망대 쪽으로 좌회전하면 백악1교, 백악2교를 거쳐 대통문에 이르게 된다. 이어 청와대 전망대에 오르면 경복궁과 육조거리, 세종로 그리고 저 멀리 남산과 관악산이 한눈에 보이며 남산 쪽에서 보던 도심 전망과는 또 다른 색다른 감흥과 역사의식을 느끼게 된다.

청와대 전망대를 내려오면 백악정이 나오며 여기에서 오른쪽으로 내려가면 청와대 우측에 칠궁(七宮)이 나온다. 칠궁은 일곱 개의 궁을 의미하며, 조선시대 왕이나 추숭(追崇) 왕을 낳은 왕의 어머니이지만 왕의 정비가 아니라 후궁의 지위에 있어 종묘에 들어가지 못한 이들을 모신 곳이다. 대표적인 후궁으로 영조의 어머니인 숙빈 최씨를 들 수 있다. 숙빈 최씨에게는 늘 '무수리 출신'이라는 꼬리표가 따라붙었다. 무수리란 층층이 역할과 신분이 나누어진 궁중사회에서 가장 비천한 출신을 말한다. 자신이 궁인으로, 빈의 자리까지 올라 나무랄 데 없는 삶을 살았고, 아들이 52년이라는 최장 기간 조선의 왕으로 있었던 최씨는 죽은 후 왕의 어머니로 대접받았다. 일종의 성공담인 셈이다(유홍준, 2020).

청와대 전망대에서 바라본 경복궁과 세종대로

백악마루에서 백악곡성까지

각자성석

각자성석은 성벽을 쌓을 때 성돌에 글자나 기호를 새긴 것을 말하며, 성벽 축조와 관련된 사항이 새겨져 있다. 요즘 말로 하면 공사실명제에 해당한다. 한양도성의 성벽에는 각자(刻字)가 새겨진 성돌이 전체 성벽에 걸쳐있다. 특히 도성의 서북쪽과 동북쪽, 그리고 남동쪽에 집중되고 있으며, 성곽의 외벽과 상부 여장의 내부에 분포하고 있다(서울역사박물관 · (재)성북문화재단, 2014).

각자성석은 축성과 관련된 기록이 새겨진 성돌이다. 백악마루에서 성벽을 따라 내려오다 보면 왼쪽 도성 밖 풍경에 매료된다. 특히 북한산의 여러 봉우리를 한눈에 볼 수 있다. 백악산 구간에서는 처음으로 각자성석을 볼 수 있다. 내용은 "여기 있는 각자성석은 1804년(순조 4) 10월 오재민이 공사를 이끌었고, 공사의 감독은 이동한이 담당했으며, 전문 석수 용성휘가 참여하여 성벽을 보수했다"라는 것이다. 한양도성에 남아있는 각자성석은 천자문의 글자로 축성 구간을 표시한 것(14세기)과 축성을 담당한 지방의 이름을 새긴 것(15세기), 축성 책임 관리와 석수의 이름을 새긴 것(18세기 이후)으로 나눌 수 있다. 한양도성에는 이처럼 다양한 시기와 유형의 각자성석이 있다.

2015년에 실시된 서울시의 조사에서 확인된 각자성석은 총 288개로, 성 내측 여장에서 46개, 성 외측 체성부에서 229개, 성벽을 제외한 암반 및 성벽이 붕괴하여 성돌이 이전된 구간에서 13개의 각자성석이 확인되었다. 성 내측 여장에 새겨진 각자의 경우 순조 연간의 각자성석이 대부분으로, 각자의 내용은 성벽을 수축한 연대와 담당관, 석수 등의 이름이 새겨져 있다. 성 외측 체성부에 새겨진 각자는 지표에서 1~5단 사이에 주로 새겨져 있으며, 성벽 수축 및 복원 과정에서 성돌이 이동한 경우 10단 이상의 높이에서도 확인할 수 있었다(서울특별시, 2015).

각자성석(1804년, 순조 4)

각자성석(1851년, 철종 2)

또한 청운대를 지나 숙정문 방면으로 가다 보면 또 다른 각자성석이 보인다. 원문은 "함풍원년 구월일 감관 정인O 간역 고석표 편수 김진[성](咸豐元年 九月日 監官 鄭仁O 看役 高錫豹 遍手 金振[聲])"이며, 내용은 1851년(철종 2) 9월 정인O이 공사를 감독하고 고석표가 공사를 돌보았으며, 석공 김진성이 참여하여 성벽을 보수했다는 것이다.

1·21 소나무와 청운대

각자성석을 읽고 나서 조금 더 내려가면 1 · 21 소나무가 보인다. 수령이 200년 정도 된 나무인데 15발의 총탄 자국이 남아있다. 이 총탄 자국은 1968년 1월 21일, 청와대를 습격하려 침투한 북한 무장공비와 우리 군경이 교전한 흔적이다. 소나무를 지나면 청운대 표석이 나타난다. 한양도성 성곽길에서 가장 전망이 좋은 곳이다. 북악산은 지난 1968년 1 · 21사태 이후 군사상 보안 문제 등으로 일반인의 출입이 제한되었

1·21사태 총탄맞은 소나무

다. 백악마루에서 볼 수 없는 사방의 풍경이 마침내 청운대(靑雲臺)에서 열렸다. 백악산 아래 경복궁과 창덕궁 그리고 창경궁 따라 종묘까지 사방이 탁 트인 풍경이다. 뒤를 돌아보면 삼각산의 세 봉우리인 백운대, 만경대, 인수봉이 보인다. 북악산의 전면 개방을 기념하여 서울의 진산인 북쪽 최정상인 백운대(836m)를 본떠 청운대(293m)라는 이름을 붙였다. 이곳은 백악산에서 가장 평평한 언덕이 있는 서울의 경관 명소이자, 한양도성의 역사를 되짚어 볼 수 있는 쉼터이다.

백악곡성

백악구간 동북쪽 끝 무렵 돌출된 지구에 백악곡성이 있다. 곡성(曲城)은 주요 지점이나 시설을 효과적으로 방어하기 위해 성벽의 일부분을 둥글게 돌출시킨 것을 말하는데 인왕산과 백악산에 하나씩 있다. 인왕산 구간의 곡장처럼 이곳도 곡장이 있어 아리랑 고개 뒤편과 성북동 방향도 아주 잘 보인다. 백악곡성은 도성을 둘러싼 서울의 산세가 가장 잘 보이는 곳으로 꼽힌다. 도성 안으로 걸어도 도성 밖으로 걸어도 백악곡장(曲墻)을 만날 수 있다. 곡성으로도 불리는 곡장은 성벽 일부를 둥글게 돌출시켜 쌓은 성을 말한다. 성벽에 기어오르는 적을 방어하기 위한 방어시설로 성곽 중 일부를 자연지세에 맞추어 돌출시킨 것을 치(稚)

백악곡성

또는 곡성이라고 한다. 다만 치는 생김새가 꿩의 머리처럼 돌출되었다고 해서 붙인 것이며, 각이 진 것을 치성이라 하고, 반원형으로 굽은 것을 곡장이라고 한다. 성 밖을 더 잘 살피고 능선을 따라 올라오는 적을 효과적으로 방어하기 위한 구조물이다.

백악곡성에서 말바위 안내소까지

촛대바위

백악곡장을 내려와 숙정문으로 가다 보면 북서쪽 약 400m 지점에 촛대바위가 있다. 일제 강점기 때 이 바위 상단부에 쇠말뚝을 박았었고,

촛대바위

광복 후 이 바위의 쇠말뚝을 제거하고 우리 민족의 발전을 기원하는 촛대를 세우며 이름을 '촛대바위'라 정하였다. 현재는 쇠말뚝을 제거한 부분이 콘크리트 기중으로 마감되어 있다. 촛대바위는 북악산 정상에서 보면 촛대의 모습을 확실하게 볼 수 있다. 높이는 아래에서부터 약 13m이다. 촛대바위 위의 지석은 1920년대 일제 강점기 민족정기 말살 정책의 하나로 쇠말뚝을 박았던 곳이다. 촛대바위에서는 주변의 소나무 숲과 어우러져 경복궁을 비롯한 서울 도심을 한눈에 바라볼 수 있다. 촛대바위를 지나 동쪽으로 내리막길을 걷다 보면 숙정문이 나타난다.

문을 닫아 음기를 막아라, 숙정문

백악산에서 낙산으로 내려가는 길에 한양의 북쪽 대문인 숙정문이 보인다. 원래는 '지혜를 드러내지 않는다'라는 뜻의 숙청문(肅淸門)이라고 했으나 이후 중종 때에 '청(淸)'을 '고요하고 안정되어 있다'는 뜻의 '정(靖)'자로 바꾸어 '숙정문'이 되었다. 숙정문은 한양도성의 북대문(北大門)이다. 원래의 이름은 숙청문이었으나 남대문인 숭례문(崇禮門: 예를 숭상한다는 뜻)과 대비하여 숙정문(肅靖門: 엄숙하게 다스린다는 뜻)으로 이름이 지어졌다.

이처럼 사대문의 명칭 속에는 성리학적 음양오행 사상이 잘 반영되어 있다. 또한 다른 도성문과 달리 육축의 상부 천장이 석재 홍예로 구성되어 있다. 이 문은 사소문의 하나인 창의문(彰義門)과 함께 양주와 고양으로 왕래하는 교통로로 이용하였으나 1413년(태종 13) 지맥을 훼손한다는 이유로 폐쇄되었다. 음양오행설에 따라 숙정문을 열어 놓으면 음기가 강하여 도성 내 여자가 음탕해지기 때문에 특별한 일이 없는 한 계속 닫아 두었다가 나라에 가뭄이 들 때는 기우(祈雨)를 위해 열고, 비가 많이 내리면 닫았다고 한다(서울특별시, 2012).

현존하는 도성의 성문 중 좌우 양쪽으로 성벽이 연결된 것이 이 문이 유일하며, 1976년에 문루를 새로 지었다. 파란 하늘을 이고 있는 처마 끝으로 솟아있는 소나무의 그늘 옆, 숙정문 홍예 안으로 들어간다. 숙정문은 조선시대 대부분 폐쇄되어 있었다. 숙정문은 다른 도성문들과는

숙정문

달리 그 안팎으로 대로가 놓이지 않았다. 통행을 위한 문이라기보다는 애초부터 구색을 갖추고, 주변 경치를 보기 위한 문으로 지었기 때문이다(홍순민, 2016). 북대문이지만 험준한 산악지형에 위치하고 폐쇄해 놓았기에 다른 대문에 비해 사람의 출입이 거의 없어 실질적인 성문 기능은 하지 않았다(송인호, 2015).

조선 후기 순조 때의 학자 홍석모(洪錫謨)가 지은 『동국세시기(東國歲時記)』에는 "정월 대보름 전에 민가의 부녀자들이 세 번 숙정문에 가서 놀면 그해의 재액(災厄)을 면할 수 있다"라는 풍속이 전해진다. 그러나 풍수지리설에 의하면, "이곳은 시체나 죄인을 압송하던 길로 쓰였으며 또 이곳의 문을 열어 두면 한양의 여인들이 바람이 난다"라고 하여 문을 거의 닫아 두었는데 가뭄이 들면 남대문을 닫고 이곳의 문을 열어 기우제를 지냈다고 한다.

숙정문을 닫아 둔 이유는? 숙정문은 도성의 다른 성문과는 다르게 산속에 있어 평상시에는 문을 닫아 두고, 주로 의례를 위해 사용되었다. 동양에서는 북쪽은 '음', 남쪽은 '양'을 상징한다. 왕은 도성에 가뭄이 들면 북문인 숙정문에서 기우제를 드리고 비가 올 때까지 문을 열어 두었다. 이규경이 쓴 『오주연문장전산고』에 "양주 북한산으로 통하는 숙정문 역시 지금 문을 닫아서 쓰지 않는데 언제부터 막았는지는 알 수 없다. 전하는 바로는 이 성문을 열어 두면 성안에 '상중하간지풍(桑中河間之風: 부녀자의 음풍, 곧 풍기문란)'이 불어댄다고 하여 이를 막았다 한다"라는 기록이 있다(홍순민, 2016).

그러나 숙정문이 위치한 한양도성 백악산 구간은 1968년 1·21 사태를 계기로 일반인의 접근이 통제되었고, 이는 1976년 숙정문 복원 공사가 준공된 이후에도 계속되었다. 숙정문이 시민에게 다시 열린 것은 2006년 백악산을 일반에 단계적으로 개방하기 시작하면서부터이다. 숙정문을 통해 밖으로 나가면 홍련사와 북악산 팔각정, 와룡공원, 혜화문으로 도보여행 코스가 마련되어 있으며, 다른 한편 숙정문 안내소를 거쳐 삼청각을 지나 가구박물관과 북악정으로 갈 수 있다.

'말(馬)일까, 말(末)일까' 전설 속 말바위

숙정문을 지나 한참을 내려오면 말바위가 나온다. 옛 이름은 휴암(鵂岩)이다. 휴암 동쪽에 뭉긋한 봉우리가 있는데 서울의 왼편 젖가슴에 해당하는 응봉(鷹峰)이다(홍순민, 2016). 말바위는 조선시대에 말을 이용한 문무백관이 이곳에서 말을 묶어놓고 시를 읊고 녹음을 만끽하며 가

말바위

장 많이 쉬던 자리라 하여 말(馬)바위라 불렀다는 설과 백악의 산줄기에서 동쪽으로 좌청룡을 이루며 내려오다가 끝에 있는 바위라 하여 말(末)바위라는 설도 있다. 예전에는 바위에 벼락이 많이 친다고 해서 '벼락바위'라고도 했다. 이곳 주변으로 성북구와 종로구의 경관이 한눈에 다 들어온다. 말바위에서는 성북구 방향, 종로구 방향을 잘 조망할 수 있다. 말바위는 숙정문 안내소~말바위 안내소~삼청공원~와룡공원으로 가는 길들이 갈라지는 분기점이기 때문에 안내표지판을 잘 확인해야 한다.

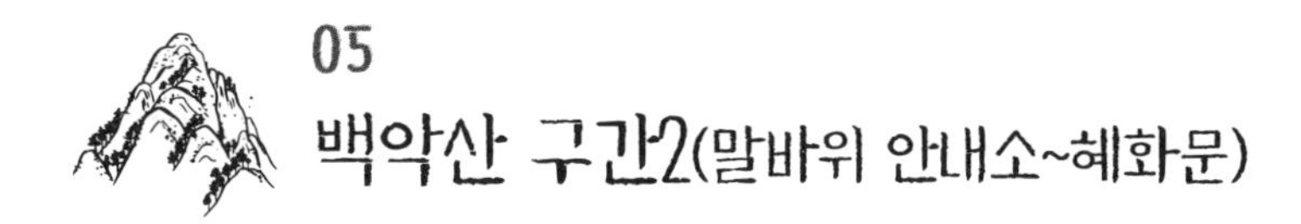

05 백악산 구간2(말바위 안내소~혜화문)

그동안 한양도성을 순성하다 보면 말바위 안내소로 진출 · 입하는 여행자들이 적지 않았음을 알 수 있다. 밑에서 보면 삼청공원을 통해 도성으로 진입하는 여행자들이 청운대 쉼터나 말바위 안내소를 많이 이용하고 있었다. 그리하여 다섯 번째 한양도성의 구간은 말바위 안내소에서 혜화문까지로 범위를 정하여 자세히 살펴보고자 한다.

말바위 안내소에서 와룡공원까지

말바위 안내소는 한양도성을 순성하는 사람들에게 스탬프를 찍어주고, 여행지도를 제공하고 있다. 말바위 안내소를 지나면 두 가지의 루트 중 하나를 선택해야 한다. 하나는 성곽 내측 길을 통해 삼청공원으로 내려가는 방법인데, 삼청공원 순환산책길을 따라 도보여행을 한 후 와룡공원으로 진입하여 성곽길에 합류할 수 있다. 다른 하나는 성곽 외측 길과 나무계단길을 통해 와룡공원으로 가는 방법이다. 성곽 외측 길은 숲을 따라 보행로가 잘 조성되어 있다. 여러 개의 이정표가 있듯이 여행객들의 주의가 필요하다.

북악하늘길

북악하늘길은 드라이브 코스 명소인 북악스카이웨이를 따라 북악산 안쪽으로 조성된 산책로로 모든 지역 주민의 즐겁고 건강한 삶을 위한 휴식공간을 조성하자는 알란 팀블릭(전 인베스트코리아 단장)의 건의로 2003년부터 구간별로 조성됐다. 말바위 안내소에서 성 밖으로 난 산책로를 걷다보면 북악하늘길 안내판이 있다. 말바위 쉼터에서 숙정문 안내소, 성북천 발원지, 북악팔각정까지 제1산책로가 눈에 띈다.

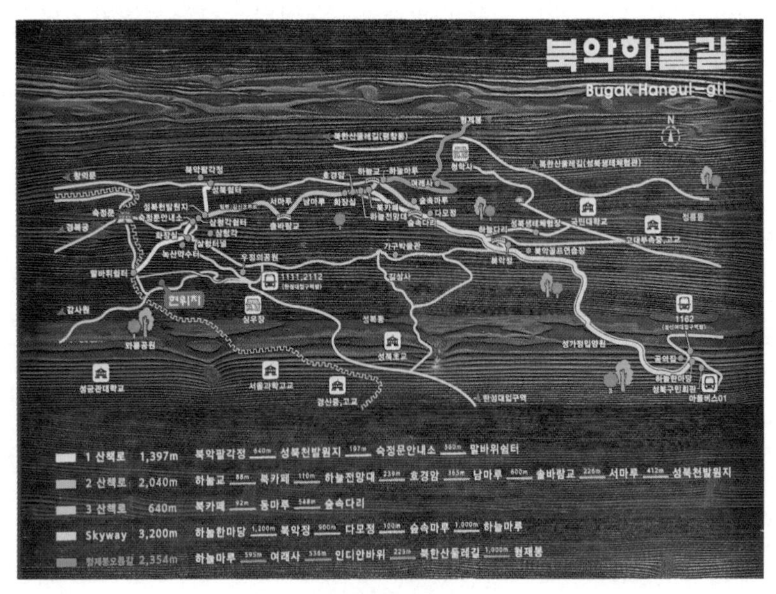

북악하늘길 안내도

북악하늘길 표지판을 지나 와룡공원에 당도할 때쯤, 이 지역이 성북동임을 알리는 또 다른 표지판이 나타난다. 성북동 이야기의 핵심 콘텐츠로 한양도성, 심우장, 선잠단지, 간송미술관, 길상사, 상허 이태준 가옥, 최순우 옛집, 성락원 등 8개를 제시하고 있다.

삼청공원

삼청공원은 서울의 진산인 백악산 기슭에서 삼청천 계곡을 따라 수목이 울창하게 우거져 도심 속의 자연환경이 잘 갖추어진 근린공원이다. 삼청이란 지명은 물이 맑고(水淸), 숲이 맑으며(山淸), 사람의 마음까지도 맑은 곳(人淸)이라는 데서 유래하였다는 설과 깊은 산골짜기 안에 도교의 삼청전(三淸殿)인 소격전(昭格殿, 이후 소격서로 변경)이 있었다는 데서 유래하였다는 설 두 가지가 있다. 삼청공원에는 숲속도서관 등이 있으며 삼청공원 순환산책길이 서울시의 테마산책길로 조성되어 있으며, 청운대, 청와대 전망대, 말바위 쉼터, 말바위 전망대로 진입할 수 있다.

와룡공원

북악산 '말바위'를 내려와 성곽길을 따라가면 서울 종로구 명륜동에 위치한 와룡(臥龍)공원이 있다. 1984년에 개원한 공원으로 서울 우수 조망명소이다. 와룡공원은 삼청공원, 창경공원, 백악산 도시자연공원이 인접해 있는 곳으로 용(龍)이 길게 누워있는 형상을 하여 '와룡동'이라고도 한다. 와룡공원은 토심이 얕아 수목 생육이 어렵고, 아카시아 등으로 산림을 조성하였으나 주민들이 생명의 나무 1,000만 그루 심기 행사

와룡공원 성곽길 서울밤풍경 안내판

에 참여하여 수목을 심고 가꾸어 푸르름과 계절별 아름다운 꽃이 피는 공원으로 탈바꿈하였다. 특히, 봄에는 산수유, 매화, 진달래, 개나리 등이 피어나 가족 단위의 나들이 코스로 좋을 듯하며 공원 내에는 배드민턴장, 에어로빅장, 체력단련 시설 및 정자 등의 편의시설을 갖추고 있어 운동, 산책, 휴식을 즐길 수 있도록 하였다. 와룡공원의 주요 산책코스로 북악산 서울성곽 탐방로와 삼청공원 간 순환산책로가 있는데, 산책로 변에는 왕벚나무를 심어 봄에는 아름다운 벚꽃길을 연출하여 시민들에게 많은 사랑을 받고 있다.

와룡공원 안팎 성곽마을

명륜·혜화권 마을

와룡공원 남측으로 성곽길을 따라가면 명륜 · 혜화권 성곽마을이 나온다. 명륜 · 혜화권 성곽마을은 조선시대부터 도성 안내 대표적인 주거지로 자리를 잡아 혜화문, 성균관, 시장공관을 비롯한 다양한 문화재와 근 · 현대 건축문화자원이 남아있다. 또한 지역의 역사성과 대학문화 및 문화예술 기능들이 결합하고, 청년층의 자취촌이 형성되었다. 이 일대에는 근대기에 들어서 혜화동성당, 혜화교회 등 종교시설과 서울대, 가톨릭대 등 전통적인 학교가 다수 입지하고 있으며, 대학로 주변 지역은 극단, 공연장 등이 집적되고 문화예술 중심지로 발전하였다.

명륜 · 혜화권의 혜화로 일대에는 전통 한옥 및 근대 건축물이 다수 분포하고 있으며, 지역 내부에는 고급 단독주택과 빌라가 있어 양호한 주거환경을 형성하고 있다. 첫째, 명륜 · 회화권 성곽마을의 역사 문화자원은 혜화문, 시장공관, 김상협 가옥, 장면 가옥, 문화주택, 도시형 한옥을 들 수 있다. 둘째, 생활문화자원은 재능교육 혜화문화센터, 하늘계단, 바람계단, 노을계단, 와룡공원, 도시텃밭 등이 있다. 셋째, 공동체 자원은 성균관대 국내외 학생, 명륜 골목시장, 다문화 시장, 한옥 게스트하우스 등이 있다(서울특별시, 2014a).

성북권 성곽마을

와룡공원 옆으로 도성 안쪽 길을 따라 걷다 보면 성북동으로 빠지는 암문이 나온다. 성북이란 지명은 도성의 북쪽에 있는 것에서 유래하였는데, 1834년에 지어진 유본예의 『한경지략(漢京識略)』에는 성북동 지역을 북사동(北寺洞)으로, 『동국여지비고(東國輿地備攷, 19세기)』 2권에는 북저동(도화동)이라고 기록되고 있다. 특히 성북동 주변에 복숭아나무가 많아 매년 늦봄이면 봄놀이를 나온 사람들로 산과 계곡이 북적였다고 한다. 자연 지형과 계곡, 복숭아나무 등 수려한 자연경관 덕분에 풍류객이 많이 찾아왔으며, 정계의 혼란을 피해 문인, 시객들이 은거 수양처로 삼기도 했다.

1765년(영조 41)에 성북동에 사는 사람들이 마땅한 생업이 없어 어려움을 겪자 나라에서 마전을 하는 권리를 줬다. 마전은 직물을 삶거나 빨아서 볕에서 바래는 것을 말한다. 물이 많고 넓은 돌이 있던 성북동은 마전하기 좋은 환경이었고, 성북동 사람들은 도성 안 시장에서 거둔 광목을 마전하는 일로 생활을 꾸려나갔다. 현재 성북초등학교 맞은편 금녕약국이 있는 아래쪽이 마전터이다((재)내셔널트러스트&성북동, 2010).

성북동은 혜화문을 나서 왼쪽에 나타나는 계곡 마을로 맑은 시냇물이 흐르고 수석이 어울려 있으며, 복숭아 · 앵두나무가 어우러진 풍경이 빼어난 마을이었다. 성북동은 문학과 관련이 깊은 마을이다. 근대에는 도성 안과 가까우면서 시골의 정취가 남아있는 성북동에 많은 문인이 모여들었다. 해방 이후에도 성북동에는 문인들이 많이 살았다. 그리하여 예로부터 사람들은 성북동에 관한 많은 글을 남겼다.

성북동 마을 안내 표지판

김소나, 박연희 작가는 옛 지도 「수선전도(首善全圖)」 위에 성북동의 지나간 시간, 지금의 시간, 그리고 다가올 시간을 한 화면에 담은 '성북동, 시간을 담다'라는 글과 그림을 남겼다.

성북동에는 과거와 현재, 미래가 공존한다. 성북동이란 지명은 한양도성의 북쪽에 자리한 데서 유래한다. 조선시대 때는 경관이 아름답기로 소문난 명승지로 풍류객들이 모여들던 것이다. 복숭아나무나 앵두나무 같은 과실수 재배를 생업으로 삼은 사람들이 살던 곳이었다. 조선 말기 한양이 팽창하고 일제 강점기 문인들의 작업실, 분단과 한국전쟁 직후 이주민들이 새로운 삶터로서 성북동에는 다양한 시간과 삶이 쌓여 왔다. 지금 그 시간은 크고 작은 집들과 곧거나 굽은 골목길로 어우러진 소담한 풍경으로 남아있다. 수백 년의 시간이 겹겹이 쌓여있는 이곳은 옛 지도 속 길게 늘어진 산맥과 수많은 봉우리만큼 다양한 이야기를 담고 있다. 골목 사이사이를 가만히 걷다 보면 오랜 시간이 만들어 낸 이야기를 어렵지 않게 만날 수 있다. 그리고 그 이야기는 다시, 주민들의 삶 속에서 새로운 이야기를 만들어 가고 있다.

성북동, 시간을 담다(김소나, 박연희 작)

성북동은 한양도성 밖에서 문화재가 가장 많은 지역이다. 서울시는 2013년 성북동을 최초로 '역사 문화지구'로 지정했다. 우리가 아는 것보다 성북동은 훨씬 매력적이고 무궁무진한 이야기가 있다. 그래서 성북동을 '지붕없는 박물관'이라고도 불린다(곽경근, 2021.05.30.).

성북동의 명소인 간송미술관은 1937년에 전형필이 건립한 우리나라 최초의 사설박물관이다. 소장한 보물들은 국립박물관에 버금간다. 그의 부친 전응기는 20세기 초 종로의 상권을 장악했던 부호였으며, 전 재산을 물려받은 전형필은 우리 문화재 되찾기에 앞장섰던 문화계의 독립운동가인 셈이다. 그의 업적은 간송미술관 홈페이지에 다음과 같이 소개되고 있다.

> 간송 전형필의 극적인 문화재 수집담은 오늘날에도 회자되는데, 국보 제68호로 지정된 「청자상감운학문매병(靑磁象嵌雲鶴文梅甁)」을 일본인 수장가 마에다 사이이치로로부터 2만 원, 당시 기와집 20채 가격에 구입한 일화, 일제 민족말살정책이 극에 달했던 1940년 일제가 그토록 없애자고 했던 『훈민정음』을 먼저 발견하고 수집했던 일화, 한국전쟁 때 주요 유물들을 가지고 피란했던 일화, 휴전 후 후진양성에 힘썼던 일화 등이 생생하게 전해지고 있다. 〈중략〉 이처럼 간송미술관은 단순한 탐미의 대상으로 유물을 모아 놓은 곳이 아닌, 우리 민족 얼과 혼을 지켜내고 후대에 우리 역사와 문화에 대한 자긍심을 일깨우려 했던 선각자의 눈물겨운 노력의 결과였다(간송미술관 홈페이지).

북정마을

북정마을에는 1960~'70년대에 건축된 500여 가구가 옹기종기 모여 있는데 당시 서울의 정취를 느낄 수 있다. 도성과 한 몸을 이룬 듯 형성된 성곽마을은 그 자체로 독특한 역사경관 자원이다. 북정마을은 한양도성 중에서도 자연과 인간이 하나가 되어 어울린 곳이라고 할 수 있다. 실제로 북정마을 사람들은 성곽과 어울려 살아가는 것에 자부심을 느끼고 있을 정도다. 성북동 북정마을 버스 정류장에 새겨져 있는 시인 최성수의 시「북정, 흐르다」를 음미해 보자.

> 천천히 흐르고 싶은 그대여 북정으로 오라. 낮은 지붕과 좁은 골목이 그대의 발길을 멈추게 하는 곳. 삶의 속도에 등 떠밀려 상처 나고 아픈 마음이 거기에서 느릿느릿 아물게 될지니, 넙죽이 식당 앞 길가에 앉아 인스턴트커피나 대낮 막걸리 한 잔에도 그대, 더없이 느긋하고 때 없이 평안하리니. 그저 멍하니 성 아래 사람들의 집과 북한산 자락이 제 몸 누이는 풍경을 보면 살아가는 일이 그리 팍팍한 것만도 아님을 때론 천천히 흐

한양도성 암문 밖 북정마을 전경

르는 것이 더 행복한 일임을 깨닫게 되리니. 북정이 툭툭 어깨를 두드리는 황홀한 순간을 맛보려면 그대, 천천히 흐르는 북정으로 오라(최성수, 2013.11.20.).

성곽을 따라 북정마을 한쪽은 자연의 숲으로 이어지고, 다른 쪽은 인간의 마을로 이어진다. 인간이 자연과 문화재와 어울려 얼마나 아름답게 살아갈 수 있는가를 북정마을은 고스란히 보여주고 있다. 북정노인정으로 올라가면 노인정 건물 옆 담 너머로 커다란 바위가 하나 눈에 띈다. 자세히 보니 곰 같기도 하고 양 같기도 하다. 초기 북정마을 형성 과정에서는 산을 깎아 사람이 살 집을 만들기도 했다. 이때 산을 깎다 미처 깎지 못하고 남겨둔 바위가 곰 형태를 하고 있어서 '곰바위'라고 불린다.

만해 한용운의 얼이 서려 있는 심우장

북정마을 바로 아래에 만해 한용운(1879~1944) 선생이 말년에 거처하던 심우장이 있다. 민족자존의 공간 심우장은 일본 제국주의의 극성기로 독립운동에 대한 탄압이 강하게 이루어지던 1933년, 한용운이 지인들의 도움으로 성북동 깊은 골짜기에 두 칸짜리 집을 지어 기거한 곳이다. 1930년대 최린, 최남선 등 민족 대표들이 변절하였지만, 한용운은 끝까지 일제와 타협하지 않고 1944년 6월 해방을 1년 앞두고 이곳에서 입적하였다.

조선총독부 건물을 마주하고 싶지 않다는 한용운 선생의 뜻에 따라 북향으로 지었다는 이야기가 전해지고 있다. 성북동 북정마을 좁은 골

심우장

목길을 따라 올라 동쪽으로 난 대문으로 들어서면 북쪽을 향한 기와집이 있다. 가운데 대청을 중심으로 왼쪽에 온돌방, 오른쪽은 부엌이다. 한용운의 서재였던 온돌방에는 3·1운동 민족대표 33인의 한 사람이자 독립운동가 오세창이 쓴 '尋牛莊(심우장)'이라는 현판이 걸려있다. 심우장은 '찾을 심(尋)', '소 우(牛)', '전장 장(莊)'으로 '소 찾는 집'이란 뜻이다. 불교에서 소가 마음을 상징해서, 대승불교 승려인 선생이 선종(禪宗)에서 깨달음의 경지에 이르는 수행 단계 중 하나인 '자신의 본성을 찾는다'라는 심우(尋牛)에서 이름을 따온 것이라 한다.

박물관장의 안목, 최순우 옛집과 이태준 가옥

국립중앙박물관장을 지낸 혜곡 최순우(1916~1984)가 살았던 집이다. 이 집의 평면 구조는 'ㄱ자' 본채와 'ㄴ자'형 바깥채가 마주 보고 있는 '튼ㅁ자'형이다. 1930년대 서울 지역에서 유행한 한옥의 형태를 알 수 있다. 최순우 선생이 직접 쓴 '杜門卽是深山(두문즉시심산)'이라는 현판이 있는데, '문을 닫으면 이곳이 바로 깊은 산중'이란 뜻이다. 『무량수전 배흘림기둥에 기대서서』의 저자 최순우 선생이 1976년 성북동 집으로 이사와 사랑방 문 위에 걸어 둔 친필편액이다. 신희권 서울시립대 교수는 언론 인터뷰에서 "최순우 옛집은 1930년대 초 지어진 근대 한옥으로 최순우 선생의 안목이 담긴 집"이라며 "그는 평생을 박물관 학자이자 미술사학자로 살며 우리 문화재를 지키고 한국 미술의 꾸밈없는 아름다움을 탐구하고 글로 세상을 깨웠다"라고 말했다(곽경근, 2021.05.30.). 아담한 마당에 자연을 들여놓은 듯 무심하게 핀 들꽃과 정갈하게 꾸며진 안채가 새삼 눈길을 끈다.

또한 최순우 옛집이 특별한 이유는 내셔널트러스트 문화유산기금 시민문화유산 제1호로 한옥의 양옥화 추세로 허물어질 뻔한 것을 시민들이 지켜냈기 때문이다. 현재는 박물관으로 운영하며 전시, 문화강좌, 시민참여 문화예술프로그램을 열고 있다. 최순우 선생이 쓰던 유품과 친필원고, 문화예술인들이 보낸 연하장과 선물한 그림 등을 소장하고 있으며, 전시와 문화예술 프로그램을 열고 있다.

최순우 옛집

상허 이태준 가옥(민속문화재 제11호)은 소설가 이태준(1904~1978)이 1933년부터 10여 년간 거처하며 『황진이』, 『왕자 호동』 등을 집필했던 곳이다. 그가 사용했던 고가구 · 소품 · 책 등이 지금도 집 안에 남아있다. 이태준은 이 집의 당호를 '수연산방'으로 지었다. 수연산방이란 '문인들이 모이는 산속의 집'이라는 뜻이다. 별채 중 하나는 전통찻집으로 운영되고 있다.

옷(衣)의 풍요를 빌다, 선잠단지

선잠단지

선잠단지(先蠶壇址)는 조선 성종(1457~1494) 때 '뽕나무가 잘 크고 살찐 고치로 좋은 실을 얻게 해달라'는 기원을 드리기 위해 혜화문 밖에 세운 제단이다. 나라에서는 일반 백성들에게 누에치기를 장려하기 위하여 왕비가 손수 뽕잎을 따고 누에에게 뽕잎을 먹이는 행사인 '친잠례(親蠶禮)'를 열기도 했다. 사적 제83호로 지정된 서울 선잠단지는 누에치기를 처음 전수했다고 알려진 중국 고대 황제의 비 서릉씨(西陵氏)를 누에신(잠신, 蠶神)으로 모시고 국가의례 선잠제를 지내던 곳이다. 선잠제는 나라에서 지내는 제사 가운데 중사(中祀: 국가의 제2등급 제사)로서 백성들에게 양잠을 장려하고 누에치기의 풍년을 기원하는 제사이다. 이 단은 983년(고려 성종 2)에 처음 쌓은 것으로, 단의 앞쪽 끝에 뽕나무를 심고 궁중의 잠실(蠶室)에서 누에를 키우게 하였다. 조선의 선잠단은 1414년부터 1499년 사이에 새롭게 마련되었다. 1475년(성종 5)에 간행된 『국조오례의(國朝五禮儀)』에 따르면, 선잠단의 크기는 사방 2장 3척, 높이 2척 7촌이며 4방향으로 나가는 계단이 있다.

조지훈의 방우산장

성북동은 문학과 관련이 깊은 마을이다. 조선 후기 마을이 생기면서 많은 문인들이 성북동에 와서 자연을 노래했다. 해방 이후에도 성북동에는 문인들이 많이 살았다. 청록파 시인 조지훈(1920~1968)도 있었다. 그는 성북동에서 32년을 살았다. "마음속에 소를 한 마리 키우면 직접 키우지 않아도 소를 키우는 것과 다름없다"라며 자신이 기거했던 모든 집을 방우산장으로 불렀다. 자신의 영혼이 깃든 곳은 모두 자신의 거처라는 뜻이다. 박목월, 박두진과 함께 펴낸 『청록집』을 비롯해 대표작 대부분이 성북동에서 창작됐다. 그러나 아쉽게도 시인의 집은 1998년 헐렸다. 성북구는 조지훈 기념 건축조형물을 2014년 성북동 초입에 세웠다. 성북동 문학의 감수성을 엿볼 수 있도록 디자인에 세심하게 신경을 썼다. 시인의 집터 방향으로 문을 내 바깥벽에는 "꽃이 지기로서니 바람을 탓하랴"로 시작하는, 시인이 가장 아끼던 작품 「낙화(落花)」를 새겨 넣었다.

와룡공원에서 혜화문까지

와룡공원은 한양도성을 따라 조성된 공원으로 종로구 삼청동, 명륜동, 혜화동과 성북구 성북동 등에 접하고 있다. 와룡(臥龍)은 용이 길게 누워있는 형상을 뜻한다. 숙정문을 나와 와룡공원을 거쳐 혜화문으로 흘러내리던 성곽은 경신고와 서울과학고 사이 아스팔트 도로를 만나며 길을 잃는다. 종로구 혜화동과 성북구 성북동의 경계를 이루던 성곽 돌 위로 콘크리트 담장이 쌓이며 제 모습과 기능을 상실했다. 혜화문에서 올라오는 일방통행길을 거슬러 내려가다 보면 경신고등학교 담장, 단독주택 담장, 혜성교회 입구 계단, 두산빌라 담장 아래 부분에 성돌들이 눈에 들어온다.

두산빌라 밑 성벽 축대

한양도성 혜화동 전시·안내센터

서울시 종로구 혜화동 27-1번지에 있는 옛 서울시장공관은 1941년 당시 조선영화제작주식회사 사장이었던 일본인 다나카 사부로(田中三郞)가 지었으며, 현재 서울 시내에 얼마 남지 않은 1940년대 목조 건축물이다. 1959년부터 20년간 대법원장 공관으로 4·19 혁명재판의 판결문이 작성되는 등 대한민국 사법부의 중요한 역사 현장이었다. 또한, 1981년부터 2013년까지 역대 서울시장이 거주했다. 공관은 대지 1,628

㎡에 건물 3동으로 구성되어 있다. 한양도성의 성벽을 담장으로 사용하고 있어 철거 논란이 있었으나 역사적 가치를 인정받아 보존하기로 하여 한양도성 순성길의 쉼터이자 시민들을 위한 공간으로 재탄생하였다.

전시실에는 순성놀이 기록, 혜화동 주변 모형지도, 지도로 보는 한양도성과 역대 시장의 영상 및 기증품 등을 전시하고 있다. 전시실은 총 5곳으로 구성되었다. 제1전시실은 한양도성과 혜화문, 제2전시실은 시장공관과 한양도성, 제3전시실은 시장공관과 역대 시장, 제4전시실은 혜화동 27-1번지의 역사, 그리고 제5전시실은 한성판윤부터 서울시장까지의 연표가 전시되어 있다.

한양도성 혜화동 전시·안내센터

제1전시실에 걸린 「도성삼군문분계지도(都城三軍門分界之圖)」는 각 행정구역을 한자와 한글로 표기한 지도이다. 경복궁 동측에 '한성 북부 관광방(觀光坊)'이 기록되어, 관광방이 조선 개국 시기부터 존재하였다는 점이 가장 인상깊다. 당시에는 대부분 지형을 바탕으로 행정구역명이 정해졌는데, 관광방은 정부의 정책과 관련된 관광이 행정구역의 명칭으로 정해졌다는 점에서 당시 왕실의 관광에 대한 높은 관심사를 엿볼 수 있다.

도성 동북쪽 관문, 혜화문

한양도성 혜화동 전시 · 안내센터를 지나면 혜화문(惠化門)이 있다. 도성의 동북 방향으로 드나드는 문, 속칭 동소문(東小門)이라고도 부르는 혜화문은 조선시대에는 여진의 사신이 드나들었다. 문을 나서면 수유현(지금의 수유리)을 거쳐 의정부 · 양주로 도로가 이어진다. 당시 북대문인 숙정문은 일반인의 통행이 금지되었기 때문에 혜화문은 양주 · 포천을 지나 강원도와 함경도로 가는 교통의 시작점이었다.

> 조선 초 한양도성의 건설과 함께 건립된 혜화문은 사소문에 해당하는 곳이다. 그러나 북문에 해당하는 숙청문, 숙정문이 험지에 위치하여 실질적인 통행로보다는 상징적인 역할만 수행하고 도성에서 북방의 양주, 포천, 철원, 원산 등 경기 북부와 함경도 방면으로 이동할 때는 혜화문을 이용하였다. 즉 도성의 관문(關門)이라는 실제 사용의 측면에서 보면 혜화문은 사대문에 못지않은 중요한 역할과 위상을 가지고 있었다. 혜화문을 통하여 북방으로 연결되는 길을 서울과 원산을 잇는 도로라는 뜻에서 경원가도(京元街道) 또는 함경도 경흥으로 연결된다고 하여 경흥로(慶興路)라 불렀으며 현재는 동소문로와 미아로가 그 흔적으로 남아있다. 혜화문은 여진(女眞)의 사신이 조공하기 위하여 한양에 입성할 때 이용하던 문이기도 하다(서울특별시, 2016b).

처음에는 문 이름을 홍화문(弘化門)이라 하였다가 1483년(성종 4) 새로 창건한 창경궁의 동문을 홍화문라고 정함에 따라 혼동을 피하려고 1511년(중종 6) 혜화문으로 바꾸었다. 1684년(숙종 10) 문루(門樓)를 새로 지은 후 대한제국 말까지 보존되어 오다가 일제 강점기 시기인 1939년 혜화동과 돈암동 사이의 전찻길을 내면서 광희문과 함께 헐어버렸다. 현재 혜화문은 1992년부터 1994년까지 복원 공사를 통해 본래 자리에서 북서쪽으로 13m 떨어진 곳에 복원한 것이다.

혜화문

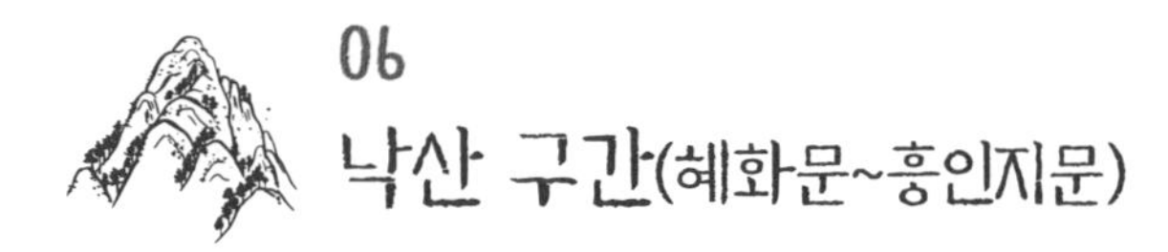

06 낙산 구간(혜화문~흥인지문)

성곽마을과 박물관

369성곽마을과 장수마을

369마을 안내판

혜화문에서 끊어진 도성은 길 건너 가톨릭대학교 성신교정 동편 축대로 다시 이어진다. 이 구간에서는 성곽 외측 길을 따라가다 보면 삼선권역 369(三育丘) 성곽마을과 장수마을을 발견할 수 있다. 혜화문을 지나 369마을까지는 성벽에 핀 꽃을 옆으로 하고 우수한 조망기회를 누릴 수 있다. 369성곽마을은 주민이 주체가 되고, 청년이 참여하며 대학이 지원함으로써 사회적 경제를 기반으로 한 자족성을 구현하는 마을이 되기 위해서 힘쓰고 있다.

369성곽마을에서 남쪽으로 어느 정도 거리를 두고 장수마을이 있다. 성북구 삼선동 소재 장수마을은 한양도성과 낙산공원에 인접해 있는 작은 마을이다. 장수마을은 낙산 성벽 밖 작은 마을로 일제 강점기 농촌에서 상경한 사람들이 낙산 자락에 토막집을 짓고 모여 살면서 최초의 마을이 형성되었다. 해방 이후 움막, 천막집, 판잣집 등이 들어서기 시작하였고, 한국전쟁 후에 형성된 판자촌에서 기원한다. 60세 이상의 노인 거주 인구가 많아 장수마을이라는 이름이 붙었다. 뉴타운 예정지였으나 주민투표로 재개발 계획을 중단하고 마을재생 사업을 벌이기로 하였다. 그 후 주민들이 직접 집을 단장하고 골목길을 정비하여 지금처럼 산뜻하고 깔끔한 모습으로 변모하였다.

각자성석

성곽마을을 걷다 보면 우측에 각자성석 표지판이 있다. 먼저 발견된 것은 충청도 음성현(지금의 충북 음성군) 백성들이 공사를 담당한 구간의

음성현 각자성석

영동현 각자성석

시점을 표시한 것이다. 세종 때는 성벽을 쌓은 지방의 이름을 새겨 두었다가 성벽이 무너지면 서울로 다시 올라와 쌓게 했다. 바로 다음에 발견되는 각자성석은 영동현(지금의 충북 영동군)이란 글씨가 선명하게 보인다.

성곽마을 여행자센터와 박물관

삼선권역에는 성곽 관련 시설들도 여럿 있다. 첫 번째로 한성대입구역 3번 출구에서 약 500m 가면 성곽마을 여행자센터가 자리하고 있다.

삼선권역 성곽길

지나가는 성곽 순례자들의 휴식 및 정보공간의 역할을 하고 있다. 낙산공원 방향으로 더 내려가면 성북구 삼선교로4길 146-9번지에 성곽마을박물관이 있으며 초중고 학생들을 위한 학습공간으로서의 역할을 하고 있다. 1층에는 복도에 상설 전시공간을 마련하여 성곽마을 재생 및 한양도성 성곽마을을 소개하고 있으며, 2층에는 성곽마을 주민들이 직접 수작업으로 탄생시킨 작품을 전시하는 상설 판매장이 있다. 삼선권역 순성길은 멋스러운 도로와 주변 경관이 아름답다.

낙산공원 권역

낙산공원

낙산은 서울의 동쪽을 지키는 좌청룡에 해당한다. 성 밖 순성길을 내려오다 장수마을에서 암문을 통해 도성 안으로 들어가면 낙산공원 놀이광장이 나타난다. 낙산은 현재 종로구 3개 동과 동대문구 4개 동에 걸쳐있는 산으로 예로부터 낙타산, 타락산(駝駱山)으로 불렸다. 낙타산, 낙산이라는 이름은 산의 모양이 낙타 등처럼 볼록하게 솟아올라 있는 모습에서 유래되었으며, 타락산이란 이름은 조선시대 궁중에 우유를 공급하던 유우소(乳牛所)가 위치한 산이라고 하여, 우유의 다른 말인 타락에서 유래되었다고 한다.

낙산은 궁궐 동쪽에 자리하여 서쪽의 인왕산과 더불어 한양의 입지를 결정하는 중요한 구실을 하였으며, 능선을 따라 성곽이 설치되어 수도를 방어하는 요충지가 되었다. 낙산공원 정상에서 동숭동, 서울대 병원 방면으로 나지막이 보이는 도심 풍경과 멋진 구간이다. 이후 암문을 거쳐 내부 순성길을 통해 이화동 벽화마을로 진입할 수 있다.

현존하는 한양도성의 8개 암문(暗門)은 통문(通門)이다. 한양도성을 순성하다 보면 성안과 밖을 연결해 주는 사람 키 높이의 암문(暗門)을 만나게 된다. 암문은 성곽의 후미진 곳이나 깊숙한 곳에 적이 알지 못하게 만든 비밀 출입구다. 암문은 원래 전쟁 시 은밀히 물자를 이동하거나 적이 성문을 봉쇄했을 때 비밀스럽게 오갈 수 있도록 만든 통로이다. 암문의 안쪽에 쌓은 옹벽이나 흙은 유사시에 무너뜨려서 암문을 폐쇄할 수 있게 만들었다. 남한산성과 북한산성은 암문을 만들었다는 기록이 있다. 하지만 한양도성을 축성하면서 몇 개의 암문을 만들었는지 기록은 찾을 수 없다. 현존하는 한양도성의 8개 암문은 대부분 성곽마을 주민의 편리를 위해 복원 과정에서 만들어진 것으로 보인다. 인왕산 무악동, 창의문과 백악마루 사이, 백악산 곡장 아래, 성북동 북정마을, 낙산공원 정상, 낙산 이화동, 낙산 창신동, 장충동 구간 다산동에 8개의 암문이 있다. 그러나 예전에 만들어진 것이 아니라 근래 성벽 정비 과정에서 성벽 내·외부측 원활한 통행을 위해 조성되었다. 암문(暗門)보다는 사람이 편하게 왕래하는 '통문(通門)'으로 표현하는 게 적절해 보인다(서울특별시, 2009; 곽경근, 2021.06.13.).

낙산공원은 '서울의 몽마르트르 언덕'이라 불릴 정도로 전망이 좋은 곳이다. 이곳에서 바라보는 노을과 야경은 특히 아름답다. 백악산과 인왕산에서 서울의 원경이 보인다면 이곳에서는 손에 잡힐 듯 가까운 도심을 느낄 수 있다. 「낙산순성길」 표지판에는 "낙산은 풍수지리상 서울의 동쪽을 지키는 좌청룡에 해당합니다. 드러누운 용처럼 뻗은 순성길을 따라 걸으면 발아래 서울 시내가 한눈에 들어옵니다. 밤이 되면 성곽을 따라 불이 켜지는 풍경이 아름답습니다"라는 글귀가 있다. 그만큼 낙산 권역의 풍광이 우수함을 보여주는 것이다.

낙산의 높이는 125m로 우백호 인왕산 338m의 절반에도 못 미친다. 낙산공원까지 성곽을 따라 순성길이 깔끔하게 정비되었다. 산이 낮고 완만해 산책길로 그만이다. 축성 시기별 성돌들이 곳곳에 자리해 한양도성을 한눈에 공부하기에도 좋다. 낙산공원은 도심에서 접근성이 좋고 산의 고도가 낮아 많은 사람이 꾸준히 찾는다. 성곽의 안과 밖의 옥탑방과 달동네 골목길은 수많은 영화와 드라마의 촬영지가 되면서 유명세를 더한다(곽경근, 2021.05.30.).

낙산공원에서 바라본 도심 전경

낙산공원은 위로부터 제1~3 전망광장이 연결되어 있으며, 중앙광장에는 낙산전시관이 있으며 동편 성곽길 변에는 흥덕이밭과 역사탐방로가 조성되어 있다. 또한 낙산공원의 아름다운 밤 풍경을 조망할 수 있는 지점을 알려주는 표지판도 설치되어 있다. 그러나 낙산은 1960년대 이후 근대화 과정에서 무분별한 도시계획으로 아파트와 주택으로 잠식당한 채 오랜 기간 방치되어 역사적 유산으로서 제 기능을 상실하게 되었다. 이에 서울시는 1996년부터 시작한 공원녹지확충 5개년 계획의 일환으로 낙산을 근린공원으로 지정하고, 주변의 녹지축과 연결을 도모하면서 낙산의 모습과 역사성을 복원하게 되었다. 그 대표적인 곳이 흥덕이밭이다.

병자호란 후 봉림대군(효종)이 볼모로 잡혀 청나라 심양에 있을 때, 홍덕이라는 나인이 김치를 담가 매일 대군에게 올렸는데, 귀국 후 왕위에 오른 대군은 그 맛을 잊지 못하여 낙산 아래 밭을 홍덕에게 주고 계속 김치를 담가 바치게 했다는 이야기가 전한다. 서울시는 이 일을 기념하기 위해 낙산공원 아래에 20평 남짓 작은 흥덕이밭을 조성하여 관리하고 있다.

자지동천과 비우당

낙산공원에서 비문을 따라 동쪽으로 나가면 자지동천과 비우당이 보인다. 자지동천은 단종비 정순왕후 송씨와 관련된 유적이다. 단종 폐위 후 서인이 된 송씨는 이 주변에 움막을 짓고 살면서 염색을 하여 생계를 이었다고 전한다. 흰 옷감을 이 샘물에 빨면 저절로 자줏빛이 되었다 하여 자지동천이라는 이름이 붙었다. 현재는 바위에 '자지동천(紫芝

정업원 구기비

洞泉)'이라고 새겨져 있고 그 옆에 우물 자리가 남아있다. 정순왕후가 단종의 명복을 빌며 살았던 암자가 정업원인데, 현재 청룡사 뒤뜰에는 영조가 세운 정업원구기비(淨業院舊基碑)가 남아있다. 이 밖에도 동망봉, 여인시장 등이 정순왕후 송씨와 관련된 유적들이다.

낙산 끝자락에 동망봉(東望峯)은 왕후가 단종이 있는 동쪽을 바라보며 명복을 빌었다 하여 생긴 이름이다. 영조가 200여 년이 지난 뒤 정미수(1456~1512)의 후손으로부터 이 이야기를 듣고 동망봉이라는 글씨를 직접 쓰고 바위에 새기게 했다(아주경제, 2019.09.23.). 종로구는 정순왕후가 머물렀던 청룡사, 정업원 터, 단종의 안위를 빌고자 매일 오른 동망봉, 단종이 영월로 유배될 때 마지막 인사를 나눈 영도교 등 관련 유적지를 두루 둘러볼 수 있는 숭인동 골목길 탐방 코스를 개발해 운영 중이다. 골목길 해설사 프로그램 예약은 종로구청 누리집 내 '역사문화 관광' 페이지를 통하여 할 수 있다.

이화동 벽화마을과 이화하늘정원

이화동 벽화마을

이화동은 낙산 구간 성벽 바로 안쪽에 있다. 지은 지 오래된 주택이 많고 골목도 좁아 낙후 지역으로 손꼽히던 곳이었다. 하늘과 맞닿아 있다고 해서 '하늘동네'라고도 불린다. 2006년 12월부터 정부 지원으로 예술가들이 건물 외벽에 그림을 그리고 빈터에 조형물을 설치하는 '낙산 공공 미술 프로젝트'가 실시되면서 마을의 이미지가 밝고 화사하게 바뀌었다. 마을은 낙산 정상부까지 이어지는데 계단 끝에 오르면 울타리처럼 마을을 감싼 한양도성이 보인다. 도성 안에 형성된 옛 마을의 정취를 느낄 수 있다.

낙산 서쪽 자락에 자리한 종로구 이화동은 과거 창신동 봉제공장 노동자들의 터전이자 일터였다. 또한 동대문시장에 제품(커튼, 침구류, 의류 등)을 공급하던 제조업이 활성화된 동네였다. 2006년 이화동의 생활환경 개선을 위한 프로젝트가 시행되면서 벽화가 그려지고 조형물이 세워지기 시작했다. 그러한 작업으로 이화동 벽화마을이 탄생하였다. 재봉틀 소리가 끊이지

이화동 벽화마을 풍경

않던 마을이 예술인들과 마을 사람들의 힘으로 예술마을로 탈바꿈한 것이다. 70여 명의 예술가가 100여 일에 걸쳐 마을 곳곳에 벽화를 그리고 조형물을 설치하며 이화동은 예술마을로 변모했다.

이화동은 동네 곳곳에 벽화가 그려지며 '벽화마을'로 알려졌지만, 동네의 가치는 그 이상이다. 한양도성 및 낙산 성곽 안쪽에 자리하며 조선시대부터 양반들이 풍류를 즐겼던 '조선 5대 명승지'였고, 산세가 빼어나 많은 문인이 찾아와 풍류를 즐겼으며, 석양루, 조양루, 이화정 등 왕족의 저택과 정자가 많았다. 조선시대 우유를 공급하던 '유우소(乳牛所)'가 있어 보양식 '타락죽'이 만들어지기도 했다. 현재도 우리나라 최초 국민주택단지부터 오래된 석축 · 나무 전봇대까지 서울의 옛 마을 풍경을 고스란히 품고 있다. 마을 전체를 박물관으로 삼자며 2006년부터 시작한 '이화동 마을박물관' 프로젝트의 일환이기도 하다.

낙산공원과 이어진 이화동은 서울 전경이 가장 아름다운 동네로 꼽히기도 한다. 종로구는 사도세자의 경모궁(景慕宮)에서 대학로와 이화동을 거쳐 한양도성으로 연결되는 '이화동길'을 걸어볼 것을 추천한다. 마을 전체가 하나의 미술관, 박물관이라고 해도 과언이 아닐 정도로 그

신사와 강아지 조형물

림과 풍경이 한 몸 같다. 평범한 골목, 낡은 창문틀에서 발견되는 도시의 진정성이 가장 잘 드러나는 동네이기 때문이다. 실제로 이화마을에는 적산가옥이 가진 역사, 쉬지 않고 재봉틀을 돌리던 서울 달동네 사람들의 삶이 그대로 배어 있다. 마을은 재개발이라는 위기 앞에 풍전등화와 같았던 시기를 공공예술로 잘 극복했고 도시 안에서 아름답게 공존하고 있다. 낙산공원의 명물은 뭐니 뭐니 해도 하늘로 걸어 올라가는 신사와 강아지 조형물이다. 이 밖에도 다양한 철제인간들이 설치되어 있다.

이화동길을 오르다 보면 이화장을 볼 수 있다. 미국에서 귀국한 이승만이 초대 대통령으로 취임하기 전까지 한동안(1947~1948) 사저로 썼던 집이다. 이 집의 별채는 조각당이라 불린다. 이곳에서 대한민국 초대 내각을 구성하였다. 현재 이승만 대통령 기념관으로 사용하고 있다.

> 1945년 한반도가 해방되자 망명지인 미국에서 귀국한 이승만은 기거할 집이 없어 안정된 생활을 하지 못하였는데, 당시의 실업가 권영일(權寧一) 등을 비롯한 30여 명의 도움으로 동소문동 4가 103번지의 돈암장에서 이곳 이화장으로 옮겨서 1947년 11월부터 기거하였다. 그는 이곳에 살면서 정부수립 운동을 전개하여 대한민국 초대 국회의장에 당선되고, 이어서 초대 대통령에 당선되어 1948년 7월 경무대로 이사하였다(한국민족문화대백과사전 참조).

이화하늘정원

이화하늘정원을 논할 때 최홍규 박물관장을 빼놓을 수 없다. 그는 오랫동안 이 지역에서 문화사업을 가꾸어 왔다. 그중 쇳대박물관은 사립박물관으로서 지역사회에 이바지하고자 특별 기획전인 '이화동 마을 박물관_하늘정원 가는 길' 전(展)을 개최하였다. 600년 역사를 품은 낙산 성곽 아래 자리한 마을 이화동은 해방 이후 주민들의 생활상이 고스란히 남아있는 근대 유물의 보물창고이다.

이화동의 가치를 발견하고, 재조명하고자 진행된 전시회는 마을 전체가 참여형 전시 공간으로 지역의 예술가들과 주민들이 함께 어울려, 생기 있고 활력이 넘치게 했다. '하늘정원으로 가는 길'에는 좁은 골목을 따라 식당과 갤러리, 박물관과 개뿔, 쉿대, 지붕 위의 장닭, 책읽는 고양이 카페, 텃밭 등 풍성한 볼거리와 체험거리가 널려있다(뮤지엄뉴스, 2017.06.05.).

이화하늘정원 전경

한양도성박물관과 각자성석

한양도성박물관

한양도성에 인접한 이화여자대학교 동대문병원을 철거한 후 조성한 흥인지문공원 위쪽, 서울디자인지원센터에 한양도성박물관이 있다. 2014년에 개관한 한양도성박물관은 조선시대부터 현재에 이르기까지 한양도성의 역사와 문화를 담은 박물관으로 상설전시실, 기획전시실, 도성정보센터와 학습실을 갖추고 있다. 서울역사박물관의 분관인 한양도성박물관에서는 방문객들에게 한양도성 600년 역사와 가치를 알려주며 순성 정보를 제공한다.

상설전시관 1은 '서울, 한양도성'을 주제로 한양도성 전체를 한눈에

흥인지문공원에서 바라본 동대문과 주변 경관

내려다볼 수 있는 축소 모형과 영상을 통해 한양도성의 의미와 가치를 확인할 수 있다. 상설전시관 2는 '한양도성의 건설과 관리'를 주제로 조선의 한양 천도와 수도 건설, 도성의 축조까지 한양도성의 모습을 보여준다. 그리고 상설전시실 3은 '한양도성의 훼손과 재탄생'을 주제로 일제 강점기와 해방 이후 근대화 과정에서 훼손되었지만 복원과 발굴, 개방을 통해 시민의 품으로 돌아온 한양도성의 격동의 세월을 보여준다.

한양도성에서 흥인지문 쪽으로 내려오면 조망이 우수한 흥인지문 공원이 나타난다. 성벽 아래에 많은 사람이 몰려들어 동대문, 동대문디자인플라자뿐만 아니라 동대문의 상권을 형성하는 건물들이 잘 보이고, 멀리 남산까지 조망할 수 있다.

흥인지문공원 초입 각자성석

한양도성박물관에서 성벽 방면으로 내려오면 흥인지문 공원을 맞이하게 된다. 그런데 한양도성 성벽 아랫부분에 한자가 새겨진 성돌들이 눈에 띈다. 한양도성 축성의 역사가 담긴 각자성석(刻字城石)이다. 서울시가 2015년에 도성을 정비하여, 북에서 남으로 내려오던 성벽이 서쪽으로 꺾어진 뒤 다시 흥인문 쪽으로 연결되는 부분까지 복원하였다. 그렇게 성벽을 복원하면서 예전에는 동쪽 면에 제자리를 잃은 채 어지러이 배열되어 있던 각자성석들을 새로 복원한 체성에 다시 배열하였다. 모두 13개의 각자성석을 옆으로 한 줄로 이어서 배열하고, 마지막에만 두 각자성석을 아래위로 배열해 놓았다.

한양도성 성벽에 남아있는 각자성석은 천자문의 글자로 축성 구간을 표시한 것(14C)과 축성을 담당한 지방의 이름을 새긴 것(15C), 축성

홍인지문공원 성벽의 각자성석

책임 관리와 석수의 이름을 새긴 것(18C 이후)으로 나눌 수 있다. 한양도성에는 이처럼 다양한 시기와 유형의 각자성석 288개(2015년 기준)가 전해지고 있다. 한양도성은 1396년, 팔도에서 사대부와 천민을 제외한 양인(良人) 12만 명을 동원해 축성했다. 양인은 나라에 세금을 내야 하는 것은 물론 공물(지역 특산품)을 바치고, 국가에 노동력을 제공할 의무가 있었다.

한양도성은 전국에서 올라온 백성들이 18.6km를 97개 구간으로 나누어 쌓았다. 1개 구간은 600척(180m)이다. 성이 무너지거나 훼손되면 돌에 새겨진 담당자를 불러 보수하도록 했다. 오늘날 '공사 실명제'였던 셈이다. 서울시립대 국사학과 신희권 교수는 언론 인터뷰에서 "농한기를 이용해 98일이라는 깜짝 놀랄 정도의 빠른 속도로 성을 쌓았지만 생각보다 튼튼했다"라면서 "근면 성실하면서도 지혜롭고 손재주 뛰어난 선조들이었기에 가능했던 대역사"라고 평가했다(곽경근, 2021.06.13.).

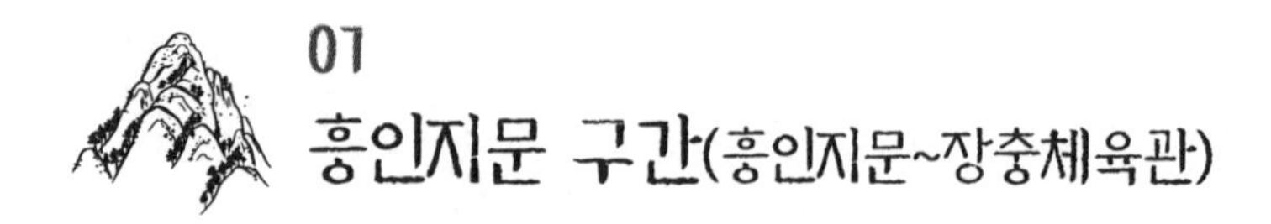

01 흥인지문 구간(흥인지문~장충체육관)

흥인지문 구간은 흥인지문부터 장충체육관까지 구간을 말한다. 거리는 짧지만 봐야 할 관광콘텐츠가 풍부하고 질적으로도 우수하다. 이곳 흥인지문 구간은 흥인지문을 걸쳐 이간수문, 동대문 운동장 터에 세워진 DDP, 광희문을 연결한다. 간선도로 및 전차노선이 이미 일제 강점기 때부터 놓였기 때문에 숭례문~정동 구간과 더불어 한양도성이 가장 많이 파손된 지역이다. 오간수문도 원래 위치에서 벗어나 복원 같지 않게 복원되었다.

흥인지문 주변 권역

흥인지문

흥인지문(興仁之門)은 한양도성의 성문 중에서 유일하게 옹성(甕城)이 있다. 숭례문과 함께 한양도성을 대표하는 건축물이다. 1398년(조선 태조 7)에 처음 지었으며, 현재의 흥인지문은 1869년(고종 6)에 다시 지은 것이다. 이때 문터를 8척(약 2.5m)가량 올린 후 홍예를 새로 쌓았기 때문에 주변 성벽보다 성문이 높다. 조선 후기 건축의 특징이 잘 드러나 있어 보물 제1호로 지정되었다. 서울의 지세는 서쪽이 높고 동쪽이 낮아서 군사적으로는 흥인지문이 가장 취약하였다. 흥인지문 바깥쪽으로 옹성을 하나 더 쌓은 것도 이 때문이다. 1907년 좌우 성벽이 헐려 지금과 같은 모습이 되었다(홍순민, 2016).

사대문과 사소문을 막론하고 서울 한양도성에 존재하는 다른 문의 명칭은 세 글자이지만, 흥인지문만 유일하게 네 글자이고, 현판도 정사각형이다. 이는 한양 동쪽이 다른 삼면에 비해 물이 흘러나가므로 전체적으로 토대가 우묵하게 낮아 지기(地氣)가 약하다는 이유로 그 기운을 북돋는다는 의미에서 이름에 어조사 지(之)를 집어넣어 넉 자로 지었던 것이다.

흥인지문

고종은 명성황후가 묻힌 홍릉에 자주 다녔는데 시간과 비용을 절약하기 위해 1899년(고종 36) 5월, 돈의문에서 청량리까지 단선 선로 전차를 개설했다. 이처럼 최초의 전차는 조선과 미국 전차회사와 공동투자로 이뤄졌다. 하지만 1907년 일제에 의해 만들어졌던 성벽처리위원회(城壁處理委員會)는 동대문 홍예 안으로 운행하던 전차가 접촉 사고가 잦다는 이유로 좌우 성벽을 헐었다. 이때가 1908년 3월이다. 같은 해 9월에는 소의문 성벽을 철거하고 광희문과 혜화문의 성벽도 전찻길을 개설한다는 구실로 모두 헐려 나갔다. 현재의 흥인지문은 정면 5칸, 측면 2칸 규모의 중층 건물로, 지붕은 앞면에서 볼 때 사다리꼴 모양을 한 상하 겹처마의 우진각지붕으로 조선 후기 다포계(多包系) 건물의 전형적인 형식을 갖추고 있다(서울특별시, 2012).

한편 흥인지문 권역에 있는 동대문시장은 1905년에 우리나라 최초 민영(民營) 도시 상설시장으로 개장한 광장시장에서 기원하였다. 한국전쟁 이후 동대문 일대의 상권은 광장시장을 기점으로 계속 동쪽으로 확장되어 현재는 청계천 물길을 따라 광장시장, 방산시장, 동대문종합시장, 평화시장 등이 늘어서 있다. 이 거대한 시장 지역은 세계적인 의류, 패션산업의 중심지이다.

오간수문 터와 이간수문

흥인지문과 광희문 사이에는 오간수문(사적 제461호)과 이간수문이 있었다. 이 부근은 서울에서 가장 지대가 낮아서 내사산에서 내려온 물이 모두 이곳을 거쳐 도성 밖으로 흘러나갔다. 성벽이 청계천을 만나는 위치에는 수문들이 이어져 있었다. 동대문운동장 관중석 밑에 매몰되어 있다가 발굴된 이간수문은 원형에 가까운 모습을 유지하고 있으나, 오간수문(五間水門)은 완전히 파괴되어 그 터만 사적으로 지정되었고 인근에 설치한 축소 모형이 옛 모습을 전하고 있을 뿐이다(서울특별시, 2006).

1750년대 제작된 「도성도(都城圖)」에는 청계천과 서울성곽이 만나는 지점에 오간수문이 '오간수구'로 표기되어 있고, 남쪽에는 청계천 지류와 서울 성곽이 만나는 지점에 '이간수구'가 표기되어 있다. 흥인지문과 오간수구 상부에는 종각이 표현되어 있는데, 『조선왕조실록』에 의하면 1536년(중종 31) 김안로의 건의 때문에 종이 동대문으로 옮겨진 후 방치되다가 1749년(영조 24)에 재설치되었는데 그때 설치된 종각으로 추정된다(서울특별시, 2006).

이간수문(二間水門)은 남산에서 남소문동천으로 모여든 물을 한양도성 밖으로 흘러나가도록 만들어졌다. 1925년 경성운동장을 건설 당시 수문의 석재를 관중석 기초석으로 사용하면서 훼손됐다. 이후 2008년 동대문운동장 철거와 문화재 발굴 조사를 통해 양호한 상태의 유구가 대량 발굴되면서 수문의 하단부를 복원하고 상부는 새로 쌓았다. 1924년 성곽을 허물어 1926년에 완성한 경성운동장(동대문운동장)은 일본 황태자 히로히토의 결혼을 기념하기 위해 도성을 허물고 지은 치욕의 시설이다. 이간수문은 그 자리에서 무려 87년 동안이나 땅속에 묻혔다가 세상에 모습을 드러냈다.

이간수문의 내측과 외측에는 각각 하천을 따라 흐르는 물을 유도하기 위한 날개 형태의 석축 시설이 있다. 수문 내측에는 세차게 흘러내린 물줄기가 두 수문으로 갈라져 들게 하는 뱃머리 모양의 물가름돌을 놓았다. 바닥에는 상부의 하중을 견디면서 침하를 방지하기 위해 판상석을 정연하게 깔아 놓았다. 이간수문의 높이는 약 4m이며 폭은 3.3m, 길이는 7.4m 정도이다.

복원된 이간수문

동대문역사공원 권역

동대문역사문화공원

동대문역사문화공원은 옛 동대문운동장 자리에 조성된 공원이다. 조선 후기 이곳에는 훈련도감의 별영(別營: 따로 설치한 군영)인 하도감(下都監)과 화약 제조 관서인 염초청(焰硝廳)이 있었다. 1925년 일제는 일본 왕세자 결혼 기념으로 이곳에 경성운동장을 지었는데, 성벽을 이용하여 관중석을 만들었다. 경성운동장은 해방 후 서울운동장으로 개칭되었다가 '88 서울올림픽' 이후 다시 동대문운동장이 되었다. 해방 후 근 · 현대 한국 스포츠의 중심지였던 동대문운동장과 서울운동장이란 이름으로 2007년 역사 속으로 사라지기까지 82년 동안 한자리를 지키며 시민들과 함께했다.

동대문운동장 철거 후 조성한 동대문역사문화공원은 동대문디자인플라자(DDP)보다 5년 앞선 2009년에 개장했다. 철거 과정에서 땅속에 묻혀 있던 성벽 일부와 이간수문(남산에서 발원한 물이 도성 밖으로 빠져나가는 두 칸짜리 수문), 치성(雉城: 성벽 일부를 돌출시켜 적을 방어하기 위한 시설물), 하도감(下都監: 훈련도감에 속한 관청)으로 추정되는 건물 유구 등이 대거 모습을 드러냈다. 현재 이간수문은 원래 자리에 있으나 동대문디자인플라자 자리에 있던 건물 유구는 공원 안으로 옮겨졌다.

공원 내에는 서울성곽과 이간수문 외에도 동대문역사관, 동대문유구전시장, 동대문운동장기념관, 이벤트홀, 디자인갤러리 등이 자리하고 있다. 동대문운동장을 기념하기 위해 남긴 야간경기용 조명탑 2기와 성화대도 눈에 들어온다.

동대문역사관과 동대문운동장기념관

동대문역사관은 동대문디자인플라자 및 동대문역사문화공원 건립 공사 중 발굴된 유물을 보존하고 전시하기 위해 2009년에 세워졌다. 11년 만에 상설전시실을 전면 개편하여 2020년 8월 재개관하였다. 발굴 유물과 영상, 바닥에 새겨진 발굴 도면, AR체험 등을 통해 옛 동대문운동장 부지에 켜켜이 쌓인 역사를 확인해 볼 수 있다.

동대문역사문화공원 내 유구들은 동대문디자인플라자를 건설하기 위해 운동장을 철거하는 과정에서 발굴된 조선시대 수도 한양의 문화유산들로 한양도성 성곽, 조선 전기 관청 및 군사시설, 조선 중기 생산 시설, 후기 관청 터이다. 또한 일제 강점기 훈련원 공원의 연못과 산책로 등 근대 조경시설도 발굴되었다.

동대문역사관

동대문운동장기념관

다음으로 동대문운동장기념관은 동대문운동장을 기억하는 모든 사람이 운동장과 그 주변을 둘러싼 삶을 회상할 수 있는 공간으로 기획되었다. 동대문운동장기념관에는 동대문운동장에서 열렸던 각종 체육대회와 행사 관련 사진, 운동장 관련 유물 그리고 운동장 주변의 삶을 회상할 수 있는 영상 등이 전시되어 그 시절에 대한 아련한 추억을 상기시켜 준다(곽경근, 2021.06.13.).

동대문디자인플라자(DDP)

동대문 권역의 핵심은 옛것 흥인지문과 새것 동대문디자인플라자가 조화를 이루며 새로운 명소를 창출한 것이다. 과거 동대문야구장에서 열렸던 고교 및 대학 야구를 관람했던 중년 이상의 연령층들은 세상이 확 바뀐 것을 확연히 느낄 수 있다. 2014년 3월 21일 서울의 새로운 랜드마크로 자리 잡은 '동대문디자인플라자'가 오픈하였다. 지난 2006년 동대문운동장의 공원화 및 대체 야구장 건립 추진계획이 발표되고 2007년 12월 철거된 지 8여 년 만의 일이다. 동대문운동장의 공원화와 지하공간 개발에 따른 상업 문화활동 추진, 디자인 산업 지원시설 건립 등 복합 문화공간 건립을 목적으로 추진되었다.

동대문디자인플라자

DDP는 3차원 비정형 건축물로 외계에서 온 괴상한 미확인 비행물체(UFO) 같지만, 기하학적 구조물로 건축미가 살아있고, 건물 밖 보행 공간이 많아 휴식에 적합하며, 부드러운 곡선의 유려함으로 감성을 유감없이 자극하는 명작이다. DDP는 전시컨벤션의 메카로 부상하고 있다. DDP의 설계는 여성 최초로 건축계의 노벨상 격인 프리츠커상을 받은 자하 하디드(Zaha Hadid, 1950~) 빈 응용미술대학 교수가 맡았는데 여성적 접근으로 매우 유려한 명소를 창출하였다.

지하 3층, 지상 4층으로 총 높이 29m지만 밖에서 보기에는 층을 가늠하기 어렵다. 내부에 들어가도 마찬가지다. 주요 시설은 알림터와 배움터, 살림터, 어울림 광장, 동대문역사문화공원 크게 5개 구역으로 구분되지만, 층과 층을 연결하는 계단은 하나뿐이다. 건물 내부에서는 직선을 찾아보기 어렵다. 층과 층, 공간과 공간이 부드러운 곡선으로 이어진다. 이라크 태생의 영국 건축가 자하 하디드는 이른 새벽부터 늦은 밤까지 쉴 틈 없이 움직이는 동대문의 역동성을 '곡선과 곡면, 사선과 사면'으로 이뤄진 건축물로 잘 표현하였다.

이 건축물의 특징은 세상의 장벽을 허무는 배리어 프리와 유니버설 디자인의 진수를 보여주면서 여행자들에게 편의를 증진해 줬다는 것이다. 우선 배리어 프리 콘셉트가 잘 반영되었다. 배리어 프리(barrier free)란 장애인, 고령자, 노약자, 임산부 등의 사회적 약자들이 일상생활을 할 때 불편함을 주는 물리적 또는 심리적인 장벽을 없애자는 무장애 운동이다. 배리어프리와 더불어 '모든 사람을 위한 공간'을 지향하는 유니버설 디자인이 반영되었다. 유니버설 디자인은 배리어 프리보다 한 발자국 더 나아간 개념이다. 보통 유니버설 디자인이란 나이, 성별, 능력, 국적, 신체적 조건과 무관하게 모든 사람이 편리하게 이용할 수 있는 디자인을 말하고 있다.

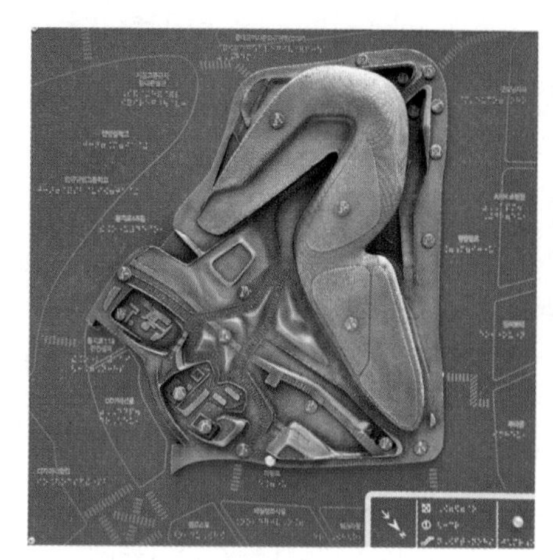
동대문디자인플라자의 점자 안내판

신당동 떡볶이 타운

동대문역사공원 권역에서 빼놓을 수 없는 명소가 신당동 떡볶이 타운이다. 예전에는 골목으로 불리었는데 요즘은 타운화가 되었다. 1970년대 이 일대에 식당이 많이 들어서면서 먹거리 골목으로 특화되기 시작했고 그중에 떡볶이가 값싸고 맛있는 먹거리로 인기를 끌기 시작했다. 1980년대에 새롭게 등장한 건 떡볶이집마다 있었던 'DJ박스'다. 사연과 함께 음악을 틀어주던 이른바 '멋쟁이 DJ오빠'가 신당동 떡볶이 골목의 상징으로 떠올랐다. 또한 신당동과 가까운 동대문야구장에서 열리는 고교야구대회가 절정에 달했는데, 이때 신당동 떡볶이의 인기도 절정에 달했다. 특히 동대문야구장에서 덕수상고와 선린상고가 맞붙는 날이나 연고전(延高戰)이 열리면 경기가 끝나고 신당동 떡볶이 골목은 학생들로 넘쳐났다. 최근에는 어묵과 당면, 라면, 쫄면, 오징어, 치즈, 새우 등 다양한 재료를 더한 떡볶이 레시피를 선보이고 있으며 예전만큼의 인기는 아니지만, 여전히 서울의 명소로 손꼽힌다.

> 사실 떡볶이 골목의 역사는 1970년대를 훨씬 더 지난 1950년대로 거슬러 올라간다. 떡볶이 골목에 마복림 할머니 집이 있는데, 그 할머니 말에 따르면 1953년부터 떡볶이를 팔기 시작했다. 지금 떡볶이 골목 인근에 동아극장이 있었는데 그 앞에서 떡볶이와 옥수수, 감자 등을 팔았다. 처음에는 그냥 고추장만 넣어 떡볶이를 만들었다. 그렇게 시작된 신당동 떡볶이는 수십 년 세월이 흐르면서 심심풀이 간식이 아닌 한 끼 식사로 충분한 하나의 요리로 자리를 잡게 된 것이다. 요즘은 떡볶이에 달걀, 당면, 어묵, 쫄면은 기본이고 물오징어에 새우, 치즈까지 들어가 새로운 입맛을 사로잡고 있다(네이버 대한민국 구석구석 참조).

광희문 권역

동대문디자인플라자에서 동쪽 한양공고 방향으로 걷다가, 없어진 도성의 남쪽을 걸으면 광희문이 보인다. 여기서부터 장충체육관까지는 광희문을 중심으로 성곽 마을이 형성되고 성곽 문화가 활성화되어 왔음을 알 수 있다. 광희 · 장충 성곽마을은 옛 흔적이 곳곳에 남아있는 역사 문화 도심지이지만, 일제 강점기 동양척식주식회사의 문화주택단지 조성 과정에서 성벽 대부분이 멸실 · 훼손되거나 주택 아래로 묻히게 되었다. 성곽 멸실 구간을 따라 걷다 보면 남아있는 성곽을 일부 볼 수 있다. 장충체육관으로 건너기 전에는 천주교 신당동 교회가 눈에 띄며, 도성 안쪽으로는 유명한 장충동 족발골목이 사람들을 끌어들인다.

광희문

광희문은 조선 한양도성의 사소문 중 남문이다. '남소문(南小門)'이라고도 부른다. 서울특별시 중구 광희동2가 105-30에 있다. 현재의 광희문은 퇴계로~왕십리 간 간선도로에 돌출되어 교통에 장애가 된다는 이유로 홍예를 남쪽으로 15m를 옮겨가 문루와 함께 다시 쌓은 모습이다.

광희문은 속칭 수구문(水口門)이라고도 불렸는데, 이는 위치상으로 인접한 청계천의 오간수문에서 이어지는 물길 중 하나가 이쪽으로 빠져나갔다는 이유에서 광희문 건축 당시부터 불려 왔다. 또한 시구문(屍口門)이라고 하여 옛날에 한성부 시민이 죽으면, 그 시체를 이 문으로 내다가 신당동, 왕십리, 금호동 쪽으로 갖다가 매장하므로 송장을 내보내던 문으로도 쓰였다. 광희문을 따라 내려가면 당시 묘지가 많았던 수철리(현 금호동)가 나왔기 때문이다. 시신의 운구가 이루어진 문이기 때문에 자주 곡소리가 들렸으며 일반 백성들도 지나가기 꺼리는 관문으로 알려졌다(서울특별시, 2012).

그런데 왕의 신분으로 이 문을 이용한 왕이 있었다. 인조는 병자호

광희문

란 당시 청나라 군사가 예상보다 빨리 도성에 접근하자 광희문을 통해 남한산성으로 피신하였다. 때문에 '빛(光)처럼 빛나다(熙)'라는 이름과는 달리 어두운 분위기가 짙은 '통곡문(痛哭門)' 또는 '시신문(屍身門)'이라고도 불렸다. 또한 문밖으로 나온 망자들을 위해, 유족들은 무당들을 불러 굿을 하며 넋을 위로했다.

지하철로는 동대문역사문화공원역 3번 출구로 나가는 것이 가장 가깝다. 1396년 조선 태조 이성계의 지시로 사소문 중 장충단에서 한강 사이에 있던 남소문이 없어진 뒤 세워지면서 '광희문'이란 이름이 처음으로 지어졌다. 1422년 세종 때 개축되었고 1719년 숙종 때 문루가 세워졌다. 일제 강점기인 1928년에 일부가 훼손되고 광희문 문루를 보수할 돈이 없다는 구실로 혜화문과 함께 철거해서 문루도 사라졌다. 1975년에는 도로 확장을 명목으로 홍예까지 철거했다.

박해 시기 서울과 수원, 용인 등 인근 지역의 천주교 신자들이 도성 안으로 들어왔고, 가혹한 고문 속에서 종교 배반을 강요당하다가 끝내 이를 거부함으로써 순교의 길을 가야 했다. 도성 안에서 참수치명(斬首致命: 참수형을 받아 순교함)한 순교자들의 시신은 짐짝보다도 못한 취급을 받으며 광희문 밖에 내다 버려졌으니 실로 생과 사의 갈림길이었다. 광희문 밖은 단순히 조선의 죄수와 무연고자들의 시신이 방치되었던 곳이 아닌 순교자들의 주검과 피를 통해 성화(聖化)된 중요한 성지라 할 수 있다(광희문 앞 표지판 내용 일부 인용).

죽어 가는 환자들 또한 이곳에 많이 모였다. 이 시대에도 물론 의사가 있었지만, 무당이 의사 역할을 하기도 하여 병환이 있는 이들이 무당을 찾아가 치유 의식을 치르기도 했기 때문이다. 이에 따라 광희문 바로 앞에 자연스럽게 신당이 하나둘씩 늘어났고, 이후 이곳에 신당이 많다 하여 '신당동(神堂洞)'으로 불렸다. 이후 갑오개혁 때부터는 한자어가 '신당동(新堂洞)'으로 바뀌어 오늘날까지 이어지고 있다.

도성팔문·도성구문 논쟁

그런데 조선조에 도성팔문 또는 도성구문 논쟁이 상당했던 것으로 보인다. 남소문(南小門)은 도성 초축 당시에는 존재하지 않았던 문이나, 1457년(세조 3) 한강 나루에서 광희문을 통해 접근하는 것이 길이 멀어 불편해서 마련한 문이다. 광희문과 별도의 문으로 오늘날 국립극장에서 한남동으로 넘어가는 고개에 있었던 문인데, 음양학적으로 좋지 않다는 이유로 1469년(예종 1)에 폐쇄하였다. 이후 다시 불편함을 호소하여 개통하자는 의견이 나왔지만, 결국엔 다시 열리지 않고 일제 강점기에 철거되었다. 남소문 추정지를 관통하는 장충로가 원지형에서 상당 부분 흙을 깎아 낮게 조성되었기 때문에 하부의 기초 유구는 모두 없어진 것으로 추정된다. 이 남소문은 거의 잊힌 문이 되어 숙종 연간에는 광희문과 혼동되기도 하였고, 이 문을 다시 여는 문제로 논란을 벌이기도 하였다.

『예종실록(睿宗實錄)』에서부터 '도성구문(都城九門)'이라는 표현이 나타난다. 도성을 잘 모르는 사람들이 오인한 것이 아니다. 현종 대 훈련도감 대장인 이완(李浣, 1602~1674)이 올린 장계에도 여러 차례 그렇게 나오는 것으로 보아 상당히 널리 공유되던 공식적인 인식이었다고 할 수 있다. 숙종 대에 여러 신하가 남소문을 열자는 주장이 제기되었으나 실현되지 못하였다(이현진, 2017). 영조 연간까지도 가끔 '도성구문'이라는 기록이 나타난다.

하지만 도성의 성문을 아홉으로 보는 것보다는 여덟으로 보는 인식이 지배적이었다. 숙종 연간에 남소문을 여는 문제로 논란을 벌이면서 도성의 문을 여덟 개로 보아야 한다는 주장이 제기된 예가 그런 경우이다. 정조 대에도 도성 문을 여덟으로 보는 생각이 널리 퍼져 있었다. 『육전조례(六典條例)』는 고종 초년에 편찬된 법전이다. 그 성지(城池) 조에 경성(京城)에 관한 내용이 나온다. 경성의 둘레는 89,610척이고 높이는 40척 2촌이다. 여덟 개의 문이 있다. 정남을 일러 숭례문, 정북을 일러 숙정문, 정동을 일러 흥인문, 정서를 일러 돈의문, 동북을 일러 혜화문(국초에는 홍화문이라고 하였는데, 창경궁의 동문도 홍화문이라고 하므로 중종 신미년 1511년(중종 6)에 지금 이름으로 고쳤다), 서북을 일러 창의문, 동남을 일러 광희문, 서남을 일러 소덕문(지금 이름은 소의문이다. 1744년(영조 20)에 성문에 문루가 없는 곳에 모두 문루를 세웠다)이라 부른다(홍순민, 2016).

광희권 성곽마을

광희문을 지나 장충체육관 방향으로 걷다보면 '다산과 광희 · 장충 속으로 도성 가온 성곽마을' 표지판이 보인다. 도로변 대형 주택의 담벼락 밑을 보면 성곽 벽돌을 가져다 쓴 흔적이 역력히 보인다. 드문드문 골목 안쪽 낡은 주택 아래나 좁은 골목길 축대의 일부 성돌이 여행자들의 안타까움을 더할 뿐이다. 해방 후 1960~'70년대에 신축된 주택들 역시 성벽을 파괴하거나 담장 혹은 축대로 사용하였다. 부자촌에서부터 성곽 유구는 사라진다. 저택들이 성곽 위에 지어졌기 때문이다. 1980년대 후반부터는 장충동의 부자들이 강남으로 이사하기 시작하면서 이곳의 명성은 빛을 잃었다(곽경근, 2021.06.13.).

장충단길 민주평화통일자문회의 정문과 남산 제이그랜하우스의 담장, 축대 등은 한양도성의 성돌을 옮겨 쌓은 것이다. 남산 제이그랜하우스 담장에는 '경주시(慶州始)'가 새겨진 성돌이, 자유센터 출입구 축대에는 '강자육백척(崗字六百尺)'이 새겨진 성돌이, 반얀트리클럽 & 스파서울(옛 타워호텔) 뒤편 축대에는 '검자육백척(劒字六百尺)'이라 새겨진 성돌이 있다.

광희문 달빛로드 안내도

2023년 도보관광 야행(夜行) 프로그램에 '광희문 달빛로드 역사투어'가 선정되어 운영되었다. 동대문역 6번 출구에서 집결하여 한양도성 지도를 배포하고 흥인지문, 오간수교, 이간수문,

DDP, 광희문까지 걸으면서 해설을 듣는다. 2021년에는 2개 코스가 운영되었다. 1코스는 광희문과 광희문성지순교현양관, 시구문 시장 터, 대장간 거리가 포함되었고, 2코스에는 광희문, 광희문 중앙아시아 거리가 포함되어 있었다. 광희문을 거쳐 다음 코스로 가는 길에 대장간 거리가 있다. 서울 시내 한복판에 조선시대부터 존재했던 대장간이 밀집되어 있어 '풀무재'라고 불리는 곳으로 한때는 160여 개에 달했다고 한다. 지금은 몇 개 남지 않아 아쉬움을 더할 뿐이다.

장충동 족발골목과 먹자골목

중구 장충동의 맛집 하면 족발골목을 빼놓을 수 없다. 50여 년 전 지금의 장충동 족발 거리에서 조금 떨어진 곳에 만정빌딩이라는 건물이 있었는데 그곳에 족발집 두 곳이 문을 열면서 장충동 족발집의 역사는 시작됐다. 장충동 족발은 1970년대 후반과 1980년대 초반을 거치면서 이름을 타게 되고 덩달아 지금의 족발 거리에 식당들이 줄지어 생기기 시작했다. 이렇게 만들어지기 시작한 게 장충동 족발거리다.

> 한국전쟁 때 남으로 피난 온 실향민들이 생계를 위해 팔기 시작한 음식이 바로 족발이다. 그러니까 이곳에 족발집이 들어서기 시작한 것은 50여 년 전이다. 장충체육관이 생기고 사람들이 몰려들자, 이들을 상대하는 선술집들도 생겨났다. 그중 평안도 출신 실향민이 운영하는 선술집에서 궁리 끝에 개발한 것이 족발이란다. 황해도에서는 지금의 족발 비슷한 '돼지족발 조림'을 옛날부터 먹었다고 하니 족발의 기원은 확인할 수 없으나, 지금 우리가 먹고 있는 족발이 시작된 곳이 장충동이라는 사실은 확실한 듯하다(네이버지식백과 대한민국 구석구석 여행이야기 참조).

장충동 족발골목에는 저마다 원조임을 주장하는 족발집 여러 곳이 성업 중이다. 허영만 화백의 만화『식객』은 이 중 '평안도족발집' 이경순 할머니를 족발 메뉴 개발자로 소개하였다. 그때부터 지금까지 사람들의 변치 않는 사랑을 받으며 수십 년 동안 족발거리의 명성을 지켜온 것은 푸짐하고 맛 좋은 족발 때문일 것이다.

장충동에서 현대사의 흔적을 느낄 수 있는 곳은 장충체육관과 장충단공원뿐만 아니다. 장충동 족발골목도 우리네 현대사의 기억이 고스란히 남아있는 곳이다. 안타깝게도 최근에는 족발집이 크게 줄어들어 족발골목의 위상이 떨어지고 있으며, 반대로 건너편 태극당 부근 지역이 '장충동 먹자골목'으로 더 부상하고 있다.

장충동 먹자골목 전경

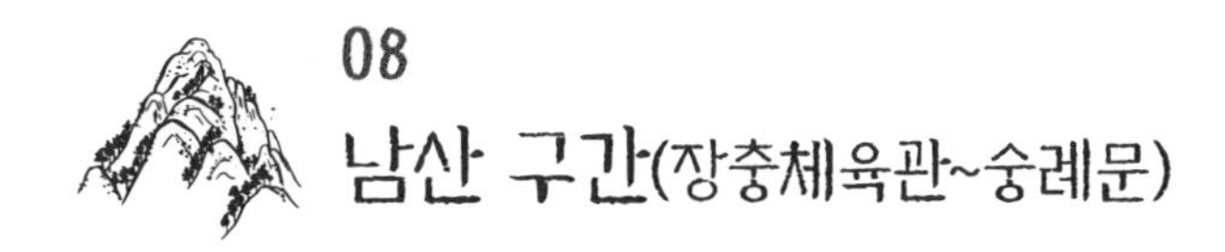

08 남산 구간(장충체육관~숭례문)

서울시의 한양도성 구분에서는 광희문부터 숭례문까지를 남산 구간으로 설정하고 있으나 지형상, 그리고 교통편 및 접근성의 관점에서 장충체육관부터 숭례문까지를 남산 구간으로 설정하는 게 합리적이다. 이에 따라 이 구간을 장충체육관과 장충단공원, 남산성곽길, 남상 정상부, 백범광장 권역, 남산공원과 남산둘레길로 구분하여 살펴보고자 한다.

장충체육관과 장충단공원

다산성곽길

광희문에서 장충체육관까지 없어진 한양 도성길을 걸으면 한양도성 성곽 잔존구간이 나온다. 630m에 달하는 '다산성곽길'이 그것이다. 다산성곽길을 걷다 보면 우측에 한양도성의 성곽 수축의 역사를 알아볼 수 있는 표지판이 있다. 그리고 이 구간에 여러 개의 각자성석이 보이는

데, 첫 번째는 경상도의 경산현(慶山縣, 지금의 경산시) 백성들이 공사를 담당한 구간의 시점을 표시하고, 두 번째 것은 경상도의 흥해군(興海郡, 지금의 포항시 흥해읍) 백성들이 공사를 담당했다는 것을 표시한 것이다.

경상도의 경산현(지금의 경산시)
백성들이 공사 담당

경상도의 흥해군(지금의 포항시 흥해읍)
백성들이 공사 담당

한양도성 장충동 다산성곽길 구간의 시작은 장충체육관이다. 장충체육관부터 다산팔각정, 국립극장, 남산북측순환로, 남산골 한옥마을까지는 4.5km(약 75분 소요)는 서울시 중구청에서 성, 마을, 예술이 함께하는 '중구 건강 올레길'로 지정하였다. 장충체육관을 끼고 신라호텔 면세점 뒤편으로 비밀의 정원으로 들어가는 것 같은 산책길이 있다. 장충동 한양도성 다산성곽길이다. 오른쪽엔 호텔신라 야외정원과 왼쪽으로는 야트막한 성곽이 이어진다. 성안인 호텔과 성 밖 주택가 사이 감추어진 비밀의 길이다.

장충체육관 뒷길 평지 부의 석성은 대부분 세종 때 새로 쌓은 것인데, 옥수수알 모양으로 다듬은 돌을 사용했으며, 상대적으로 큰 돌을 아랫부분에 놓아 균형을 유지했다. 다산 성곽길에서는 시대별 축성기법의 차이를 관찰할 수 있다. 이 형태의 성벽은 장충체육관 뒷길에서 잘 볼 수 있다. 성벽을 유심히 살펴보면 '생(生)' 자(천자문 42번째)와 '곤(崑)' 자(천자문 47번째)가 새겨진 각자성석(刻字城石)을 찾을 수 있다 이 구간의 성벽은 경상도에서 올라온 사람들이 쌓았다.

다산성곽길을 따라 서울 중구 동호로17길 180번지쯤에 가니 '성곽마을 마당'이 보인다. 2022년 9월 23일 성곽길 가로막은 무허가 건물을 허물고 한양도성 남산구간의 경관을 복원하는 계기가 되었다. 성곽마을 마당은 전망쉼터, 성곽 쉼터, 잔디마당으로 나뉜다. 전망쉼터는 성곽길 전망을 편안하게 감상할 수 있도록 나무 데크로 포장된 바닥 위에 벤치를 설치하고 그늘을 만들 나무를 심었다. 성곽 쉼터 벤치에서 내려다보면 수목과 화초류로 아기자기하게 꾸민 정원이 한눈에 들어온다. 한양도성을 따라 이어진 다산 성곽길과 마을 전경까지 감상할 수 있는 명당이다(시정일보, 2022. 09. 28.).

다산성곽길 변 한양도성

장충체육관

장충체육관은 1955년 6월 육군체육관으로 처음 자리를 잡았다. 당시는 실내체육관이 아닌 노천 체육관이었는데, 1963년 대한민국 최초의 돔 경기장으로 다시 개관하였다. 장충체육관은 1980년대 올림픽 경기장들이 생기기 전까지만 해도 우리나라를 대표하는 경기장이자 공연장이었다.

이곳에서 대한민국 최초의 복싱 세계 챔피언이었던 김기수의 타이틀 매치가 열렸고, '박치기왕' 김일이 일본의 안토니오 이노키와 경기를 벌였고, 박정희와 최규하, 전두환이 통일주체국민회의를 통해 간선제 '체육관 대통령' 자리에 올랐고, 농구대잔치가 시작되었고, 대학가요제가 열렸고, 마당놀이가 전성기를 맞았다. 이곳에서 열린 주요 이벤트만 살펴보아도 대한민국 현대사가 그려질 정도다. 하지만 서울 아시안게임과 올림픽을 거치면서 새로운 경기장이 속속 생겨난 뒤로는 옛 영광을 잃고 추억으로 남았다.

그러던 지난 2012년에 대대적인 리모델링 공사에 들어가 2년 8개월 만에 새 단장을 마치고 다시 문을 열었다. 가장 눈에 띄는 변화는 현대화된 외관이다. 기존의 장충체육관 돔 지붕을 살리면서도 부채춤과 강강술래, 탈춤에서 모티브를 따온 디자인 요소를 가미해서 역동성을 살렸다. 체육관 내부 공간을 넓히고 관람석 수는 줄여서 한층 편안한 관람 환경을 조성했다. 스포츠 경기뿐 아니라 뮤지컬, 콘서트 등 공연이 가능하도록 최첨단 음향과 조명, 전광판 등 시설도 갖췄다. 지하철 3호선 동대입구역에서 체육관까지 지하 연결 통로가 생기면서 접근성도 좋아졌다. 체육관 내부의 원형 코트는 배구, 농구, 핸드볼 경기가 가능하고 각종 문화행사가 개최되고 있어 도심 속에 있는 스포츠와 문화복합 시설의 기능을 하고 있다.

호텔신라

호텔신라는 외국의 고위급 손님이 왔을 때 주로 사용하는 영빈관으로 우리나라의 대표급 호텔이다. 1960년대 말 당시 박정희 정부가 호암

이병철 삼성그룹 회장에게 특급 호텔 건립을 부탁했다. 이에 따라 1973년 2월 삼성그룹 산하에 호텔사업부를 발족했다. 해외에서 방한하는 국빈들을 접대할 장소가 필요해지면서 국가에서 직영하는 영빈관을 열었고, 이를 삼성그룹에서 인수하여 호텔을 세워 1979년 3월 8일 신라호텔로 개관하였다.

호텔 건물 바로 옆에 있는 한옥이 바로 1973년 인수한 영빈관 건물이다. 현재는 리모델링하여 호텔의 연회장으로 쓰이고 있다. 규모가 크지 않은 만큼 소소한 결혼식이나 기업 관련 조그마한 행사 위주로 운영되고, 한옥 뒤 뜰에서 야외 행사도 가끔 한다. 호텔신라 경내에서 성곽의 여장 부분을 확인할 수 있으며, 이 여장을 따라 산책로를 내었고, 산책로를 따라 조각공원을 조성하였다. 이 산책로를 오르다 보면 길옆의 바위에 박정희 전 대통령이 즐겨 쓰던 '민족중흥(民族中興)'이라는 휘호를 각자한 바위가 눈에 띈다.

호텔 신라 및 영빈관

장충단공원

장충동이란 지명의 기원이 된 장충단공원은 장충체육관 건너편에 붙어 있다. 본래 장충단은 명성황후가 시해당한 을미사변 때 피살된 시위연대장 홍계훈(洪啓薰)과 궁내부대신 이경직(李耕稙) 등을 기리기 위해 대한제국 고종이 쌓은 제단이었다. 1900년 고종의 명으로 세워졌는데, 다음 해부터는 을미사변뿐 아니라 임오군란과 갑신정변 때 순국한 문신들도 함께 배향했다. 그러나 사당은 일제 강점기에 사라지고 지금은 비석과 터만 남아있다. 순종이 황태자 시절 썼다는 비석의 글씨만 이곳에 장충단이 있었다는 사실을 증언하고 있을 뿐이다. 장충단공원은 장충단비, 장충단 기억의 공간 전시실, 사명대사 동상, 이준 열사 동상 등이 있으며 수표교 아래 실개천과 생태연못이 있다.

장충단공원은 장충체육관 못지않은 현대사의 현장이다. 1957년 이곳에서 이승만 독재를 성토하는 시국 강연회에 서울 시민 20만여 명이 모였었다. 1959년에는 청계천 복개 공사를 하면서 조선시대 청계천의 수위를 재던 수표교를 이곳으로 옮겨왔다. 1971년에는 대통령 선거에서 맞붙은 박정희와 김대중이 시민 100만여 명을 모아놓고 유세 대결을 펼치기도 했다. 지금은 새롭게 조성된 공원이 삭막한 도시에 지친 사람들의 휴식 공간이 되어주고 있다.

장충단공원의 수표교

남산성곽길

사라진 남소문

비교적 성곽이 잘 보존된 장충체육관 뒤편 다산성곽길을 오르다 보면 다산팔각정이 보이는 지점에서 안타깝게 성곽길은 끝난다. 자유센터와 구 타워호텔을 건축하면서 성곽을 헐어내 성돌로 건물 축대와 담장을 쌓았다. 그리고 우수 조망명소로 성곽 마루를 지나면 성곽멸실 구간이 나타나 반얀트리호텔, 한국자유총연맹 방향으로 우회하여 국립극장을 넘어가게 된다.

국립극장은 1973년 장충동에 건립된 국립 공연 · 예술 종합 극장이다. 1974년 광복절 경축식 행사 도중 육영수 여사가 저격당한 장소이기도 하다. 해오름극장(대극장), 달오름극장(소극장), 별오름극장, 하늘극장(원형 야외무대) 등이 있다. 1950년 창립한 국립극장은 1973년 10월 현재 위치로 이전했다. 개관 당시에 약 1,322㎡ 넓이의 무대와 3개 층 1,494석의 객석, 당시로서는 최첨단 시설인 회전무대, 수동식 장치 봉 등을 갖추었다.

한양도성 성문은 사대문과 사소문 외에 '남소문(南小門)'이 더 있었다. 남소문은 1457년(세조 3) 도성 안에서 광희문을 통해 한강으로 가는 길이 멀다는 이유로 새로 만든 문이다. 반얀트리클럽 & 스파서울 호텔 뒷문 오른쪽 오르막길 가에 '남소문 터' 표지석이 있다. 남산 국립극장에서 현재의 장충단로를 따라 한남동으로 넘어가는 고갯마루에 있었다. 표지석에는 "서울의 소문으로 세조 때 세우다. 1469년(예종 원년) 음양설에 따라 철거, 그 후 일제 강점기 주초마저 없어지게 되었다"라고 기록돼 있다. 표지석을 통해 짧았던 남소문의 흔적을 가늠할 뿐이다.

남소문 터

국립극장을 지나 남산 방면으로 올라가면 중구 예장동 일대에 있는 북측 사면 신갈나무 숲과 남측 사면 소나무 숲을 '남산 생태 · 경관보전지역'으로 지정하고 있다. 이 지역은 서울특별시에서 보기가 드문 대규모 신갈나무가 북측 사면에 집단으로 군락지를 형성하고 있어 2006년 6월 27일 서울시가 생태 · 경관보전지역으로 지정하였다. 남산의 신갈나무 군락지는 중부지방에서 숲의 생태계 중 대표적인 수종인 참나무류로 바뀌는 생태적 특징이 있다. 또한 애국가에 등장하는 남산의 소나무는 우리 민족의 기상을 상징하는데 남산의 남측 사면에 있는 자생(65년 이상) 소나무 약 500주를 포함한 소나무 군락지가 보호 가치를 인정받아 2007년 12월 27일 추가로 생태 · 경관보전지역으로 지정되었다. 이와 별도로 서울시는 서울의 대표적인 공원인 서울숲과 서울의 역사가 담겨있는 남산을 연결하는 서울숲 · 남산길을 자연과 역사, 문화를 동시에 접할 수 있는 '도심 속 체험산책로'로 지정하였다.

남산 생태·경관보전지역 안내판

나무계단길과 각자성석

남산의 성곽을 따라 남산 정상부로 가는 남산둘레길 초입에 '나무계단길'은 높은 경사도를 보인다. 1396년(태조 5)에 석축한 석성이 이미 600여 년이나 지났지만 아직도 초축 당시의 모습을 유지한 성벽이 상당 부분 남아있다. 특히 남산의 동쪽 능선을 따라 조성된 나무계단길 옆에 태조 때 쌓은 성벽이 길게 이어져 있다. 나무계단길에서 서면 가깝게는 신라호텔, 성동구와 멀리는 북악산과 북한산까지 조망할 수 있다. 일부 성곽은 배부름 현상, 석재 균열, 수목 생장 등이 나타나 붕괴 위험을 보이기도 하였지만, 옛날 축조된 도성의 모습을 잘 간직하고 있다. 나무계단길을 지나면 성곽길 안쪽으로 숲속을 통하여 정상으로 올라가야 한다. 남산서울타워가 하나둘 보이면서 순성 걸음의 속도는 빨라지게 된다.

나무계단길에서 바라본 서울 도심

남산 정상부에 도달하기 직전 한양도성의 각자성석이 눈앞에 다가온다. 이 각자성석은 1396년(태조 3) 한양도성을 처음 축성했을 때 공사의 실무관료를 임명하고 그에 따른 책임을 묻기 위해 도성이 완공된 후 성돌에 새겨 넣은 것이다. 이러한 각자성석은 도성의 역사성을 나타내주며 당시 도성 관리가 철저하였음을 보여준다.

남산 정상부

남산 정상

남산 정상 입구 쪽 순환버스 정류장까지 올라오니 내국인뿐만 아니라 외국인들도 '물 반 고기 반'처럼 큰 비중을 차지하고 있다. 많은 외국관광객이 20~30분간 전망대 의자에 앉아 서울풍경을 눈에 담아가느라 여념이 없다. 워낙 많은 관광객이 몰려듦에 따라 각종 편의시설, 레스토

서울풍경을 담는 여행객

랑, 기념품점, 비지터센터, 전망대, 케이블카 등 방문자 경제(visitor economy) 시스템이 잘 구축되어 있다는 느낌을 받았다. 600년 전 서울의 남쪽 산에 불과했지만 이제 남산 정상에 '서울의 중심점' 표식이 왜 있는가를 보여준다. 보신각이 한양도성의 중심점 역할을 하였다면, 남산이 서울의 중심이란 사실은 남산을 올라보면 안다.

남산은 서울의 중심부에 있는 서울의 상징 공간으로서 높이는 해발 265m로서 본래 이름은 인경산이었으나 조선조 태조가 1394년 풍수지리에 따라 도읍지를 개성에서 서울로 옮겨 온 뒤에 남쪽에 있는 산이므로 '남산'으로 지칭하였고 풍수지리상 안산으로 중요한 산이다. 나라의 평안을 비는 제사를 지내기 위하여 산신령을 모시는 신당을 세워 목멱대왕 산신을 모시고 있어 목멱신사라고 불리고 이때부터 인경산은 목멱산으로 불렸다. 남산은 중구와 용산구의 경계에 있다. 남산의 한자 표기는 南山인데, 그 뜻은 '앞산'을 뜻하는 것으로 유래는 조선시대의 궁궐인 경복궁에서 바라보면 바로 앞이 남산이기 때문이라고 한다.

남산팔각정과 봉수대 터

남산팔각정

남산 정상에서 과거 국사당 터였던 남산팔각정과 한반도 봉수대의 중심인 남산 봉수대 터를 답사하면서 우리 역사에서 남산의 중요성을 이해할 수 있었다. 조선 태조는 남산을 목멱대왕으로 삼고 이 산에서는 국태민안(國泰民安)을 기원하는 국가 제사만 지낼 수 있게 하였다. 1925년 일제가 남산에 조선신궁을 지으면서 국사당은 인왕산 기슭으로 옮겨졌다. 남산팔각정은 1959년 이승만 대통령을 기리기 위해 지어진 우남정을 1960년 4 · 19혁명 때 철폐한 후 1968년 11월 11일 건립된 역사가 있다. 팔각정은 남산 정상에 세워져 있어 서울 시내가 눈 아래 펼쳐진다.

한편 봉수대는 횃불과 연기를 이용하여 급한 소식을 전하던 옛날의 통신수단을 말한다. 높은 산에 올라가서 불을 피워 낮에는 연기로 밤에는 불빛으로 신호를 보냈다. 목멱산 봉수대는 조선시대 전국 팔도에서 올리는 봉수(烽燧)의 종착점이자 중앙 봉수대로서 중요한 역할을 담당하였다. 남산봉수대는 1394년(태조 3)에 도읍을 한양으로 옮긴 뒤 설치하여, 갑오경장 다음 해까지 약 500년간 사용됐다. 남산의 옛 이름을 따서 목멱산 봉수대라 하기도 하고, 서울에 있다 하여 '경봉수대'라 부르기도 하였다. 남산봉수대는 전국의 봉수가 도달하게 되는 중앙 봉수대로서 중요한 역할을 담당하던 곳이다.

남산서울타워

남산 정상에 우뚝 솟은 전망 탑으로 해발 480m 높이에서 360도 회전하면서 서울시 전역을 조망할 수 있는 명소이다. 1969년 수도권에 TV와 라디오 전파를 송출하는 종합 전파탑으로 세워졌다가 1980년부터 일반에 공개됐다. 이후 대대적인 보수를 거쳐 2005년 복합 문화공간인 남산서울타워로 재탄생하였다. 남산서울타워 전망대 2층(T2)에서는 서울 한양도성에 관한 다양한 이야기를 만날 수 있다.

남산에 올라갔을 때 보이는 진풍경은 바로 커플들이 영원한 사랑을 맹세한다는 의미를 담아 남산서울타워 밑 철망에 매단 자물쇠가 빽빽이 박혀있는 모습이다. 세계 어디에 가도 볼 수 없는 진풍경이다. 남산 정상에는 우수 전망 장소도 많은데, 남산 중턱에 있는 잠두봉 포토아일랜드에서 많은 사람이 서울 시내를 조망하거나 사진을 찍는 데 여념이 없다. 잠두봉은 남산의 서쪽에 위치하는 봉우리로 깎아지른 듯한 바위의 형상이 누에머리(잠두, 蠶頭)를 닮았다고 하여 유래된 지명이다.

남산서울타워

백범광장 권역

한양도성 유적전시관

한양도성 유적전시관은 과거 남산 분수대가 있던 자리였는데, 2013년부터 한양도성 발굴 작업을 끝내고 야외전시관으로 2020년 11월 개장했다. 한양도성 유적(1396), 조선신궁 배전 터(1925), 남산 분수대(1969) 등을 포괄하는 유적전시관 권역에서는 조선시대 축성의 역사, 일제 강점기의 수난, 해방 이후의 도시화, 최근의 발굴 및 정비 과정을 모

한양도성 유적전시관

두 볼 수 있다.

발굴 작업으로 드러난 조선시대 한양도성의 성벽과 각자성석이 전시되고 있다. 발굴한 성벽 유적의 바깥쪽을 따라 걸으면서 시대에 따라 성벽 축조 양식이 달라지는 것, 그리고 성벽을 만들 때 사용한 나무 기둥을 박은 흔적을 볼 수 있다. 전시한 성벽 유적으로부터 남산서울타워 쪽으로 더 산기슭을 따라 올라가면 각자성석이 나온다. 관람객이 성벽을 관찰하기 편하도록 성벽을 아크릴로 감싸 보존하는 대신 가림막을 세워 비로 인한 풍화를 막도록 했다. 조선시대에 성벽을 쌓으면서 인부 집단마다 담당구역을 나누어 천자문의 순서에 따라 이름을 매기고, 성벽의 어느 돌 위에 '○字△△尺'이라고 새겼다. 이렇게 글자를 새긴 성벽의 돌을 '각자성석(刻字城石)'이라고 부른다. '글자를 새긴 성벽 돌'이라고 한자로 지은 명칭이다. 한양도성 유적전시관 구역에는 내자육백척(柰字六百尺)이라고 새긴 각자성석이 있다. 천자문 순서에 따르면 60번째 '내(柰)' 자에 해당하는 600척 구간이라는 뜻이다.

성벽 흔적의 안쪽, 유적전시관의 입구 가까운 쪽에는 구 남산식물원 시절의 명물이었던 분수대가 남아있다. 분수대로부터 조금 더 위쪽으로 가면 콘크리트로 만든 옛 조선신궁의 배전(拜殿) 터가 나온다. 분수대는 1969년 남산식물원 앞에 세워진 것으로 둘레는 20m로 당시에는 국내에서 가장 큰 분수였다.

안의사광장

남산 자락에는 11개의 동상이 세워져 있다. 그중 안중근 의사의 동상이 자리한 안의사광장은 남산 회현 자락의 중심 공간이라 할 수 있다. 안의사광장에는 수많은 휘호석들이 있는데, 그중 안중근 의사의 '국가안위 노심초사(國家安危 勞心焦思: 국가의 안위를 걱정하고 마음쓰고 애태운다)', '견리사의 견위수명(見利思義 見危授命: 이익을 보거든 정의를 생각하고, 위태로움을 보거든 목숨을 던져라)', '인무달려 난성대업(人無遠慮 難成大業: 사람이 멀리 생각지 않으면 큰일을 이루기 어렵다)', '일일부독서 구중생형극(一日不讀書 口中生荊棘: 하루라도 글을 읽지 않으면 입안에 가시가 돋아난다)'이 낯익게 다가온다. 애국지사인 안중근의 인간적인 풍모도 느끼게 한다.

백범광장

백범 김구선생 동상

안의사광장에서 내려오면 백범광장공원이 있다. 예전 어린이회관이 있던 건물은 서울과학전시관으로 바뀌어 있다. 남산공원을 오르내리는 도중 산 중턱에 있다. 백범광장 일대의 한양도성은 일제 강점기 조선신궁을 지을 때 모두 철거되거나 흙 속에 묻혔다가 최근 다시 쌓았다. 다만 지형 훼손이 심해 원형을 살릴 수 없는 구간에는 성벽이 지나던 자리임을 알 수 있도록 바닥에 흔적을 표시해 두었다. 원래 이승만 대통령의 동상이 있던 곳이었으나 4 · 19혁명 이후 이승만 대통령의 동상을 허물었다. 1968년 8월 백범광장을 만들면서 김구 선생의 동상을 세웠다. 동상 앞으로 넓은 잔디밭이 조성되어 있고 남산으로 오르는 길이 나 있다. 공원 내에는 삼국을 통일한 김유신 장군의 기마상이 있고 성재 이시영(李始榮) 선생 동상과 호현당(好賢堂)이 있다. 백범광장을 지나 남대문 방향으로 내려오면 회현 자락 힐튼호텔 건너편에 복원된 도성의 모습이 보인다.

남산공원과 남산둘레길

남산공원

남산공원은 총면적은 102만 9,300㎡로 서울에 있는 공원 중에서 가장 넓은 시민공원이다. 처음 세워진 공원은 1897년에 문을 연 왜성대공원(倭城臺公園)으로 임진왜란 때 왜병의 주둔지인 것을 일본인들이 기념하기 위해 세웠다. 1908년에는 현재 남산 3호터널 부근에 한양공원(漢陽公園)이 조성되었으며 1910년에 다시 시민공원으로 개장하였다.

1940년 3월 12일 공원으로 지정하여 1968년 9월 10일에 개원하였으며 1991년부터 8년간 '남산 제모습 가꾸기' 사업으로 공원 내 부정적 시설 89동을 이전하고 야외식물원을 조성하는 등 중구 예장동, 회현동,

남산공원 안내도

용산구 한남동 일대를 대대적으로 복원, 정비하여 시민들에게 휴식과 맑은 공기를 제공하며 여가생활의 중심지로 거듭난 공원이다.

생태 · 경관보전지역은 「자연환경보전법」에 의거 환경부장관이 지정하며, 시 · 도지사는 생태 · 경관보전지역에 준하여 보전할 필요가 있다고 인정되는 지역을 시 · 도 생태 · 경관보전지역으로 지정한다. 전국에 환경부 지정 9개소, 시도지사 지정 24개소 총 33개소가 있으며, 서울의 경우 17개소가 지정되어 있다. 한양도성 중에는 남산, 창덕궁 후원. 인왕산, 백사실계곡 4개소가 지정되어 있다(한봉호, 2014.09.17.).

서울시는 2020년 3월 '지속가능한 남산 프로젝트'를 발표하면서 자연생태의 상징이자 서울 시민들의 안식처인 남산의 생태환경을 지키면서도 시민을 위한 여가 공간을 조성하는 새로운 접근 방안을 제시하였다. 이 프로젝트는 '남산의 생태환경 보전'과 '쾌적한 시민 여가공간 조성'이 조화와 균형을 이룰 수 있도록 추진하는 데 있다. 남산에 대한 시민들의 접근 편의성을 높이고 남산이 지닌 생태적 가치를 회복하는 친환경적인 접근으로 지속 가능한 남산의 미래를 만들어 간다는 목표다(에코저널, 2023.06.19.). 2023년 6월 19일 오세훈 서울시장이 '남산 르네상스' 구상을 발표한 바 있는데, 핵심 사업은 2025년까지 남산스카이워크(명동역~정상까지 곤돌라 설치하는 것) 사업과 생태 · 경관보전지역의 확대이다. 한마디로 말해 남산의 이용과 보전을 좀 더 강화하려는 것이다.

남산둘레길

서울의 중심 남산을 만끽할 수 있는 남산둘레길은 북측순환로와 남측의 숲길을 이은 총 7.5km의 산책로이다. 남산둘레길은 남산공원 중

도보로 즐길 수 있는 5가지 테마로 즐기는 특별한 남산 이야기를 제공한다. 남산둘레길은 북측순환로, 산림숲길, 야생화원길, 자연생태길, 역사문화길 5가지가 있다. 서울시의 남산둘레길 안내자료를 정리하면 다음과 같다.

첫째, 사계절 사랑받는 '아름다운 산책길'인 북측순환로이다. 남산케이블카 앞 북측순환로 입구 쉼터에서 국립극장 앞 남산 순환버스 정류장까지 3,420m에 이르는 길로 차량과 자전거의 통행을 금지해 쾌적하게 걷는 즐거움을 만끽할 수 있다. 남산둘레길 중 가장 길고 넓은 구간으로 경사도 완만하다. 사계절 내내 사랑받는 산책 명소로 벚꽃이 피는 봄과 단풍이 물드는 가을에는 특별한 아름다움을 느낄 수 있다.

둘째, 더 가까이 남산의 자연을 만나는 '산림숲길'이다. 남산 순환버스 정류장에서 야생화원에 이르는 910m의 길로 대부분이 숲길 코스이다. 북측과 남측의 둘레길을 연결하기 위해 새로 조성되었다. 남산둘레길에서 자연과 가장 가까운 길로 나뭇잎이 옷깃을 스치고 새소리가 귓전을 울린다. 남산의 산림을 가까이서 접할 수 있고 걷다 보면 숲 한가운데 있다는 느낌이 든다.

셋째, 야생화 가득한 자연학습장의 명소 '야생화원길'이다. 남산 야생화공원에서 야외식물원 쉼터에 이르는 880m의 길로 꽃과 나무를 감상하며 쉬엄쉬엄 산책하기에 좋다. 야생화공원에는 다양한 나무와 화초류가 자라고 있으며 팔도 소나무단지에는 전국에서 온 소나무들이 군락을 이루고 있다. 다양한 생태체험프로그램을 지원하는 공원 이용지원센터와 한남유아숲체험장도 있어 자녀와 함께 둘러보기에 좋다.

넷째, 숲속 작은 동식물들과 친구가 되는 '자연생태길'이다. 야외식물원 쉼터에서 소월시비 쉼터까지 이어지는 1,650m에 이르는 산책길

남산둘레길

로 다소 가파른 경사가 있는 구간이다. 무분별한 샛길로 산림이 훼손된 부분을 정비하여 산림생태계를 복원했으며 소생물서식지, 남산제비꽃 군락지 등 생태자원이 풍부하다. 남측순환로와 합류하는 구간에서는 길 양옆으로 벚나무를 볼 수 있다.

다섯째, 역사의 숨결 이야기가 되는 '역사문화길'이다. 소월시비 쉼터에서 북측순환로 쉼터에 이르는 640m의 길로 서울역과 회현동 방면에서 남산공원으로 진입하면 백범광장을 지나 이 길과 합류한다. 남산도서관, 안중근의사기념관, 서울시교육연구정보원, 호현당, 삼순이 계단 등 역사 문화자원을 함께 둘러볼 수 있다. 서울한양도성 길과 맞닿아 있고 중앙계단 길을 이용해 남산을 오르기에 좋으며 남산서울타워까지 약 30분 정도 소요된다.

3부

한양도성의 미래 제시하기

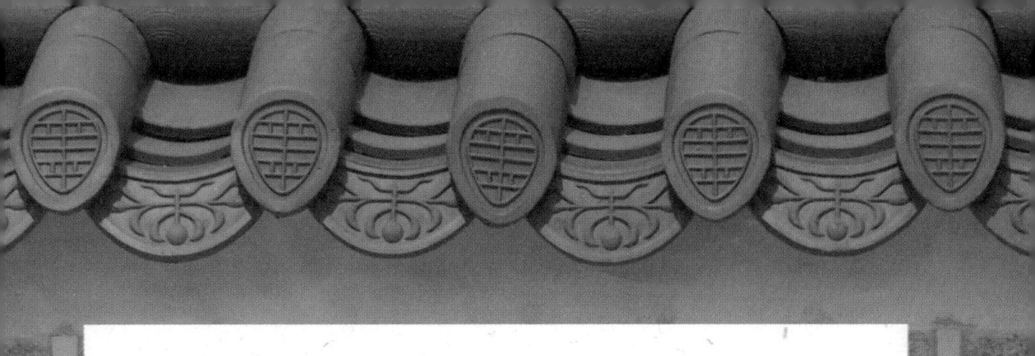

제3부는 한양도성의 '미래'에 대한 대안 제시이다. 제2부에서 한양도성 주변 지역에 대한 답사를 통해서 단순히 '순성길 따라 답사하기'에 그치는 것이 아니라 서울관광의 미래를 이끌어갈 '테마여행 10선 코스'를 제안하는 데 초점을 두었다.

일단 첫째로 서울의 상징물에 해당하는 역사문화 콘텐츠를 찾아내는 데 관심을 두었다. 그리고 전 세계 도시 중 궁궐을 가지고 있는 도시가 거의 없다는 점에서 5대 고궁을 제일 먼저 선정하였다. 그런데 최근 청와대가 개방됨에 따라 한때 경복궁의 후원 역할을 하였다는 점에서 청와대를 포함한 '서울 고궁촌(5^{+1}) 코스'를 개발하였다. 다음은 한국의 대표적인 전통적인 건축양식인 한옥도 미래형 테마여행 콘텐츠로 각광을 받을 수 있다는 점에서 서촌, 북촌, 중촌, 남촌에 산재한 대표적인 한옥을 묶어 '서울 한옥길 코스'를 개발하였다.

둘째는 서울의 생태적인 측면에 관심을 두고 청계천과 전통정원에 주목하였다. 먼저 청계천을 청계광장에서 한양대 옆 살곶이다리까지 역사길, 활력길, 휴식길, 생태길로 구분하여 구간별 특징적인 콘텐츠를 발굴하였다. 다음으로 한국의 대표적인 전통정원을 찾아내 국내외 관광객들에게 체험 기회를 제공할 필요가 있다. 그리하여 한양도성 내외의 대표적인 물(水)과 관련된 전통정원으로 창덕궁 후원, 경복궁 향원정, 청와대 녹지원, 백사실계곡과 백석동천, 대원군의 별장 석파정을 연결하는 '서울 전통水정원길 코스'를 찾아냈다.

셋째는 한국과 한양도성을 상징하는 대표적인 인물에 착안하고 외국인들에게도 인지도가 높은 세종대왕의 유적이 도심 권역에 많다는 점에서 이를 '세종대왕과 한글길 코스'로 묶었다. 서촌의 한글길과 세종대왕 나신 곳 표지석, 한글이 창제된 집현전 터, 그리고 한글가온길 주변의 주시경 마당, 주시경 생가터, 그리고 한글학회 주변 조형물들을 담았다. 여기에 세종예술의 정원, 세종로공원, 세종대왕상도 코스에 포함하였다.

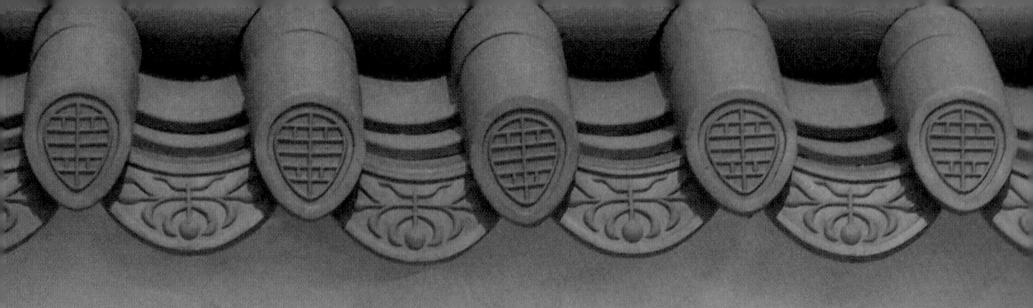

넷째는 근 · 현대에 들어와 서울에 들어선 다양한 시장과 문화공간, 그리고 종교문화를 각각 엮어내는 데 초점을 두었다. 우선 서울 시내의 문화지구와 관광특구를 연결하는 코스를 연계하였다. 관광특구인 명동 · 남대문 · 북창 관광특구, 종로청계 관광특구, 동대문패션타운 관광특구는 물론 문화지구인 대학로와 인사동을 도보여행 코스로 개발하였다. 다음은 한국인들의 삶의 철학을 형성하고 상호공존하며 발전되어 온 종교문화도 국내외 관광객들에게 호감이 될 수 있다는 점에서 천주교(서소문성지역사공원, 명동성당, 가회동성당), 기독교(정동제일교회, 대한성공회, 구세군, 승동교회), 불교(조계사), 기타 종교 관련 시설(천도교, 성균관 대성전)을 '한국 종교문화 코스'로 묶었다.

다섯째는 한양도성을 배경으로 살아왔던 성곽마을 주민들의 삶의 흔적과 현재의 모습도 관광자원 측면에서 중요하다. 그리하여 그동안 자생적인 성곽마을 활성화에 참여한 도성 밖의 행촌권역, 부암권역, 성북권역, 삼선권역, 창신권역, 다산권역 성곽마을을 선정하여 각 마을의 성장 과정, 주민들의 삶, 역사적 흔적 등을 개괄적으로 정리하였다.

여섯째는 서울시가 추진하는 국가상징가로 정책과 관련하여 보완이 필요한 사항에 초점을 두었다. 코스의 시 · 종점은 광화문 월대에서 시작하여 용산역 광장까지로 정하였다. 너무 길면 걷기가 곤란하다는 측면에서다. 그리고 채워야 할 콘텐츠는 구간 구간에 축적된 광장과 주변에 있는 주요 박물관을 연계시키는 것이다.

끝으로, 이 글은 한국의 대표적인 환대문화와 서비스 정신을 창출했던 관광원형들을 찾아내 이를 '자랑스러운 K-관광원형 코스'로 묶는 데 주력하였다. 조선 초기부터 존재하였던 관광방(觀光坊) 행정구역에서 시작하여 한국관광명품점, 청계천 변 하이커 그라운드, 롯데호텔 호텔박물관, 한국 최고(最古)의 호텔인 조선호텔, 그리고 지금은 흔적만 남아있는 손탁호텔 터, 태평관 터, 예빈시 터를 찾아내어 역사적 의미를 살피고자 하였다.

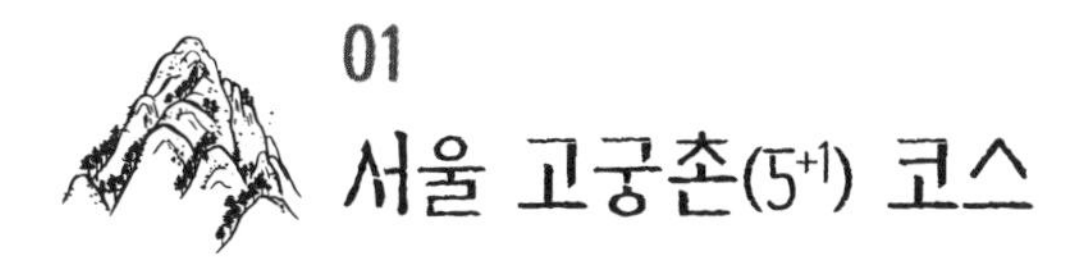

01 서울 고궁촌(5+1) 코스

선정 이유

서울이 국제 관광도시가 되기 위해서는 서울의 역사 원형인 서울 고궁촌을 체험을 바탕으로 연결하는 노력이 필요하다. 그동안 5대 고궁은 한국 관광 100선에 항상 선정될 정도로 높은 비중과 위상을 확보하고 있다. 『나의 문화유산답사기』의 저자 유홍준은 일본의 교토(京都)를 '사찰의 도시', 중국 소주(蘇州, 쑤저우)를 '정원의 도시'라면, 서울은 '궁궐의 도시'라 불러도 손색이 없다고 한다(유홍준, 2017a). 서울에는 경복궁, 창덕궁, 창경궁, 덕수궁, 경희궁 5개의 궁궐이 있는데, 세계 여느 역사 도시에도 한 도성 안에 법궁이 5개나 있는 곳은 없다. 맞는 말이다.

그렇다고 고궁에만 집착해서는 안 된다. 청와대가 궁은 아니지만 국사를 담당했던 공간이라는 점에서 5대 고궁과 함께 '서울 고궁촌(Seoul Palace Town)'으로 묶어 코스를 개발할 필요가 있다. 각각의 고궁 간 거리가 있어 걷기를 통한 연계 코스의 개발이 쉽지 않지만 시티투어 등을 통한 효율적 이용 방안을 마련할 필요가 있다. 서울 고궁촌 구성요소 중에서 고궁의 중요성을 떠나 접근성과 이동 경로를 감안할 때, 5[+1], 즉 덕수궁~경희궁~경복궁~청와대~창덕궁~창경궁의 순으로 답사를 해봤다. 코스 길이에 비해 코스의 볼거리와 콘텐츠가 풍부해 당일 코스보다는 2~3일 코스가 적합할 것이다.

주요 콘텐츠

덕수궁

서울특별시 중구에 있는 조선시대 고종의 거처로 이용된 궁궐이었다. 덕수궁은 처음 월산대군의 집터였던 것을 임진왜란 이후 선조의 임시거처로 사용되어 정릉동 행궁으로 불리다가 광해군 때에 '경운궁'으로 개칭되었다. 이후 1907년 순종에게 양위한 고종이 이곳에 머무르게 되면서 고종의 장수를 빈다는 의미에서 덕수궁(德壽宮)이라 다시 바꾸었다. 1897년(광무 1) 고종이 러시아공사관에서 이곳으로 거처를 옮긴 이후부터 중화전을 비롯하여 정관헌, 돈덕전, 즉조당, 석어당, 경효전, 중명전, 흠문각, 함녕전, 석조전 등 많은 건물을 지속해서 세웠다.

덕수궁은 고종의 재위 말년의 약 10년간 정치적 혼란의 주 무대가 되었던 장소로, 궁내에 서양식 건물이 여럿 지어진 것이 주목된다. 1907년 고종은 제위를 황태자에게 물려주었으며 새로 즉위한 순종은 창덕궁으로 거처를 옮겼다. 태상황(太上皇)이 된 고종은 계속 경운궁에 머무르게 되었는데, 이때 이름을 경운궁에서 덕수궁으로 바꾸었다. 1910년에

서양식의 대규모 석조건물인 석조전(石造殿)이 건립되었다. 1963년 1월 18일에 사적으로 지정되었다(네이버지식백과 참조).

덕수궁의 정전(正殿)은 중화전(中和殿)이다. 중화전 앞뜰에는 공식적인 조정회의나 기타 국가적인 의식이 있을 때 문무백관들의 위치를 표시한 품계석(品階石)이 어도(御道) 좌우로 배열되어 있다. 2중의 넓은 월대 위에 세워진 중화전은 창덕궁 인정전(仁政殿)과 같이 정면 5칸, 측면 4칸 규모의 다포계 팔작지붕을 하였다. 원래 중화전 영역 주위에는 장방형으로 2칸 폭의 행랑이 둘러 있었으나, 일제 강점기에 모두 철거되고, 현재는 동남부 모퉁이의 7칸만 남아있다.

덕수궁 내에 서양식 건물이 들어선 것은 19세기 말부터이며, 이 가운데 돈덕전 · 석조전이 가장 큰 규모의 건물이었다. 돈덕전은 평성문 밖 북쪽에 있었으나 철거되었고, 그 남쪽 가까운 위치에 석조전이 세워

덕수궁 중화전

졌다. 석조전은 정면 54m, 너비 31m의 장대한 3층 석조건물로, 이 건물이 들어서면서부터 이웃한 궁의 정전과 주변의 한식 건물들이 가지고 있던 고유한 건축 구성에는 많은 변화가 생겼다. 더욱이, 석조전의 남쪽에 일본인들이 미술관을 세우고 그 앞에 서양식 연못을 만들면서 궁 본래의 모습이 상당히 파괴되었다.

경희궁

덕수궁에서 나와 서울시의회, 광화문 사거리를 지나 신문로 방향으로 좌회전하고 10분 정도 걸어 서울역사박물관을 지나면 경희궁이 나타난다. 본래 경덕궁(慶德宮)으로 불렸다. 처음 창건 때는 유사시에 왕이

경희궁 숭정전

본궁을 떠나 피우(避寓)하는 이궁(離宮)으로 지어졌으나, 궁의 규모가 크고 여러 임금이 이 궁에서 정사를 보았기 때문에 동궐인 창덕궁에 대하여 서궐(西闕)이라 불리고 중요시되었다.

이 궁이 창건된 것은 1617년(광해군 9)으로 당시 광해군은 창덕궁을 흉궁(凶宮)이라고 꺼려 길지에 새 궁을 세우고자 하여 인왕산 아래에 인경궁(仁慶宮)을 창건하였다. 경덕궁이 영건되기 전 새문동 일대는 종친과 사대부의 집, 관청들이 산재해 있었다는 기록으로 보아, 비교적 규모가 큰 사대부 가록(家祿: 집안 대대로 세습되어 물려받은 녹)이 조성되었을 것으로 보인다. 그런데 다시 정원군(定遠君)의 옛집에 왕기가 서렸다는 술사의 말을 듣고 그 자리에 궁을 세우고 경덕궁이라고 하였다. 그러나 광해군은 이 궁에 들지 못한 채 인조반정으로 왕위에서 물러나고, 결국 왕위는 정원군의 장남에게 이어졌으니, 그가 곧 인조이다. 인조가 즉위하였을 때 창덕궁과 창경궁은 인조반정과 이괄(李适)의 난으로 모두 불타 버렸기 때문에, 인조는 즉위 후 이 궁에서 정사를 보았다.

특히 숙종과 영조 대에는 법궁인 창경궁과 함께 양궐 체제가 활발하게 운영되었다. 1760년(영조 36)에 '경덕'이 원종의 시호와 같다는 이유로 경희궁으로 고쳤다. 경희궁에는 정전인 숭정전을 비롯하여 편전인 자정전, 침전인 융복전, 회상전 등 100여 동의 크고 작은 건물이 있다. 1820년대에 경희궁을 그린 「서궐도안(西闕圖案)」을 보면 당시 건물이 120채가 넘어 방대한 규모였음을 알 수 있다.

숭정전(崇政殿)은 경희궁의 정전이다. 신하들이 임금에게 새해 인사를 드리거나 국가 의식을 거행하는 곳이다. 현재 남아있는 5대 궁궐의 정전 중에서 두 번째로 오래된 정전이다. 1617년(광해군 9)에서 1620년(광해군 12) 사이에 경희궁을 창건할 때 지었다. 이후 240여 년간 조선 후기 동안 사실상 정궁인 창덕궁의 인정전과 더불어 국가의 주요 행사를 치르는 공간으로 쓰였다. 경종, 정조, 헌종이 이곳에서 즉위했다. 1829년(순조 29) 경희궁에 대화재가 일어나 내전 주요 건물인 회상전(會祥殿), 융복전(隆福殿) 등은 불탔으나 숭정전은 피해를 면했다.

궁궐의 하나로 중요시되던 경희궁은 고종 때부터 궁궐로서의 위상과 기능을 점차 상실하게 되었다. 일제 강점기에 건물이 대부분 철거되고, 이곳을 일본인들의 학교인 총독부 중학교가 세워지면서 완전히 궁궐의 자취를 잃고 말았다. 숭정전은 중학교 교실로 사용되다가 1926년 일본 불교의 한 종파인 조동종(曹洞宗)의 조계사로 매각되어 이건되었고, 정문인 흥화문은 한반도 침략에 앞장선 이토 히로부미(伊藤博文)를 기리기 위해 1932년 남산 자락에 세운 박문사(博文寺)의 정문으로 옮겨졌다. 결국 1920년대를 거치면서 경희궁은 일부 회랑만을 남긴 채 우리 곁에서 영영 자취를 감추었다(유홍준, 2004).

경복궁

경복궁은 조선왕조의 법궁이다. 이성계가 왕이 되어 곧 도읍을 옮기기로 하고, 즉위 3년째인 1394년에 신도궁궐조성도감(新都宮闕造成都監)을 열어 궁의 창건을 시작하였으며 1395년 완성되었다. 이 당시 궁의 규모는 390여 칸으로 크지 않았다. 정전(正殿)인 근정전(勤政殿) 5칸에 상하층 월대(月臺)와 행랑 · 근정문 · 천랑(穿廊) · 강녕전(康寧殿) 7칸, 연생전(延生殿) 3칸, 경성전(慶成殿) 3칸, 왕의 평상시 집무처인 보평청(報平廳) 5칸 외에 상의원 · 중추원 · 삼군부(三軍府) 등이 마련되었다. 경복궁의 주요 건물 위치를 보면 궁 앞면에 광화문이 있고 동 · 서쪽에 건춘(建春) · 영추(迎秋)의 두 문이 있으며 북쪽에 신무문이 있다. 궁궐 네 귀퉁이에는 각루(角樓)가 있었으나 1592년 임진왜란으로 전소되었고, 1868년 흥선대원군의 주도로 중건되었다.

'경복(景福)'은 『시경(時經)』「기취(旣醉)」 편에 나오는 "이미 술에 취하고 이미 덕에 배불렀으니, 군자는 만년토록 큰 복을 누리리라(旣醉以酒 旣飽以德 君子萬年 介爾景福)"에서 두 자를 따서 경복궁이라고 지었다(유홍준, 2004). 쉽게 말해 왕과 그 자손, 온 백성들이 태평성대의 큰 복을 누리기를 축원한다는 의미다. 풍수지리적으로도 백악산을 뒤로하고 좌우에는 낙산과 인왕산으로 둘러싸여 있어 길지의 요건을 갖추고 있다. 1592년 임진왜란으로 인해 불탄 이후 법궁의 역할을 창덕궁에 넘겨주었다가 1865년(고종 2)에 흥선대원군의 명으로 중건되었다.

경복궁 근정전

1968년 광화문 복원을 시작으로 경복궁의 본모습을 되찾기 위한 각계의 관심과 노력이 증대되어, 1980년대 말부터 본격적인 복원사업이 시작되었다. 1995년 조선총독부 청사 철거, 2001년 흥례문 권역 복원, 2010년 광화문 목조 복원, 2023년 광화문 월대 복원을 비롯하여 권역별 주요 전각들을 오는 2045년까지 복원시킬 계획이다.

그런데 우리가 현재 출입하는 광화문의 위치가 한때 경복궁 동쪽에 옮겨졌다가 다시 제자리에 오면서 방향이 틀어졌다는 것을 아는 사람들이 많지 않다. 일제 강점기 조선총독부 청사 완공을 2개월여 앞두고 그 앞에 있던 광화문을 철거하려 획책했다. 1929년 9월 12일부터 10월 31일까지 식민지 통치의 정당성과 업적을 알리기 위해 조선박람회를 개최했는데, 박람회장 정문으로 사용하기 위해 광화문이 옮겨졌다(신희권, 2023.10.25.).

이에 대한 반대 여론이 들끓게 되자 건춘문의 북쪽, 지금의 국립민속박물관 정문 자리로 옮겨짐으로써 명맥을 유지하였다. 1968년 광화문이 제자리에 원래의 모습으로 돌아오게 되었으나 본래 있던 자리에서 약 10m 뒤로 물러앉았고, 근정전이 아닌 조선총독부 건물과 맞추어 복원하면서 경복궁 남북축에서 3.5° 정도 동향(東向)으로 틀어졌다(유홍준, 2004). 그리하여 2023년 10월에 복원된 광화문 월대도 광화문에 맞게 설치하다 보니 동쪽으로 기울어진 모습을 보인다.

청와대

경복궁 북쪽에 있는 신무문을 나가면 청와대 본관이 나타난다. 1948년부터 2022년 5월 9일까지 대한민국의 대통령이 기거하는 대통령 관저이자 대한민국 헌법이 규정하는 헌법기관으로서의 대통령부(大統領府)와 관계된 행정기관이었다. 청와대는 '푸른 기와집'이라는 뜻으로 1960년에 '경무대'를 개칭한 것이다. 청와대는 집무 공간인 본관, 공식 행사 공간인 영빈관, 주거 공간인 관저, 외빈 접견 장소인 상춘재, 녹지원, 침류각, 비서 부속기구인 대통령비서실, 경호 부속기구인 대통령경호처, 대언론 창구인 춘추관 등을 포함했다. 그리고 관저 뒤편 산기슭에는 오운정, 석조여래좌상 일명 '미남불'이 있으며, 이곳에서 도심을 바라보는 전경도 일품이다.

청와대 자리가 위치한 역사의 시작은 고려 시대로 거슬러 올라가는데 그 당시에도 이곳은 명당으로 주목받았다. 1097년 고려 시대 풍수가 김위제(金謂磾)는 "삼각산은 북쪽을 등지고, 남쪽을 향한 선경이다. 그곳에서 시작한 산맥이 3중 · 4중으로 서로 등져 명당을 수호하고 있으니, 삼각산에 의지해 도읍을 세우면 9년 만에 사해가 와서 조공할 것이다"라고 예언한 바 있었다. 이에 1104년(숙종 9) 숙종이 왕권 강화 차원에서 지금의 서울에 남경을 설치하고 궁궐을 만들었는데, 현대 학계는 그 터가 지금의 청와대 자리라고 추정한다(서울학연구소, 2020).

청와대 본관

임진왜란 때 경복궁이 불에 탄 뒤 오랫동안 방치되었다가 고종 때 흥선대원군의 주도하에 경복궁을 재건하고 신무문 밖, 지금의 청와대 자리에 후원을 만들었다. 이후 후원에 융문당(隆文堂), 융무당(隆武堂) 등의 건물을 지었는데 이때 경무대(景武臺)도 만들었다. 1948년 대한민국 정부가 수립된 이후 이승만은 총독 관저를 경무대로 명명하여 대통령 관저로 사용했다. 1990년 대통령 관저 신축 공사 중 청와대 건물 뒤에서 '천하제일복지(天下第一福地)'라는 표석이 발견되었다. 윤석열 정부는 20대 대선에서 승리한 직후 공약이었던 대통령 집무실을 용산 국방부 본부로 이전하였고, 2022년 5월 8일 청와대를 국민에게 개방하였다.

청와대 천하제일복지 표석

그중 녹지원(綠地園)은 청와대 경내에서 가장 아름답다고 일컬어지는 곳으로 120여 종의 나무가 있다. 이 중에는 역대 대통령의 기념식수도 있다. 일제 강점기 조선 총독 관저의 정원이었으며 가축 사육장과 온실 등의 부지로 사용하기도 했다. 정부수립 이후인 1968년 청와대 내에서 야외 행사장의 기능을 할 수 있는 공간이 필요해지자 잔디를 심고 녹지원을 조성했다. 녹지원 중앙에 있는 청와대 노거수(老巨樹) 군은 300년 동안 보호되어 온 수림지에서 자란 수목이다. 북악산에서 시작해 청와대를 지나 향원정까지 이어지는 물길 인근에서 자리를 잡고 커왔다. 그중 반송은 수관 폭이 크고 수형이 아름다워 청와대를 대표하는 노거수로 한국 근·현대의 역사적 현장을 지켜온 대표적인 수목이며, 무명교 앞의 회화나무 세 그루는 녹지원 인근 수림지에 있는 나무 중 가장 키가 크다. 키가 16m, 둘레 290cm에 이른다. 수령(樹齡)이 310여 년이다.

창덕궁

창덕궁(昌德宮)은 대한민국 백악산 왼쪽 봉우리인 응봉 자락에 자리 잡은 궁궐로 동쪽으로 창경궁과 맞닿아 있다. 경복궁의 동쪽에 있어서 조선시대에는 창경궁과 더불어 동궐(東闕)이라 불렀다. 창덕궁은 비교적 원형이 잘 보존된 중요한 고궁이며, 외전과 내전 그리고 후원의 세 권역으로 나뉜다. 특히 창덕궁 후원은 한국의 유일한 궁궐 후원이라는 점과 한국의 정원을 대표한다는 점에서 그 가치가 높다. 1997년에 유네스코가 지정한 세계문화유산으로 등록되었다.

창덕궁은 고려시대 궁궐의 전통을 이어받았고, 개성의 송악산의 만월대처럼 자연 지형에 맞추어 산자락에 지어졌다. 보통 궁궐은 인위적으로 존엄성과 권위를 드러내도록 건축되지만, 창덕궁은 이러한 얽매임 없이 백악산의 줄기인 응봉의 자락 생긴 모양에 맞추어 적절하게 궁궐의 기능을 배치하였다. 창덕궁은 법궁인 경복궁보다 오히려 더 많이 쓰인 궁궐이다. 임진왜란 때 경복궁이 일본군에 의해 소실된 이후 다시 지어졌고, 1868년 경복궁이 다시 지어질 때까지 경복궁의 역할을 대체하여 임금이 거처하며 나라를 다스리는 정궁이 되었다. 일제 강점기에 많

창덕궁 인정전

은 부분이 의도적으로 훼손되었으나, 조선 후기 순조 대에 그린 「동궐도(東闕圖)」와 1908년에 그려진 「동궐도형(東闕圖形)」을 참조하여 복원이 진행되고 있다.

또 창덕궁의 특징은 500여 년 조선 역사에서 가장 오랫동안 임금이 거처한 궁궐이다. 공식적으로 조선의 법궁은 경복궁이었으나, 조선 초기부터 여러 임금이 경복궁을 피하여 창덕궁이 그 자리를 대신할 때가 많았다. 조선 말기에는 서구의 문물을 도입하면서 창덕궁에서도 서양식의 전등이나 차고가 설치되기도 하였다. 대한제국 시기인 1907년에는 순종이 즉위 후 이곳으로 이어(移御: 임금이 거처를 옮김)하여 황궁이 되었다. 일제 강점기에는 주요 전각 외의 여러 건물이 대부분 헐리는 등 궁궐이 크게 훼손되었다. 그래도 한양 5대 궁궐 중 가장 원형의 모습을 가장 잘 보존하고 있다. 이 때문에 조선을 대표하는 궁궐로 경복궁이 아닌 창덕궁을 꼽는 사람들도 많다.

창경궁

창경궁은 서울특별시 종로구 와룡동에 있는 조선시대의 궁궐이다. 일제 강점기 및 해방 후 40여 년 동안 '창경원(昌慶苑)'이라는 이름으로 불렸으나 1986년 궁궐 복원에 따라 창경궁으로 환원되었다. 조선시대에는 창덕궁과 연결되어 동궐로 불리면서 실질적으로 하나의 궁궐 역할을 했다. 1418년 조선 제3대 임금인 태종이 세종에게 왕위를 양위한 후 상왕으로 거처하기 위해 지어졌다. 건립 당시 이름은 수강궁(壽康宮)으로 세종이 부왕인 태종의 만수무강과 평안을 바란다는 뜻으로 지었다. 성종이 1483~'84년 사이 대대적으로 궁역을 확장했고, 창성하고 경사스럽다는 뜻의 '창경(昌慶)'으로 고쳐 지었다.

1592년(선조 25) 임진왜란을 겪으면서 창경궁, 경복궁, 창덕궁 등 한양 안에 있던 모든 궁궐과 종묘가 소실되었다. 임진왜란으로 소실된 창경궁은 1616년(광해군 8)에 재건되었으나, 1624년(인조 2) 이괄의 난으로 인해 통명전 · 환경전 · 양화당 등 많은 건물이 소실되었다가 1633년(인조 11)에 중건되었고, 1830년(순조 30) 대화재가 발생하여 많은 건물이 또다시 소실되어 1834년(순조 34)에 중수하였다.

순종 즉위 후 창경궁은 일제에 의하여 크게 훼손되었다. 1909년(순종 3) 일제는 궁 안의 전각들을 헐어버리고 동물원과 식물원을 설치하였고, 한일병합조약(韓日併合條約)이 체결된 이후인 1911년에는 창경궁을 창경원으로 격하하였다. 또한 창경궁과 종묘를 잇는 산맥을 절단하여 도로를 설치하였으며, 창경궁 안에 일본인들이 좋아하는 벚나무 수천 그루를 심었다.

1980년대에 정부에서 「창경궁 복원 계획」을 세워 1983년부터 복원공사가 시작되었고, 그해 12월 원래의 명칭인 창경궁으로 환원되었다. 1984년부터 1986년까지 동물원과 식물원 시설 및 일본식 건물을 철거하고 일부 전각을 복원하였으며, 벚나무도 소나무 · 느티나무 · 단풍나무 등으로 교체하고 한국 전통의 원림(園林)을 조성하는 등 원래의 모습을 되찾았다.

창경궁의 정전은 명정전(明政殿)으로 '정치를 밝히는 곳'이란 뜻이다. 조선시대 궁궐에는 각각 중심 건물인 정전이 있었는데 경복궁의 근정전, 창덕궁의 인정전 그리고 창경궁의 명정전 등이 대표적이었다. 궁궐의 중심 공간인 명정전에서는 임금과 신료들의 정식 조회, 외국 사절 접견 등의 공식 행사가 거행되었다.

창경궁 명정전

창경궁 남쪽으로 종묘가 있다. 종묘는 인류의 문화유산으로 그 가치를 국제적으로 인정받아 '세계문화 및 자연유산의 보호에 관한 협약'에 의거하여 유네스코에서 세계유산으로 등록되었다. 종묘는 조선시대 역대 왕과 왕후의 신위를 모시고 제향을 올리는 유교적 전통 신전(神殿)으로 1395년(태조 4)에 지어졌으며, 매년 이곳에서 종묘제례 의식을 거행하고 있다.

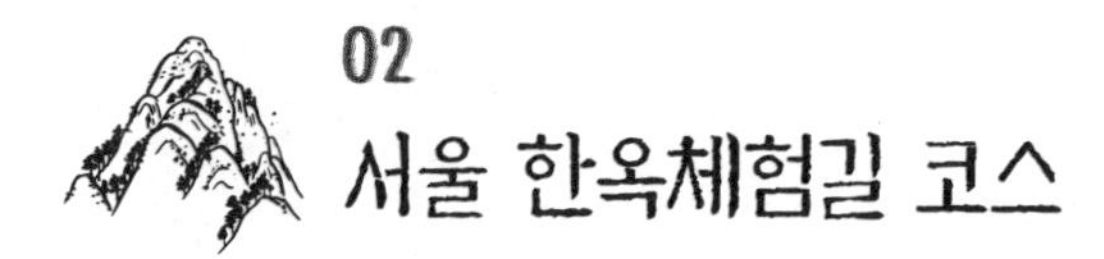

02 서울 한옥체험길 코스

선정 이유

조선시대 이래 서울은 본래 한옥촌이었다. 한양의 도시공간은 한양도성을 기준으로 도성 안과 도성 밖 성저십리 지역으로 나뉜다. 여기에 한성의 행정편제로 도시 안팎 지역을 동부, 서부, 남부, 북부, 중부의 오부(五部)를 두었다. 이러한 공식 행정 구역인 오부와는 별개로 도성 안은 지세와 수계를 중심으로 북촌, 남촌, 중촌, 동촌, 서촌(웃대), 아랫대의 지역으로 구분하기도 한다.

백악산 아래인 경복궁과 창덕궁 사이 지역을 북촌, 남산 북쪽 기슭 아래를 남촌, 광통교에서 종묘 앞 효경교에 이르는 개천 양안을 중촌, 경복궁 서쪽의 개천 상류 지역을 서촌(웃대), 효경교에서 오간수문에 이르는 개천 하류 지역을 아랫대, 낙산 서쪽 기슭을 동촌이라 했다. 이들 지역은 자연경관과 입지 조건, 거주자들의 신분적 특성에 따라 각각 지역 문화 양상이 달랐다.

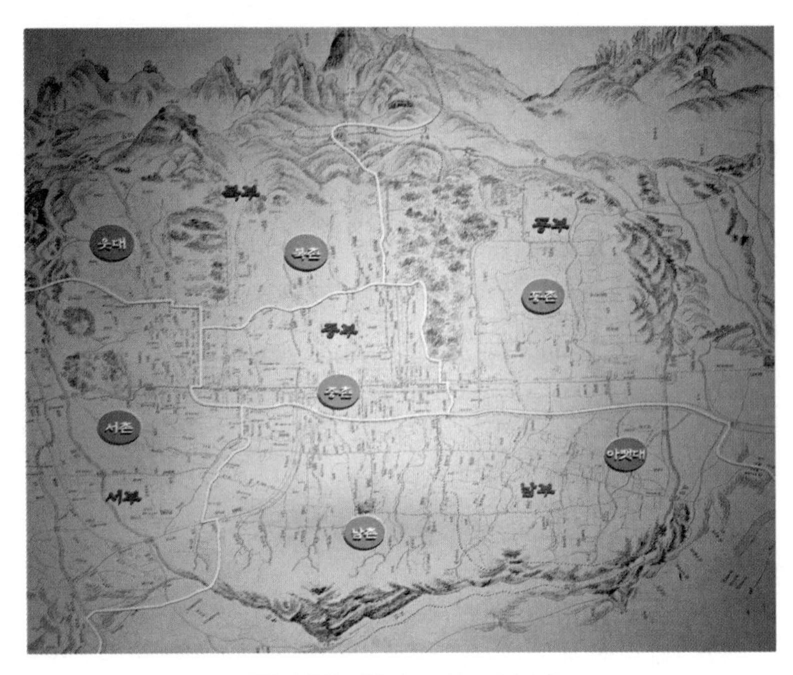

한양도성 안 마을(자료: 서울역사박물관)

그러나 근대화와 산업화를 거치면서 한옥의 우수성보다는 불편이 강조되다 보니 한옥은 없어지게 되었고, 주택가에서도 재건축 시 한옥보다는 양옥이나 빌딩 형태를 선호하다 보니 이제 남아있는 한옥의 숫자도 많지 않다. 그나마 최근 한옥의 가치를 재발견하고 공공 및 다중 이용 건물도 한옥 형태로 바꾸기도 하여 그 명맥을 유지하고 있다.

이에 따라 고옥(古屋)을 중심으로 서촌(세종마을)~북촌(한옥마을)~중촌(인사동, 운현궁, 익선동)~돈화문로 남촌(한국의 집, 남산골 한옥마을)을 서울 한옥체험길로 연계 개발하는 방안을 논의할 때가 되었다. 아침 일찍 답사를 시작하면 1일 코스로 적절하다. 서울시 내 한옥마을에 대해 보다 자세한 것은 서울시가 운영하는 '서울 한옥 포털'을 참고하면 된다. 여기에서는 서촌(세종마을), 북촌 한옥마을, 인사동, 익선동, 돈화문로와 남산 한옥골을 중심으로 살펴보고자 한다.

주요 콘텐츠

서촌(세종마을)

서촌은 조선시대부터 사대부 및 중인계층이 다수 거주하였기에 한옥이 잘 발달하여 있다. 현재는 고옥의 상당수가 훼손된 상태지만 잔존 한옥이나 새로 조성한 한옥을 중심으로 방문객들이 찾아오고 있다. 서촌에서는 근래 신축 한옥 건물이 많이 발견되고 있다. 경복궁역을 나와 배화여대 방향으로 올라가다 보면 필운동에 홍건익 가옥이 나타난다. 홍건익 가옥은 1936년에 지어진 한옥으로, '대문채, 행랑채, 사랑채, 안

홍건익 가옥

청전 이상범 가옥

채, 별채'와 '일각문, 우물, 후원'이 있는 구조를 가진 서울에 남아있는 한옥 중 후원에 일각문과 우물, 빙고를 갖춘 유일한 한옥이다.

다음으로 누하동천으로 불리는 청전 이상범(1897~1972) 가옥을 찾아가면 좋다. 종로구 누하동 182에 소재한 가옥은 화가 이상범이 거주하면서 작업하던 가옥과 화실이다. 대한민국 등록문화재 제171호이다. 1930년대 지어진 도시형 한옥이다. 청전의 작품활동 완성기가 1946년부터이니 누하동 주택은 온전하게 청전의 삶과 함께 한 집이다. 이곳에서 배렴과 박노수 등이 배출되었고, '청전양식(靑田樣式)'이라 불리는 작품세계도 완성되었다.

배화여대 앞 체부동 홍종문 가옥은 서울특별시 종로구 체부동에 있는 일제 강점기의 가옥으로 1994년 2월 22일 서울특별시 민속문화재로 지정되었다. 가옥 안채의 상량문에 따르면 일제 강점기인 1913년에 건축된 것으로 추정된다. 규모는 대지면적 2550.8㎡, 건축면적 234.71㎡이며, 한옥 안채와 넓은 정원, 정자, 광, 현대식 양옥 등으로 이루어져 있다. 이 가운데 원형이 잘 보존되고 한국 고유의 건축양식이나 조형미를 간직하고 있다.

수성동계곡을 따라 가면 박노수 가옥 겸 미술관이 나타난다. 일제 강점기에 한실, 일식, 서양식 건축양식이 합쳐진 절충식 가옥이라 할 수 있다. 1층 온돌과 마루, 2층은 마루방 구조이고, 3개의 벽난로가 설치되어 있다. 현관은 벽돌 포치로 아늑한 느낌을 주며 지붕은 서까래를 노출한 박공지붕으로 되어있어 장식적인 요소와 단순함이 어우러져 독특한 분위기를 자아낸다. 화백이 40여 년간 거주하던 가옥에 만들어진 아름다운 박노수미술관은 문화유산으로서의 가치를 뛰어넘어 한국 역사와 화가 개인의 기억이 깃든 장소이다. 그리고 종로보건소를 지나면 종로문화재단에서 운영하는 상촌재가 있다.

경복궁 서쪽 지역 세종마을의 옛 명칭인 웃대마을(상촌, 上村)을 기억하기 위한 공간이다. 상촌재는 장기간 방치된 경찰청 소유의 한옥 폐가를 종로구에서 2013년 매입해 1년여에 걸쳐 19세기 말 한옥을 보여줄 전통문화 공간으로 복원하고 2017년 6월에 개관한 전통한옥 문화공간이다. 상촌재는 한옥의 가장 큰 특징인 온돌과 마루가 균형있게 결합한 구조를 잘 보여주고 있다. 특히 우리 민족 전통의 과학적이고 위생적인 온돌의 구조와 원리를 누구나 쉽게 알 수 있도록 전시하고 있다. 상촌재는 이 지역의 정체성을 살린 인문학 강좌, 세시풍속을 체험할 수 있는 전통문화 공간으로 거듭나고 있다.

상촌재

북촌(한옥마을)

북촌은 본래 청계천과 종로의 윗동네를 이르는 지명이나 요즘은 경복궁과 창덕궁 사이의 한옥마을을 말한다(박상준, 2008). 북촌은 조선시대에 조성된 양반층 주거지로서 1920년대까지 그다지 큰 변화가 없었는데, 1930년대에 서울의 행정구역이 확장되고, 도시구조도 근대적으로 변형되면서 변화가 일어났다. 주택경영회사들이 북촌의 대형 필지와 임야를 매입하여, 그 자리에 중소 규모의 한옥들을 집단으로 건설하였는데, 현재 한옥들이 밀집된 가회동 11번지와 31번지, 삼청동 35번지, 계동 135번지의 한옥 주거지들이 모두 이 시기에 형성되었다. 북촌에는 11개 동에 걸쳐 900여 채의 한옥이 남아있다. 1990년대 한옥보전 관련 규제가 해제되기 전까지는 약 1,500채가 있었다.

북촌 한옥마을의 여행객

북촌 한옥의 특징은 크게 '진화된 구법(構法)'과 '장식화 경향'이라는 두 가지로 정의할 수 있다. 낮은 지붕물매, 굴도리, 겹처마, 좁은 주간에 많은 칸수 등 전통한옥과 비교할 때 비록 온전히 품격을 갖추지 못했지만, 북촌 한옥에는 한옥의 구성과 아름다움이 응축되어 있다. 당시의 한옥 분양 광고에서 볼 수 있듯, 밀도와 익명성에 대한 도시주택으로서의 요구를 반영하며 북촌의 한옥은 당시의 새로운 도시주택 유형으로 정착되어 오늘에 이르렀다(서울한옥포털 홈페이지, 2023).

서울시는 북쪽의 정겨운 풍경을 여덟 개 선정하여 '북촌 8경'을 적극적으로 홍보하고 있는데, 대부분 그중 창덕궁과 원서동 공방길, 삼청동 돌계단 길을 제외한 다섯 개는 가회동에 있다. 즉 가회동 11번지, 가회동 31번지 북촌 전망대, 가회동 골목(오르막길, 내리막길), 가회동 한옥 밀집 지구가 그것이다. 주로 한옥을 배경으로 하고 있다.

북촌 한옥마을에서 제대로 보존된 한옥을 보려면 안국역 지하철에서 내려 '붉은재 한옥길'을 따라 북쪽으로 올라가면 된다. 한옥으로 지어진 안동교회와 윤보선가를 지나면 북촌마을 안내소가 나타난다. 그런데 북한 한옥마을의 대표적 장소는 가회동이다. 안내소에서 북촌 한옥마을에 대한 자세한 설명을 듣고 가회동 백인제 가옥을 들러 웅장한 한옥에서 장시간 관람하며 한옥의 아름다움을 직접 체험할 수 있다.

백인제 가옥은 근대 한옥의 양식을 고스란히 보존하고 있는 대표적인 일제 강점기 한옥이다. 북촌이 한눈에 내려다보이는 2,460㎡의 대지 위에 당당한 사랑채를 중심으로 넉넉한 안채와 넓은 정원이 자리하고, 가장 높은 곳에는 아담한 별당채가 들어서 있다. 1907년 경성박람회 때 서울에 처음 소개된 압록강 흑송(黑松)을 사용하여 지어진 백인제 가옥은 사랑채와 안채를 구분한 다른 전통 한옥들과 달리 두 공간이 복도로 연결되어 있다. 또한 일본식 복도와 다다미방을 두거나 붉은 벽돌과 유리창을 많이 사용한 것은 건축 당시 시대적 배경을 반영한 것으로 보인다. 여러 차례에 걸쳐 소유권이 바뀌었고 1944년 이후에는 당시 국내 의술계의 일인자였던 백인제 선생과 그 가족이 소유하였으며, 건축적 · 역사적 가치를 인정받아 1977년 서울시 민속문화재 제22호로 지정되었다.

백인제 가옥 대문

백인제 가옥에서 되돌아와 북촌로11길을 올라가면 한옥들이 옹기종

북촌 한옥역사관

기 모여있는 전망이 좋은 한옥 마을을 구경할 수 있으며, 끝까지 올라가면 고불 맹사성(孟思誠, 1360~1438) 집터를 관람할 수 있다. 이어 북촌로를 따라 내려오면 가회동 성당이 있고, 좌측으로 올라가면 북촌 한옥역사관을 무료로 관람할 수 있다. 북촌 한옥역사관은 2021년 삼일절에 문을 열었으며 북촌의 형성 과정과 탄생에 큰 역할을 한 기농 정세권(鄭世權, 1888~1965) 선생의 업적을 널리 알리기 위해 서울시가 조성한 곳이다.

한옥과 한글을 지킨 민족운동가로 칭송받는 정세권은 일제 강점기 일본식 집이 늘어가는 현실에 위기를 느끼고, 우리 고유의 주거 양식을 지키기 위해 전통한옥을 쪼개 도시형 한옥을 건축해 보급했고, 덕분에 북촌이 만들어지는 계기가 되었다. 그는 건양사라는 건축회사를 세워 익선동을 시작으로 가회동, 삼청동 일대에 도시형 한옥을 건설하는 등 경성 곳곳에 도시형 한옥인 '조선집'을 보급하였다. 그의 대표적 한옥으로 인근에 있는 '한옥호텔 락고재(樂古齋)'가 있다.

이 밖에 북촌 한옥마을에는 안국역 방향으로 내려오면서 이준구 가옥, 원서동 백홍범 가옥, 고희동 가옥, 가회동 김형태 가옥, 가회동 한씨 가옥, 한상윤 집터, 김성수 가옥, 계동 배렴 가옥 등이 있다. 그리고 한옥 체험을 위한 시설 및 서비스가 발전하고 있는데, 북촌마을안내소, 북촌문화센터, 한옥지원센터, 북촌마을서재, 북촌박물관, 북촌한옥전시관,

북촌전통공예체험관 등이 있다.

그중 계동길 37번지에 있는 북촌문화센터는 서울시에서 조성한 한옥이며, 시민의 문화 향유를 위한 곳이다. 이곳은 주민문화 공간으로 개방하여 우리의 전통문화를 체험할 다양한 기회를 제공한다. 조선 말기 세도가였던 '민재무관댁' 부지에 세워진 북촌문화센터는 서울시가 '계동마님댁'으로도 잘 알려진 이곳을 매입, 외관 개보수를 마치고 2002년 10월 29일 개관하였다. 북촌문화센터는 북촌 주민들이 한옥마을에 대한 자긍심을 가질 수 있도록 하고, 수준이 높은 전통문화를 누릴 기회를 제공하기 위한 문화프로그램을 운영하는 시설이다.

북촌문화센터 입구

인사동

서울 중심부에 있는 인사동은 조선시대 한성부 관인방(寬仁坊)의 인(仁)과 대사동(大寺洞)의 사(寺)를 취해 지금의 명칭이 되었다. 조선 초기 도화서 터가 이곳에 자리를 잡기 시작하면서 자연스럽게 미술 활동의 중심지가 되었다. 이후 1930년대에 골동품, 고미술 관련 상가들이 들어서기 시작했고, 1980년대에 화방, 고가구점, 민속공예품 점포들이 생겨나면서 전통문화 거리로서의 명성이 더욱 확고해졌다. 지금은 전통 가게들과 찻집, 현대식 건물이 어우러져 과거와 현재가 공존하고 있으며 곳곳에 역사적 흔적들이 남아있어 인사동의 또 다른 모습을 발견할 수 있다. 양희경 등은 저서 '서울스토리'에서 북촌과 인사동의 관계를 다음과 같이 설명하고 있다.

> 북촌의 몰락과 인사동의 부상을 보면, 인간사 '새옹지마(塞翁之馬)'라고 할 수 있다. 북촌의 양반들도 일제 강점기에 접어들면서 점차 몰락하게 된다. 철저한 신분 계급의 사회였던 조선의 몰락은 그들에게는 엄청난 충격이었다. 북촌의 양반들 역시 점차 세력을 잃으면서 돈벌이가 없어지자, 하나둘 조상 대대로 내려오던 집안의 보물들을 내다 팔아 생계를 유지해야 했다, 그래서 가까운 동네에 골동품 가게들이 점차 늘어나게 되었고, 그게 바로 북촌 아래 오늘날의 인사동으로 발전하게 된다(양희경 · 심승희 · 이군현 · 한지은, 2013).

인사동은 현재 서울을 대표하는 관광지이자 한국의 문화와 전통을 느낄 수 있는 거리이기도 하다. 남쪽으로는 종로와 연결되고, 북쪽으로는 북촌(北村)으로 이어지며, 서쪽으로는 조계사와 광화문광장, 동쪽으로는 운현궁 및 돈화문로와 맞닿아 있는 데다가, 경복궁 · 창덕궁과도 가까이 있어 가히 서울의 중심적인 문화 거리라 할 만하다.

인사동은 한국인의 삶과 역사, 문화가 생생하게 살아있는 박물관으로 조선왕조(1392~1910) 때부터 근 600년 동안 서울의 심장부에 자리하고 있다. 또한 조선시대 최고 예술관청이었던 도화서(圖畵署: 국가에서 필요한 그림을 그리던 관청)가 있어 일찍이 예술로 명성을 떨칠 수 있는 기반이 되어 당대 유명 화가들이 이곳에서 예술작업을 펼칠 수 있었다.

현재 '인사동'이라 불리는 지역은 조선시대 대대로 서울에 살면서 높은 벼슬을 하던 경화세족(京華世族)들이 모여 살던 북촌(北村)의 초입으로, 당시에는 사대문 안(현재의 종로구와 중구 일대)만이 서울이었는데, 그러한 서울 안에서도 인사동은 지리적 중심이라 할 수 있었다. 북쪽에는 궁궐과 관청이 있었고, 남쪽으로는 시전(市廛)을 두고 있어서 관료들이 살기에는 아주 좋은 곳이었다. 실제로 이곳은 북촌과 더불어 지체 높은 관료들의 대표적인 거주지였다. 대표적인 한옥은 박영효 저택과 경운동 민병옥 가옥이 있다.

인사동의 여러 한옥 중 대표적인 것은 경인미술관으로 쓰이는 박영

경인미술관 박영효 저택

효의 저택을 들 수 있다. 1988년 12월 6일 설립한 경인미술관은 서울의 한 가운도 종로구 관훈동 30-1에 자리하고 있으며, 미술인들의 문화공간으로서뿐만 아니라 국내외 사람들에게 관광명소로도 널리 알려져 있다. 경인미술관은 전통과 현대가 어우러진 문화의 장소로서 미술인들의 전시 공간이자 예술인들의 만남의 장소로도 유명하다. 지방문화재 제16호로 지정된 한옥전시관은 조선조 철종의 숙의범씨(淑儀范氏) 소생 영해옹주(永惠翁主)의 부마이자 태극기를 만든 사람으로 유명한 박영효(朴泳孝)의 저택이었던 곳으로 속칭 서울의 8대가 중 하나로 이름난 곳이었다. 박영효의 저택은 1800년대에 지어진 목조건물로 고색창연한 건축미를 자랑하는 도심 속 명소로서 전형적인 사대부 가옥이다.

운현궁

종로구 운니동에 있는 운현궁은 격변기 한국 근대사에서 독특한 역사적 위상을 지닌 공간이다. 최근 전통문화 공연 및 다양한 프로그램을 운영하며 시민들의 문화공간으로 변신하고 있는 운현궁은 조선의 26대 임금인 고종의 잠저(潛邸)로서 부친인 흥선대원군과 실제로 생활하던 공간이다. 흥선대원군은 고종이 왕위에 오르기 전까지 10여 년간 이곳에서 나라의 주요 정책을 논의했다. 본래의 운현궁은 창덕궁과도 이어져 있을 만큼 큰 규모를 자랑했지만, 한국전쟁 이후 규모가 크게 줄었다.

현재는 고종과 명성황후가 가례식을 올린 노락당(老樂堂)과 흥선대원군이 거처한 노안당(老安堂) 등 일부만이 남아있으며 1년에 두 차례 가례의식을 재현하고 있다. 노락당은 운현궁의 안채로서 1864년에 지었으며, 운현궁 안에서 유일하게 기둥머리에 익공(翼工: 새 날개 모양으로

운현궁 노락당

뾰족하게 생긴 공포(栱包)의 일종)을 장식하여 가장 높은 위계를 드러낸다. 또한 문화교실을 운영하며 상설 전시 및 강좌로 더욱 친근하게 시민들에게 다가서고 있다.

특히 1864년에 완공된 노안당은 운현궁의 사랑채로 흥선대원군의 주된 거쳐였다. 노안은『논어』가운데 '노자(老者)를 안지(安之)하며'라는 구절에서 따왔는데, '노인을 공경하며 편안하게 한다'라는 뜻이다. 운현궁이 궁궐은 아니지만, 흥선대원군의 거처였던 노안당은 대궐 전각의 '우물 정(井)' 자와 비슷한 구조로 되어있다. 그리고 이로당(二老堂)은 남자들이 드나들지 못하는 여자들만의 안채 공간이며, 바깥으로 출입문을 내지 않은 지극히 폐쇄적인 '口'자형 건물이다.

운현궁은 흥선대원군이 머물렀던 집이자 고종이 태어나고 12세까지 살았던 곳이다. 그러나 고종이 소년 시절에 살던 집은 1966년에 헐리고, 그곳에 중앙문화센터가 세워졌다. 현재의 건물들은 모두 고종이 즉위하고 흥선대원군이 섭정하던 시절에 세워졌다. 조선 말기 절대적인 권력자였던 대원군 이하응의 정치 무대로서 역사적 의미가 크다. 이하응의 사저가 운현궁으로 불리게 된 것은 1863년 12월 9일 흥선군 이하응을 흥선대원군으로, 부인 민 씨를 부대부인으로 작호를 주는 교지가 내려진 때부터였다. 정치의 공간이었던 운현궁은 대원군이 실각하여 은거하며 '석파란(石坡蘭)'에 매진하였던 예술의 공간으로 변모하였다.

익선동

익선동은 종묘와 운현궁을 비롯해 261년간 조선의 정궁으로 사용된 창덕궁으로 둘러싸여 있는 사대문 안 핵심지역이다. 익선동의 명칭은 본래 지금의 자리에 있던 익동(翼洞)의 앞 글자 '익'과 조선시대 한성부 중부 정선방(貞善坊)의 '선'을 따라 이름 지어진 것으로 알려져 있다. 종로3가역 6번 출구로 나와 골목길을 따라 북쪽으로 올라가다 보면 길에 면한 한옥들이 옹기종기 모여있는 도심 속 한옥 섬, 익선동 한옥마을을 만날 수 있다. 조선시대 정치 · 행정의 중심지였던 익선동 일대는 1920년대 주택난을 해결하기 위해 조성된 도시형 한옥단지였다. 당시 부동산업자이자 독립운동가이기도 했던 정세권이 개발하였다. 1970년대에는 서울시 도시계획으로 도심부 전체가 상업지역으로 용도 지정되면서 다양한 풍류 문화와 연계한 업종들이 들어섰던 엔터테인먼트의 중심지 역할을 했었다.

현재 익선동은 음식점과 서비스업, 도 · 소매업 상가 330여 개(2018년 기준)가 밀집한 상업지역으로, 한옥을 개조한 특색 있는 상가를 찾는 사람들의 발길이 이어지고 있다. 익선동 한옥마을 내에는 50평형대의 비교적 큰 규모 한옥도 일부 있으나, 대개는 30평형대 이하의 한옥들이 밀집해 있어 북촌에 비해 상대적으로 작고 아담한 분위기다. 한때 익선

익선동 한옥지구

동 한옥마을이 재개발될 위기에 처했으나 주민들의 반대로 무산되었다. 2015년 한옥보존지구로 지정돼 건축물 높이를 제한했고, 체인점의 입점까지 제한해 그 풍경을 살리게 했다. 덕분에 2016년 말 기준 153채의 한옥 가운데 119채가 1930년 이전에 지어진 보급형 한옥일 정도로 그 모습을 간직하고 있다(공서연 · 한민숙, 2020).

돈화문로와 남산골 한옥마을

돈화문로는 창덕궁의 정문인 돈화문을 기점으로 청계천3가를 지나 필동 82-1번지까지 이르는 1.85km의 도로이다. 한양의 중심에서 남쪽으로 뻗어나간 돈화문로는 주작대로(朱雀大路) 역할을 하던 중요한 길이었다. 조선시대에는 왕이 행차하던 거리였으며 그로 인해 주변에 시전행랑과 피맛골, 순라길이 자연스럽게 생겨났다. 돈화문로는 세계문화유산으로 등재된 종묘와 창덕궁 사이에 있어 역사적 자산으로서 가치가 높은 지역으로 거듭나고 있다. 돈화문로를 걷다 보면 국악기를 파는 상점이 자주 눈에 띄고, '○○국악연구소'라는 간판도 종종 보이는데, 이는 원래 이 지역이 국악과 관련 깊은 곳이기 때문이다. 그래서 돈화문로를 '국악로'라 칭하기도 한다. 국악 명인에게 창이나 악기 연주를 배울 수 있는 사설 교육기관도 있다.

남산골 한옥마을 정문

돈화문로의 남쪽 끝은 한국의 집과 남산골 한옥마을이다. 이 부지는 원래 수도방위사령부가 있었고 국방부 영화 촬영대가 옮겨오면서 '충무로 영화 시대'를 열어갔던 곳이다(박상준, 2008). 서울 한복판 고즈넉한 한옥의 모습을 갖춘 한국의 집은 전통문화의 보존과 보급을 목적으로 한국문화재재단이 운영하고 있다. 1957년 한국을 방문하는 외빈을 위한 영빈관으로 지어진 한국의 집은 대대적인 개보수를 거듭하며 60여 년간 생생한 역사의 현장을 함께 해왔으며, 현재는 대한민국을 대표하는 전통문화 공간으로 자리 잡고 있다. 조선시대 궁중음식을 기반으로 정성스럽게 담아낸 한정식, 화려한 춤과 소리가 어우러진 전통 예술공연, 격조 있는 전통혼례와 전통연희 등 한국의 모든 아름다움을 한 곳에서 경험할 수 있다.

남산골 한옥마을은 1989년 남산골의 제모습 찾기 사업으로 조성한 마을로 서울특별시 지정 민속자료 한옥 5개 동을 이전 복원하여 꾸몄으며, 1998년 4월 18일에 개관하였다. 마을 안의 남산골 전통정원은 남산의 산세를 살려 자연식생인 전통 수종을 심었으며, 계곡을 만들어 물이 자연스럽게 흐르도록 하였고 정자, 연못 등을 복원하여 전통 양식의 정원으로 꾸몄다. 정원의 서쪽에는 물이 예스럽게 계곡을 흐르도록 하였고, 주변에는 고풍의 정자를 지어 선조들이 유유자적하였던 남산 기슭의 옛 정취를 한껏 느끼도록 하였다.

한옥은 변형이 없는 순수한 전통가옥을 선정하였다. 순정효황후 윤씨(尹氏) 친가는 종로구 옥인동에 있는데 너무 낡아 옮기지 못하고 건축양식 그대로를 본떠 복원하였다. 해풍부원군 윤택영(尹澤榮) 재실(서울민속자료 24)은 동대문구 제기동에 있던 것을 이전하였고 사랑채와 몸채로 이루어져 있다. 관훈동 민씨(閔氏) 가옥(서울민속자료 18)은 종로구 관훈동에 있던 것을, 오위장 김춘영(金春營) 가옥(서울민속자료 8)은 종로구 삼청동에 있던 것을 이전 복원하였다. 경복궁 중건 시 도편수였던 이승업(李承業) 가옥(서울민속자료 제20호)은 1860년에 당대 최고의 목수가 지은 집으로 중구 삼각동에 있던 것을 이전 복원하였다.

전통 한옥과 별도로 서울남산국악당도 한옥 형태로 지었다. 서울남산국악당은 2007년 전통 공연예술의 진흥과 국악의 우수성을 알리기 위해 건립된 국악 전문 공연장이다. 한국의 역사적 전통과 정체성을 담고 있는 전통 한옥의 미감을 살리기 위해 지상 1층의 한옥 건축물을 기반으로 공연장을 지하에 배치한 구조는 주변 자연환경과 어우러져 다른 공연장과는 차별되는 멋을 느낄 수 있다.

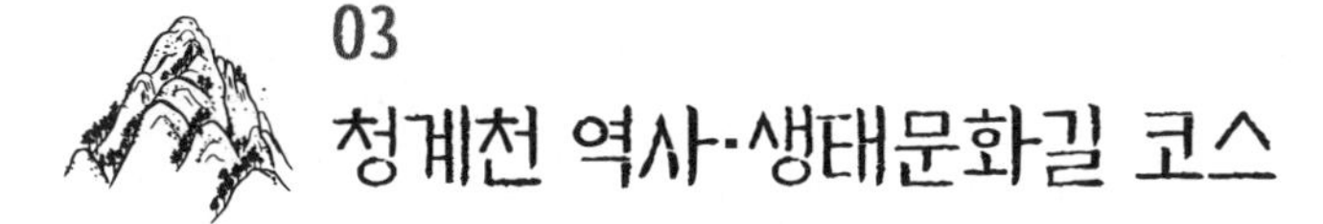

03 청계천 역사·생태문화길 코스

선정 이유

조선시대 한양도성 안의 물길은 청계천으로 다 모였다. 인왕산의 백운동천에서 발원한 물길은 옥류동천과 합류하여 송기교를 거쳐 청계천(개천)으로 흘러들었다. 백악산 밑 삼청동천에서 발원한 물길은 혜정교를 거쳐 청계천으로 흘러들었다. 이 밖에 창경궁 옥류천과 성균관 흥덕동천에서도 물길이 생성되었고, 남산 북쪽의 창동천, 회현동천, 남산동천, 이전동천, 주자동천, 금위남별영천, 쌍이문동천, 남소문동천 등도 북쪽으로 흘러 청계천으로 합류하였다. 이처럼 청계천은 한양도성 내에서 발원한 모든 물길이 합류하여 동쪽으로 흐르고 중랑천과 합류하여 한강으로 흘러들었다.

인왕산, 백악산, 남산에서 흘러내린 물줄기가 모인 개천은 큰비가 오면 산에서 흘러내린 흙이 쌓여 범람하곤 하였다. 조선왕조 기간 전국의 백성들이 동원되어 축조된 사업은 한양도성과 청계천 복원이었다. 특

청계천을 형성한 한양도성 안의 물길(자료: 서울역사박물관)

히 청계천은 산으로 둘러싸인 도성 안의 지형과 집중호우가 자주 내리는 기후, 물이 잘 스며드는 모래 하천이라는 특징으로 인해 수시로 범람하여 도성민의 생활을 끊임없이 위협하였다. 그리하여 1411년(태종 11) 태종은 개거도감(開渠都監)을 설치하였고 후에 개천도감(開川都監)으로 변경되었다. 이때 충청도, 전라도, 경상도에서 올라온 52,800명이 두 달 남짓 땀을 흘려 자연 하천을 개천으로 바꾸었다. 영조는 1760년 21만 5천여 명을 동원하여 57일 동안 대대적인 준천 작업을 하였다. 2005년 10월 1일 청계천 복원의 완공기념으로 소설가 박범신이 작성한 「청계천 살림의 어제 오늘 내일」이란 글을 보면, 청계천 복원의 의의와 기대가 잘 스며들어 있다.

> 바람이 땅과 하늘 사이를 열고 물이 사람 사이로 푸른 길을 내었으니 오늘 2005년 10월 1일 어둠에 갇혀 있던 청계천이 마침내 시민의 품으로

살아서 돌아왔다. 〈중략〉 보라, 죽었던 청계천이 푸르고 맑은 물이 살아 돌아와 우리의 살림터를 쓰다듬어 적셔 주고 있다. 물은 생명의 높은 자리를 다 쓰다듬고 낮고 그을진 자리를 또한 다 채워 품으니 말할 것도 없이 생명의 영원한 모태이다. 오늘 청계천에 흐르는 푸른 물은 우리의 수도 서울이 환경, 문화, 현대적 안락함이 한데 어우러진 생명중심, 사람중심의 도시로 탈바꿈하는 역사적 상징이자 그 발화점이 될 것이다. 아울러 이 청계천 푸른 물의 싱그러운 파장이 서울 중심에 머물지 않고 조국의 먼 변방까지 또 세계 속으로 도도히 흘러나가길 바라 마지않는다(박범신, 2005.10.01.).

그동안 청계천 복원사업으로 많은 방문객이 찾아왔지만, 청계1가 광장에서 한양대 앞 살곶이다리까지 테마별로 연계 개발하는 것에 관해서는 관심이 부족하였다. 청계천 복원 기본계획은 청계광장~광장시장 구간은 역사 · 전통, 광장시장~난계로 구간은 문화 · 현대, 난계로~신답철교는 자연 · 미래, 그리고 신답철교~살곶이다리 구간은 철새보호구

출처: 서울특별시(2003)

청계천 복원 기본계획(자료: 청계천박물관)

역으로 조성하는 것이었다(서울특별시, 2003).

이처럼 청계천은 서울 도시구조의 원형을 정한 뼈대 구실을 하였으며, 시민들의 일상과 깊이 관련 맺은 생활하천이었다. 청계천 복원 이후 특히 청계광장에서 동대문역사공원 변 오간수교까지는 방문객들이 많지만, 이후 중랑천과 합류하는 살곶이다리까지는 지역주민의 공간으로 남아있어 안타깝다.

청계천에는 총 22개의 다리가 있으며, 이는 정조반차도(正祖斑次圖)가 그려진 청계역사길(모전교~관수교), 전태일 노동운동의 성지인 청계활력길(세운교~맑은내다리), 지역주민의 윤택한 삶을 지원하는 청계생태길을 청계휴식길(맑은내다리~두물다리)과 청계생태길(고산자교 이하~살곶

청계천 물길

이다리)로 구분하여 육성해야 한다. 필자도 청계천을 'ㄹ'자 형태로 답사하면서 청계천 구간을 좀 더 길게 보고 세분할 필요성을 느꼈다. 이에 따라 청계천 전 구간을 역사길, 활력길, 휴식길, 생태길로 구분하여 살펴볼 필요가 있다.

주요 콘텐츠

청계역사길

청계역사길은 모전교~관수교 구간을 말한다. 청계1가에는 광장이 조성되어 각종 공연 및 전시가 이루어지고 있다. 청계광장에는 청계천 복원사업 준공 때 상징물로 소라상(像) 모양의 스프링과 청계폭포, 정조대왕행차반도, 종각 젊음의 거리, 삼각동 워터스크린, 한화불꽃길이 볼 만하다. 특히 청계광장 초입에 세워진 청계천 조형물 스프링(Spring)은 세계적인 작가 클레스 올덴버그와 코샤 반 브루겐의 공동작품이다. 조형물의 외부는 탑처럼 위로 상승하는 다슬기 모양으로부터 영감을 얻어, 다이내믹하고 수직적인 느낌을 연출함으로써 청계천의 샘솟는 모양과 문화도시 서울의 발전을 상징한다. 그리고 전통한복의 옷고름에서 착안한 푸른색과 붉은색의 내부 리본은 자연과 인간의 결합을 상징한다.

청계광장을 지나면 광활한 인공폭포가 설치되어 지나가는 사람들의 시선을 사로잡는다. 한여름에는 청계광장에 분수대가 가동되고, 각종 이벤트가 개최된다. 그리고 첫 번째 다리인 모전교가 등장한다. 모전교는 옛 시절 과일을 팔던 과전(果廛)의 향기 그윽한 이것이 화합과 소통

청계광장 조형물

의 이정표가 되길 기원하며 복원되었다. 모전교를 지나 광통교로 가다 보면 서울시설공단과 함께하는 서울거리 아티스트존이 설정되어 청계천을 사랑하는 예술가들의 거리공연을 지원하고 있다.

청계천 광통교에서 효경교에 이르는 개천 구간의 남북 지역을 중촌이라 했다. 이 일대는 시전행랑(市廛行廊)과 의금부, 포도청, 도화서, 혜민서 등의 관청들이 밀집해 있었다. 조선 후기 개천 변은 상업이 발달하고 온갖 문물들이 넘쳐나는 활기찬 곳이었다. 시전 상인들과 뒷골목의 색주가(色酒家), 세시(歲時) 때마다 펼쳐지는 놀이 행사 등 다양한 사람들이 모여 생동감 넘치는 이야깃거리를 만들어 냈다. 특히 이곳에는 의관, 역관, 화원, 약공, 산업, 율사 등 기술직 중인들이 모여 살았다. 이에 따라 이 지역은 양반문화와 구별되는 중인문화의 산실이었고, 조선 말기에는 개화 운동의 중심지가 되었다(청계천박물관 소개자료).

광통교를 지나면 서울 종로 네거리에서 남대문으로 가는 큰길을 잇는 청계천 위에 걸려있던 조선시대의 광교(廣敎)가 나타난다. 2003년 7월 시작된 청계천 복원 공사의 일원으로 대광통교가 원래 있던 자리에 광교가 새롭게 놓인 것이다. 광교에서 청계천 상류 쪽으로 155m쯤에 대광통교를 복원한 광통교가 놓여있다.

청계천 북쪽 종로지역은 1980년대부터 대학생 등 청년들이 많이 찾던 곳이었으며, 그리하여 현재는 '종각 젊음의 거리'로 지정되어 있다. 일제 강점기로 들어가면 청계천은 다양한 풍경을 가지고 있으며, 박태원의 소설 『천변풍경』을 보면 1930년대 청계천 변은 전통과 근대가 잘 섞인 공간이기도 하였다.

종각 젊음의 거리 풍경

1930년대에 들어 서양과 일본에서 들어온 다양한 문물들이 관광, 상업, 교통, 유흥문화 전반을 크게 바꿨고, '모던보이, 모던걸'들이 거리를 활보했다. 청계천 변에 살았던, 소설가 박태원은 1936년 잡지 『조광(朝光)』에 소설 「천변풍경」을 연재했다. 그가 이 소설을 연재하던 무렵 청계천 변에는 빨래터, 한약국, 포목전 등 조선시대 이래의 전통적 시설들과 이발소, 하숙집, 카페, 식당 등 근대적 시설들이 공존하고 있다. 전통과 근대는 이들 시설을 이용하는 사람들의 의식 안에도 공존했다. 1930년대 청계천 변은 전통과 근대가 공존하면서 교차하는 공간이었고, 천변 사람들은 이 변화에 혼란을 느끼면서도 점차 근대적 생활양식에 익숙해졌다(청계천박물관 홈페이지 참조).

광교에서 3 · 1빌딩 쪽으로 걷다 보면 청계천 남측은 실버색 첨단 빌딩들이 즐비하게 들어서 있고, 북측은 수십 년 동안 유지되어 온 종로의 옛 풍경을 볼 수 있는 건물들이 남아있다. 이것은 흡사 일제 강점기 청

청계천 변 고층빌딩들

계천이 서울을 남과 북의 공간으로 나누었던 시절을 떠올리게 한다.

광교를 지나면 장통교가 나오고 부근에 「정조반차도」가 나온다. 조선 22대 왕 정조가 어머니 경의왕후(敬懿王后, 혜경궁 홍씨)의 환갑을 기념하여 아버지 장헌세자(莊獻世子, 사도세자)가 묻힌 화성 현륭원(顯隆園)으로 행차하는 모습을 그린 그림이다. 「정조대왕화성행행반차도(正祖大王華城幸行班次圖)」 또는 「화성행차도(華城行次圖)」라고도 한다. 참고로 반차도란 궁중의 각종 의식 장면을 그린 그림으로, 행사에 참여한 문무백관이 임무와 품계에 따라 늘어서는 차례를 기록한 도표를 가리킨다.

삼일교를 건너기 전에 우뚝 솟은 3 · 1빌딩은 서울관광의 메카 역할을 한다. 이 빌딩에는 서울관광재단, 서울특별시관광협회가 들어서 있다. 건물 밖 청계천 변에는 관광안내센터가 마련되어 있으며, 건물 안에도 관광체험 공간인 여행자 카페가 마련되어 있다. 3 · 1빌딩에서 청계3가 방면으로 가다 보면 한국 천주교회 창립한 터를 알리는 표석이 나온다. 1784년(정조 8) 겨울 수표교 부근 이벽(李檗, 1754~1785)의 집이었던 이곳에 세례식이 최초로 거행되어 한국 천주교회가 창립한 터로, 유서 깊은 곳이다. 그리고 본격적인 공구 판매점 등 제조업의 메카 역할을 하는 공간들이 나타난다.

서울관광재단 여행자카페

삼일교를 지나면 수표교(水標橋)가 나타난다. 조선 세종(世宗) 2년에 처음 놓였으며, 서울특별시 종로구 수표동에 있었으나 1958년 청계천 복개 공사로 장충단공원으로 옮겨졌다. 1441년(세종 23), 다리 앞에 개천(開川, 청계천)에 흐르는 수위를 측정하기 위해서 수표(水標, 보물 제838호)를 세웠다. 2005년 청계천 복원 당시 원래 자리에 다시 놓으려고 했으나, 복원된 청계천의 폭과 수표교의 길이가 맞지 않아 옮기지는 못했고, 대신 그 자리에는 임시 다리가 놓여있다.

청계활력길

전태일 노동운동의 성지인 청계활력길은 세운교에서 맑은내다리까지의 구간을 말하며, 산업활동이 활발히 이루어지는 구간이다. 세운교에서 출발하여 배오개다리, 새벽다리, 마전교, 나래교, 버들다리, 오간수교가 있으며 세운상가, 전태일다리, 전태일동상, 전태일박물관, 평화시장, 오간수교 수상무대가 볼거리이다.

세운청계상가

청계활력길의 첫 다리인 세운교에는 청계시소가 교각 위에 설치되어 있다. 청계시소는 다시세운시민협의회에서 진행하는 프로젝트로 청계천~을지로 일대의 제작 기술을 활용하여 만든 참여형 설치물이다. 탑승자가 설치물을 직접 동작시켜 보면서 청계천 일대를 조망해 볼 수 있는 시소 형식의 1인용 관람대이다. 세운교 위로는 종로 측 '다시세운광장'부터 퇴계로까지 근대 산업화의 상징은 세운상가가 남북으로 자리를 잡고 있다.

새벽다리 북측에는 국내외 관광객들이 많이 찾는 종로 광장시장이 있다. 광장시장은 조선시대 배오개 시장의 명맥을 잇고, 1905년 광장주식회사의 설립과 함께 시장 개설 허가를 받아 오랜 전통을 가진 전통시장이다. 다양한 먹을거리를 파는 음식점들이 많고, 포목과 구제 상품 등이 활발하게 거래되고 있다. 그리고 남측으로는 방산종합시장이 자리를 잡고 있다.

광장시장

방산종합시장

1905년부터 자리를 지켜온 광장시장을 거점으로 하여 동대문 상권은 계속 동쪽으로 확장되었다. 1962년에는 평화시장을 문을 열었고, 1969년부터는 신평화시장, 동평화시장, 청평화시장이 계속 생겨나 1960~'90년대 소비재 상품을 중심으로 한 수출주도형 산업화를 선도했다. 1990년대에 들어서 거평프레야, 밀리오레, 두산타워 등 고층 의료전문 상가가 차례로 생겨나면서 동대문 주변은 세계 굴지의 패션 · 의료 시장으로 성장했다. 또 한국 전자산업의 메카로 불린 세운상가와 그 주변의 수많은 공구 기계 상가, 조명 상가들은 '못 만드는 것이 없고, 못 구하는 것이 없는' 청계천의 신화를 낳았다. 청계로는 그 자체로 한국 현대의 산업지도였다(청계천 박물관 홈페이지 참조).

청계활력길은 전태일에서 시작하여 전태일에서 끝난다고 해도 과언이 아니다. 그런데 전태일 관련 명소들은 3 · 1빌딩 청계천 동쪽에 있는 '아름다운 청년 전태일기념관'에서 시작한다. 여기서부터 전태일 다리 및 동상, 분신 항거의 장소였던 평화시장까지 '노동인권의 길'이 조성되어 있으며, 봉제 마을로 유명했던 창신동에는 전태일재단이 있다. 전태일은 1970년 11월 13일 오후 1시 근로기준법 화형식을 거행하기 위해 휘발유를 끼얹고 점화하기 직전 연설대에 올라 '우리는 재봉틀이 아니다', '일주일에 1번만이라도 햇빛을' 등의 구호를 제창하였다. 전태일 분신 현장이었던 전태일다리(일명 '버들다리') 위에는 전태일 동상이 세워져 있다. 현재 삼일교부터 시작하여 전태일 문화 거리를 알리는 동판이 보도블록 형태로 깔려있다.

전태일다리 위 전태일 동상

새벽다리는 동대문 재래시장 천막의 이미지를 적용하여 시장의 역사성과 향수를 연출하고자 설계되었다. 새벽시장의 활기와 향수를 담은 명칭이라 하여 새벽다리라 하였다. 마전교는 현 방산시장 앞 청계천에 놓여있던 다리로 조선시대 우마를 매매하던 시장이 있다고 하여 마전교

(馬廛橋)라 불렀고, 속칭 '소다리'라고도 하였다.

오간수교는 종로구 청계천 6가에 있던 조선시대의 수문(水門)이며, 수문이 5칸, 즉 5개의 수문으로 이루어졌다는 뜻에서 붙은 이름이다. 1760년(영조 36) 청계천을 준설하면서 수문 앞에 쌓인 토사를 걷어내고 복원하였다. 그 후 1907년(융희 1) 중추원에서 청계천 하수의 원활한 소통을 이유로 수문을 헐고, 이듬해 3월에는 동대문 근처의 성벽과 함께 오간수문의 성벽마저 헐었다. 그러다 2003년 7월부터 청계천 복원 사업의 일환으로 청계천 역사유적을 발굴할 때 오간수문의 아래쪽 끝 받침과 홍예(虹霓: 무지개 모양의 구조물) 기초부, 돌거북 등이 발굴됨에 따라 2004년부터 복원사업을 추진하였다.

새롭게 만들어진 오간수교는 오간수문의 전통적인 모양을 살려 5개 수문과 무지개 모양의 홍예 아치를 재현하였다. 오간수교를 지나면 '맑은내다리'가 나오는데 인도교이다. 청계천을 순우리말로 바꾼 이름이다. 나비의 힘찬 비상을 아치 구조와 크로스 케이블로 조화시켜 힘찬 도약을 연출함으로써 패션 중심의 상징성을 부여하였다.

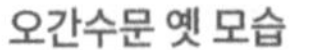

오간수문 옛 모습

복원된 오간수문

청계휴식길

청계휴식길은 맑은내다리에서 다산교, 영도교, 황학교, 비우당교, 무학교, 두물다리까지 이어지는 청계천 3코스이다. 동평화패션타운, 황학동 서울풍물시장, 청계천 터널분수(하늘 물터, 존치 교각), 판잣집 테마존, 청혼의 벽, 청계천박물관이 볼거리이다. 첫 번째 다리인 다산교는 중구 흥인동 1번지와 종로구 창신 제1동 401번지 사이 청계천에 있는 다리이다. 다산 정약용의 호를 따서 붙인 다산로로 이어지는 다리인 데서 다산교라고 하였다.

다산교를 지나면 영도교가 나온다. 영도교는 1457년(세조 3) 음력 6월 군부인(郡夫人: 1품 종친의 부인에게 내린 작호)으로 강등된 정순황후(定順王后 宋氏, 1440~1521)가 폐위된 단종을 강원도 영월로 보낼 때 마지막 이별을 한 곳이다. 다시는 만나지 못하고 영영 이별한 곳이라 하여 '영이별다리', '영이별교', '영영건넌다리' 등으로 불렸다는 이야기도 있다. 성종 때 이 다리를 보수하여 영도교(永渡橋)라고 하였다.

단종비 정순황후는 15세에 왕비에 책봉되었으나 단종이 왕위에서 쫓겨나자, 왕비 책봉 3년 만에 폐비가 되어 궁궐 밖으로 쫓겨났다. 단종과 이별한 정순황후는 정업원에서 지내면서 평생을 단종을 그리워하다 1521년(중종 16)에 82세의 나이로 승하하였다. 종로구는 정순황후의 삶을 기리기 위해 숭인 근린공원 내 정순황후 기념 공간을 만들었다. 영도교에서 동묘를 거쳐 정순황후 기념

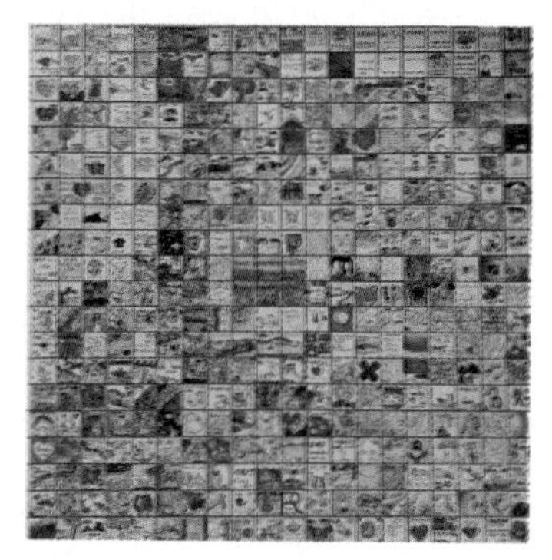
소망의 벽

공간을 지나면 정업원 구기(淨業院舊基) 터로 갈 수 있다.

황학교를 지나면 북측에 청계 제6경으로 선정된 '소망의 벽'이 있다. 소망의 벽은 남북 양측 50m 구간에 높이 2.2m의 규모로 제작되었다. 1개의 도자(陶瓷) 크기는 가로 10cm×세로 10cm로 총 20,000개의 도자가 담겨있다. 그리고 좀 더 걷다 보면 비우당교가 나오는데 여기에는 조선조 황희, 맹사성과 함께 3대 청백리였던 하정 류관(柳寬, 1346~1433)의 우산각과 비우당에 관한 일화가 잘 전해져 오고 있다.

> 조선 세종 때 우의정을 지낸 류관은 매우 검소하여 오두막집 한 채를 구하여 거주했는데, 문제는 이 집은 비가 오기만 하면 지붕이 새 류관은 우산을 받치고 책을 보았다고 한다. 그래서 동네 사람들은 류관의 집을 우산각(雨傘閣)이라 불렀다. 이 우산각에서 류관의 외손이자 지봉 이수광의 부친인 이희검이 이 집을 조금 넓혀 살았으며, 임진왜란으로 집이 소실되자 이수광이 그 터에 집을 새로 짓고 '비를 가리는 집'이라는 뜻인 '비우'라는 편액을 달았다고 한다. 선조인 하정 류관의 뜻과 정신을 잊지 않고 기리기 위해서였다(국민권익위원회, 2023.11.04.).

비우당교 너머로는 2013년 7월 서울미래유산으로 지정된 청계천 존치 교각(일명 '하늘물터')을 볼 수 있다. 2000년대 청계천 복구 공사에서 청계천을 덮고 있는 다리를 철거하는 과정에서 옛 교각 3개를 남겨둔 것이 바로 이 교각이다. 이 존치 교각은 청계 8경 중 제7경에 선정되어 있다. 그리고 바로 옆 무학교는 조선시대 무학대사가 도읍을 정하기 위해 자리를 살피던 중 왕십리 지역까지 왔으므로 도로명을 '무학로'라 하였고, 여기서 다리 이름이 유래하였다.

청계천박물관으로 가기 전에 두물다리가 보인다. 과거 청계천과 지류인 정릉천이 합류되던 지점으로 두 개의 물이 만나는 다리라는 의미이며, 폭 3~8m, 길이 43.8m로 도보교로 다리 모양도 서로 만나는 형상이다. 이러한 이유로 두물다리 바로 옆에는 청혼의 벽이 설치되어 있다. '청계천에서 아름다운 사랑을 만드세요'라는 글귀가 인상적이다.

청혼의 벽과 두물다리

청계천 휴식길의 핵심은 뭐니 뭐니 해도 청계천박물관을 들 수 있다. 청계천박물관은 2005년 9월 26일에 문을 열었다. 긴 유리 형태의 청계천박물관 건물 정면은 2005년 10월 1일 우리 곁에 돌아온 청계천의 물길을 상징한다. 청계천박물관은 상설전시실 지상 4층~지하 2층의 1,728평 규모로, 상설전시실과 기획전시실, 교육실, 소강당 등을 갖춘 청계천의

청계천박물관

역사, 문화 그리고 미래를 전시하고 있다. 청계천박물관 앞에는 청계천을 조망할 수 있는 청계천 판잣집 테마존(Urban Oasis)이 2022년에 조성되어 휴식 및 생태조망을 즐길 수 있다.

청계생태길

청계생태길은 고산자교, 신답철교, 제2마장교, 사근용답간 인도교, 살곶이다리에 이르는 마지막 청계 4코스 구간으로 주로 인근 지역주민의 건강증진과 생태계 회복에 초점을 두고 있다. 그동안에는 청계천을 '다리'의 수와 위치에 얽매여 모전교에서 고산자교까지의 구간에 관해서만 관심을 가졌지만, 최근 들어 지역주민의 삶의 질, 운동 기회 제공, 생태계 보호를 위하여 중랑천과 합류하는 끝부분까지 청계천을 연장하여 살펴볼 필요성이 제기되고 있다. 이에 따라 청계생태길은 하이킹 코스와 어린이용 물놀이시설, 어린이 자전거 안전체험 학습장, 생태학교, 황톳길 등을 조성하여 청계천 전 구간을 방문하는 사람들에게 매력을 주고 있다. 두물다리 다음의 마지막 다리는 고산자교로 『대동여지도』를 만든 고산자 김정호의 호를 따서 '고산자교'로 하였다.

고산자교 동쪽으로 북측에 버들습지가 나타난다. 버들습지는 청계 8경이자 청계천의 마지막 비경이다. 청계 1경에서 7경까지가 사람의 손길이 묻어나는 인공적 공간이었다면 8경은 오롯이 자연이 주인이다. 버들습지는 갯버들이나 매자기, 꽃창포 같은 수생식물의 서식 환경을 조성하기 위한 습지다. 청계천에서도 가장 자연 친화적인 생태 공간이다. 수생식물의 성장을 바탕으로 어류나 양서류 등의 생물 서식도 이뤄진다. 메기나 버들치, 피라미 같은 어류도 종종 만날 수 있다. 특히, 조류 보

청계천 철새보호구역 안내 표지판

호구역으로 지정돼 청둥오리는 물론이고 흰뺨검둥오리, 중대백로 같은 새들이 날아든다.

지하철 마장역이나 신답역을 이용해서 접근할 수 있는 청계천 생태학교는 청소년이나 직장인을 대상으로 다양한 생태교육을 시행하고 있다. 2023년 8월에는 국립생태원과 공동으로 청계천의 민물고기와 저서무척추동물, 11월에는 겨울 특별 프로그램으로 '청계천의 야생조류'를 주제로 생태체험 활동을 제공하고 있다.

그리고 제2마장교를 지나 중랑천 합류부 2km 구간(361,316㎡)은 중대백로, 왜가리, 논병아리, 흰죽지, 백할미새, 청둥오리, 쇠오리, 고방오리, 비오리 등 다양한 철새들이 찾아오고 있어 서울시에서 2006년 '철새보호구역'으로 지정하였다. 이어 청계천 종점부로 가면서 마장어린이꿈

공원, 성동구 자전거 교통안전교육 인증제 프로그램 운영시설, 하이킹 코스, 맨발로 걷는 황톳길이 조성되어 있다.

마지막 종점부는 한양대 남쪽에 있는 살곶이다리이다. 살곶이다리는 조선의 수도인 한성부와 한반도 남동부를 잇는 주요 교통로에 세워진 다리로 강릉 · 충주 지방을 연결하는 주요 통로였다. 전곶교(箭串橋)라고도 한다. 살곶이다리는 길이 76m, 너비 6m로 현존하는 조선시대 돌다리 중 가장 길다. 살곶이다리는 1420년(세종 2)에 다리를 짓기 시작해 1483년(성종 14)에 완공했다. '살곶이'라는 특이한 명칭의 유래는 다음과 같이 알려져 있다.

살곶이다리

조선 태조 이성계는 아들 이방원이 왕자의 난을 거쳐 태종으로 등극하자 함흥으로 내려가 은둔했다. 태종은 신하들의 간곡한 청으로 함흥에서 돌아오는 태조를 이곳 중랑천에서 맞이했는데, 이때 태조가 태종을 향해 활을 쏘았다고 전해진다. 날아간 화살은 빗나가 땅에 꽂혔고, 그 이후로 이

지역을 '화살이 꽂힌 곳'이라 하여 '화살꽂이'에서 '살꽂이'를 거쳐 '살곶이'라는 지명으로 불리게 되었다고 한다. 살곶이는 넓고 풀과 버들이 무성하여 조선 초부터 국가의 말을 먹이는 마장(馬場) 또는 군대의 열무장(閱武場)으로 사용된 곳이기도 하였다. 이곳에 다리를 만든 것은 정종과 태종의 잦은 행차 때문이었다. 세종 즉위 후 태종은 광나루에서 매사냥을 즐기고, 살곶이에 있는 낙천정(樂天亭)과 풍양이궁(豊壤離宮)에 수시로 행차하였다. 따라서 이곳의 하천을 안전하게 건너기 위하여 다리를 놓게 되었다고 한다(출처: 한국민족문화대백과사전 참조).

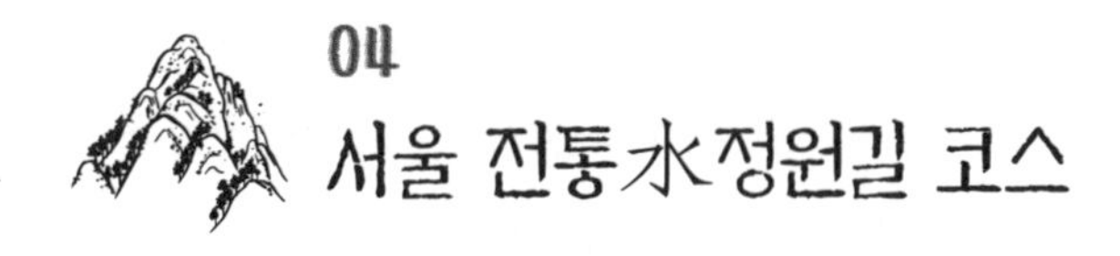

04 서울 전통水정원길 코스

선정 이유

전 세계를 가보면 그 나라만의 독특한 정원문화가 있다. 우리나라도 최근 국가정원을 지정하는 등 한국형 정원문화를 육성하는 데 역점을 두고 있다. 우리도 고유한 정체성 있는 정원문화의 흔적을 찾아내는 것이 중요하다. 서울시가 1988년 펴낸『서울의 어제와 오늘』이란 책자에는 서울의 대표적 정원으로 인왕산 선바위, 창덕궁 후원의 옥류천, 부용정, 경복궁 교태전 4곳을 선정하여 소개하였는데(서울특별시, 1988), 무슨 근거로 선정하였는지 궁금하다.

필자는 우리 고유의 전통정원을 흐르는 물과 정자가 담긴 임천정원(林泉庭苑)의 형태에서 찾고자 한다. 임천정원은 산골 깊숙이 경관이 빼어난 자리를 찾아 최소한의 필요 시설만을 갖추어 대자연을 그대로 정원으로 삼는 경우를 말한다. 그 흔적을 고궁 속에서 먼저 찾을 필요가 있다고 본다. 그 대표적인 것이 창덕궁의 후원이다. 일제 강점기 때 비원이라고 부르기도 하였다. 그리고 경복궁의 향원정을 들 수 있고, 바로 위 청와대 내에도 경복궁의 후원이었던 녹지원이 있다. 그리고 청와대 뒷산인 북악산 북쪽 기슭에 백사실계곡과 백석동천, 그리고 하류의 세검정, 다시 인왕산 방향으로 석파랑과 석파정으로 이어지는 '서울 전통水정원길' 코스를 운영해 볼 만하다. 코스를 빠르게 이동하면 당일 일정으로 다 둘러볼 수 있다. 반대 방향이지만 장충단공원과 남산골한옥마을도 전통水정원으로 분류할 수 있다.

서울시에는 국가정원이 없다. 그러나 한국을 대표할 만한 정원문화를 보유한 곳이 있다. 하나는 연못을 파고 정자를 세운 궁궐형 정원이고, 다른 하나는 숲속 개천가에 정자를 짓고 풍류를 즐긴 개천형 정원이 그것이다, 전자에는 창덕궁의 부용정과 경복궁의 향원정이 대표적이다. 그리고 후자에는 백악산 뒤편의 백사실계곡과 인왕산 북쪽의 석파정이 해당한다.

주요 콘텐츠

창덕궁 후원

창덕궁 후원은 창덕궁 안에 있는 조선시대 정원으로 면적 10만 3천여 평이며, 1963년 사적으로 지정되었다. 조선 왕궁의 놀이와 잔치 장소로 활용된 대표적인 조원(造苑) 유적이다. 1997년 창덕궁과 후원은 유네스코 세계문화유산으로 지정되었다. 창덕궁 후원은 산책로가 잘 정비되어 있으며, 전망이 좋아 사진찍기도 좋은 곳으로 평가되고 있다. 1405

년(태종 5) 창덕궁이 이궁(離宮)으로 창건되고 이듬해인 1406년에는 후원 동북쪽에 해온정(解慍亭)을 짓고 그 앞에 못을 팠으며, 후원 북쪽에는 인소전(仁昭殿)을 지었다.

후원(後園)은 왕과 그 가족들이 휴식을 취하고 독서하며 학문을 연마하는 공간인 동시에 왕이 아름다운 산수를 감상하며 신하들과 시를 나누어 지으며, 문예활동을 펼친 공간이기도 하다. 또한 인재를 뽑는 과거시험을 치르기도 하고, 백성들의 마음을 헤아리고자 왕은 농사를, 왕비는 양잠을 실행하는 공간이기도 했다. 창덕궁은 주요 전각 뒤쪽 깊숙이 자연 그대로의 언덕과 수림에 연못과 정자 등이 잘 어우러지도록 조성한 아름다운 후원이 펼쳐져 있다. 후원 전각에 남아있는 현판과 주련(柱聯: 기둥이나 벽 따위에 장식으로 써서 붙이는 글귀)에는 뜻깊은 건물 명칭이나 시구가 적혀 있어 당대 왕실의 여가문화와 가치관이 고스란히 담겨있다(국립고궁박물관 소개자료).

세조가 1459년(세조 5) 경복궁에서 창덕궁으로 옮기면서 후원에 새로운 못을 팠으며 이때 열무정(閱武亭)이 건립되었다. 열무정의 위치는 현재의 부용지(芙蓉池) 주변이다. 연산군은 이 후원에서 여희(女姬)들과 더불어 잔치를 벌이고 새나 짐승을 놓아 기르며 사냥을 즐기는 방탕한 생활을 하였다고 한다. 1497년에는 사람들이 후원에서 벌어지는 유락(遊樂)을 엿본다고 서쪽 담을 높게 쌓았고, 1503년 동쪽과 서쪽 담 밑에 사는 민가를 모두 헐어냈다. 창덕궁 후원의 명칭에 대해 역대 왕조실록에 후원 · 북원 · 금원(禁苑) 등이 보이는데 후원이라 부른 것이 가장 많다. 금원은 '아무나 못 들어가는 정원'이라는 의미이고 북원은 '궁궐 북쪽의 정원'이라는 뜻이다. 비원(秘苑)이란 명칭은 1904년(고종실록 광무 8년 7월 15일)부터 나타난다.

고령층은 지금도 여전히 이 정원을 비원이라고 부르는 경우가 많다. 유네스코 세계문화유산에 등재된 창덕궁 관련 문건에도 후원을 칭하는 명칭은 비원(Piwon, the Secret garden)이라고 표기돼 있다. 일각에서는 '조선총독부가 조선 궁궐의 격을 낮추고 특히 창덕궁 후원을 낮춰 부르기 위해 비원이라고 명명한 것'이라는 이야기하고 있다. 하지만 의도적으로 일제가 비원이라는 이름을 부르도록 강요했다는 사료적 근거는 없다. 그래도 오래전부터 정사에 등장하는 명칭이 후원인 만큼 비원보다는 창덕궁 후원이라는 명칭을 쓰는 것이 합당할 것으로 보인다.

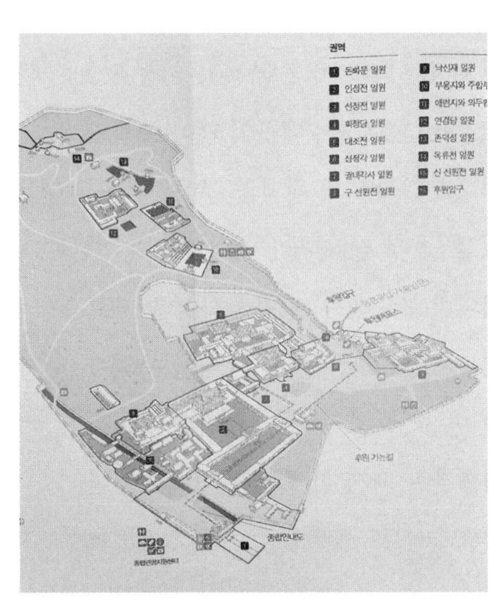

창덕궁과 후원 안내도

후원 안에 남아있는 건물들은 누각 · 정자 · 민가양식 등인데 집 모양도 사각형 · 육각형 · 팔각형 · 부채형 · 다각형 등으로 건립되었고, 특히 정자의 난간 · 포작(包作) · 문살 등에는 기발한 착상과 함께 목조공예의 정교한 솜씨를 다 발휘하였다. 느긋하고 여유 있는 공간이며 스스로 넉넉함을 느낄 수 있는 수양지이고 학업의 수련장이기도 한 창덕궁 후원은 우리나라 조원문화(造苑文化)의 특징을 잘 보여주는 대표적 정원이라는 점에서 의의가 있다.

> 창덕궁에는 역대 왕들이 조성한 후원이 있다. 이 후원에는 인조 때 조성한 옥류천, 정조 때 세워진 부용정과 규장각, 순조 때 상류층 양반 가옥을 그대로 구현한 연경당 등이 있고, 내전 한쪽에는 헌종이 생활공간으로 양반집 사랑채를 본떠 지은 낙선재가 있다. 〈중략〉 창덕궁 후원은 크게 네 영역으로 나뉜다. 고개를 하나 넘으면 바로 만나는 부용정 · 규장각의 영역이 있고, 가장 안쪽 깊숙한 계곡가에 옥류천 영역이 있다. 부용정과 옥류천 사이에 산자락 하나를 두고 골이 깊은 곳에는 존덕정을 비롯한 정자 영역이 있고, 평평한 곳에는 양반가의 저택을 본떠 지은 연경당이 있다. 산자락 골짜기에 이렇게 아름다운 정원 네 곳을 경영한 것이 창덕궁 후원이다(유홍준, 2017a).

그중 후원의 대표적 건축물은 부용정(芙蓉亭)이다. 부용지는 정조가 가장 사랑했다고 한다(공서연 · 한민숙, 2020). 그래서 이곳에 앉아 풍경과 낚시를 즐기고 신하들과 시를 지었다고 전해진다. 필자가 부용정에 갔을 때 해설사가 유심히 강조한 이유를 알 것 같다. 부용지의 형태는 하늘은 둥글고 땅은 네모나다는 천원지방(天元地方)의 음양사상을 따르며, 땅을 의미하는 네모난 연못 안에는 하늘을 뜻하는 둥근 섬을 두었다(박상준, 2008). 정면 5칸, 측면 4칸, 배면 3칸으로 되어있다. 평면의 기본형은 정면만을 다각(多角)으로 접어 5칸이 되게 한 십자형의 특수평면인데, 배면 한 칸은 연못에 높은 석주(石柱)를 세우고 수중누각(水中樓閣)이 되게 하였다.

연못에 떠 있는 누간(樓間)을 지상 건물보다 약간 높여 수상 건물과 지상 건물과의 조화를 추구하였고, 평면의 생긴 모양대로 쪽마루를 꺾어 내부에서 어디든지 자유롭게 출입할 수 있게 하였다. 부용정에서 연

창덕궁 후원의 부용정 전경

못 건너편에 2층 규모의 주합루(宙合樓)가 있는데 후원에서 가장 큰 건축물이다.

부용지 주변에는 서향각, 영화당이 있으며, 이곳을 지나면 '연꽃을 사랑한다'라는 의미의 애련지(愛蓮池), 존덕정(尊德亭)을 볼 수 있다. 옥류천에서는 U자형 홈을 파서 술잔을 띄우고 시를 짓는 유상곡수연(流觴曲水宴)을 즐긴 흔적이 있다. 그리고 옥류천을 돌아 나오는 길에 정조가 달맞이하던 정자인 청심정(淸心亭)이 나온다.

옥류천은 창덕궁 북쪽 깊숙한 골짜기에 흐르며, 그 입구에 자리한 취한정(翠寒亭)을 지나면 개천가에 소요정(逍遙亭)이 나타난다. 조선조 당시 옥류천의 아름다운 정치와 전원생활의 일면이 숙종의 「소요관천시(逍遙觀泉詩)」와 정조의 시문에 잘 나타나 있다. 숙종은 "높은 정자에 앉아 깊은 골짜기를 흐르는 옥류천을 한가로이 바라다보는 것도 좋거니와 곡수에 술잔을 띄우면서 깊은 근심을 씻어내는 것도 무한한 즐거움"이라고 시문에 표현하고 있다. 정조도 "바위 끝에서 튀기며 떨어지는 물방울 소리는 마치 가야금을 울리는 듯하며 하늘은 푸른데, 이 몸이 쉬고 있는 정각은 빗속에 깊이 잠겨 있는듯하니 도(道)란 본래 무심(無心)이 유심(有心)이 아니던가"라고 표현하고 있다(서울특별시, 1988). 이처럼 물과 정자를 위주로 한 임천정원은 우리나라 고유의 정원제도로 발전하였다.

경복궁 향원정

경복궁 건청궁 남쪽에 있는 누각(樓閣)으로, 누각은 사방의 경관을 감상하기 위해 여러 층으로 지어진 건축물을 말한다. 전각의 명칭인 향원(香遠)은 '향기가 멀리 간다'라는 뜻으로, 중국 북송 시대의 유학자 주돈이(周敦頤, 1017~1073)가 지은 「애련설(愛蓮說)」에서 참고하였다. 애련설은 연(蓮)을 좋아하는 작가의 고아한 인품이 드러난 글이다. 현판의 글씨는 고종이 직접 썼다. 1885년(고종 22)쯤에 건립된 것으로 추정되며, 건립 당시의 모습이 오늘날까지 잘 남아있다. 향원정의 연못을 건너는 다리인 취향교는 6 · 25전쟁 당시 훼손된 것을 1953년에 복원하였으나, 그 위치와 형태가 다르게 복원되었다. 2017년 향원정 보수공사를 하면서 취향교를 원래의 위치에 본래 모습으로 다시 복원하기로 하였고, 2021년에 복원이 완료되었다(네이버지식백과 참조).

향원정은 2층 규모의 건축물로, 누각의 평면은 정육각형이다. 장대석으로 기단을 만들고, 위에 육각형의 정주 초석을 올렸다. 1 · 2층을 한 나무의 기둥으로 세웠으며, 기둥과 기둥 사이에는 4분합 창문을 두었다. 공포는 익공계로 1출목 2익공(一出目二翼工: 건물 외부에 1출목으로 한 2익공) 형태이며, 바닥의 가장자리에는 온돌이 설치되어 있다. 향원정은 고종이 휴식을 취했던 공간으로 경복궁의 아름다움을 상징하는 대표 건

경복궁 향원정

물이다. 심미성과 비례감이 뛰어나며 주변의 풍경과 조화를 잘 이루고 있다. 이러한 역사적, 예술적, 건축적 가치를 인정받아 2012년 3월 2일 보물로 지정되었다.

청와대 녹지원

본래 청와대 지역은 1395년 경복궁이 완공되면서 후원으로 조성되었다. 청와대 녹지원은 면적이 약 3,300㎡이며, 1968년에 조성되었다. 이곳은 원래 경복궁의 후원으로 농사를 장려하는 채소밭이 있었으며, 과거를 보는 장소로 이용되기도 했다. 일제 강점기에는 총독 관저의 정원이 되면서 가축 사육장과 온실 등의 부지로 이용되던 것을 1968년에 전체 면적에 잔디를 깔고 정원으로 조성했다. 이곳에는 수령 310년, 높이 16m의 한국산 반송(盤松)이 있어, 녹지원이라 명명했다.

청와대 녹지원 변 실개천

녹지원은 본래 경복궁 뒤뜰이었던 곳으로 청와대에서 가장 아름다운 장소이며, 여러 종의 나무들과 예쁜 잔디가 심어져 공원처럼 산책하기 최상의 조건을 갖추고 있다. 야외 행사장으로 이용되며 매년 어린이날, 어버이날, 장애인의 날 등에 다채로운 행사가 개최된다. 소재지는 종로구 세종로 1번지이다. 필자가 청와대를 세 번 방문했었는데 그중 녹지원 변 소정원에서 가장 많은 시간을 보내며 선조들의 여가문화를 그려보기도 하였다.

청와대 녹지원은 백악산 정상에서 흘러내린 실개천이 상시 흐르고 있어 방문하는 사람들에게 편안한 인상을 준다. 그리고 녹지원에서 본관 쪽으로 걷다 보면 소정원이 나타난다. 마치 수반 위에 수목을 올려놓은 것처럼 잔잔한 연못 속에 비친 나무들의 모습이 일품이다.

백사실계곡과 백석동천

백사실계곡은 서울에서 보기 드물게 문화사적과 자연환경이 잘 어우러진 우수한 자연생태 지역으로 다양한 생물체들이 서식하고 있다. 특히, 1급수 지표종인 도롱뇽은「서울특별시 자연환경보전조례」에 의한 서울시 보호야생동물로서 이곳에 집단으로 서식하고 있어, 보존 가치가 매우 높은 지역이다. 2005년 3월 25일 사적 제462호로 지정되었다가 2008년 1월 8일 명승 제36호로 변경되었다.

2009년 11월 26일 종로구 부암동 115번지 일대 132,578㎡를 '생태 · 경관보전지역'으로 지정하였는데, 서울시 보호종인 도롱뇽, 북방산개구리, 무당개구리, 오색딱따구리 등 다양한 야생 생물들이 서식하고 있으며, 계곡부에는 상수리나무, 느티나무, 산벚나무 등이 자라고, 능선부는 소나무, 아카시아 등이 넓게 군락을 이루고 있다.

백석동천

백사실계곡은 아는 사람만 안다는 서울의 청정 계곡으로 도롱뇽이 산다고 해서 화제가 됐다. 깊은 숲을 따라 이어지는 오솔길과 걸음을 막아서는 크고 작은 계곡의 정취는 이곳이 과연 서울인가를 의심하게 한다. 카페 '산모

퉁이'를 지나면 계곡 입구가 나온다.

백사실이라는 명칭은 조선 중기의 문신이자 오성 대감으로 유명한 '백사(白沙) 이항복'의 별장 터가 있었던 데서 유래됐다고 전해지지만, 확실한 고증은 없다. 별서란 세속의 벼슬이나 당파싸움에 야합하지 않고 자연에 귀의하여 전원이나 산속 깊숙한 곳에 유유자적한 생활을 즐기려고 따로 지은 집을 말한다. 문화재청 국립문화재연구소는 2012년 11월 조선 후기 서예가인 추사(秋史) 김정희(1786~1856)가 이 터를 사들여 새롭게 별서를 만들었다는 내용을 옛 문헌에서 찾아낸 바 있다(국립문화재연구소, 2012).

추사 김정희의 『완당전집』 권9에 "선인 살던 백석정을 예전에 사들였다"라는 내용과 주석에서 "나의 북서에 백석정 옛터가 있다"라는 내용이 있다(민중의 소리, 2012.11.12.). 이로 미루어 추사가 터만 남은 백석정 부지를 사들여 새로 건립하였음을 확인할 수 있다. 현재 이곳에는 연못과 육각정의 초석이 남아있고, 그 뒤의 높은 곳에는 사랑채의 돌계단과 초석이 잘 남아있다. 백석동천은 마을과 떨어진 한적한 곳에 있으며, 수려한 자연경관과 건물들이 잘 어우러져 있어서 격조 높은 별서 건축의 모든 요소를 가지고 있다.

특히 백사실계곡 입구에는 '백석동천(白石洞天, 명승 제36호)'이라고 새긴 바위가 있다. 백석동천(白石洞天)의 '백석'은 '백악'을 뜻하고(유홍준, 2020), '동천'은 '산천으로 둘러싸인 경치 좋은 곳'을 말한다. '백악의 아름다운 산으로 둘러싸인 곳'이라는 뜻이다. 또한 주변에 흰 돌이 많아 붙여졌다는 이야기도 있다.

백석동천은 자연경관이 잘 남아있고 전통 조경 양식의 연못, 육각정자 주춧돌, 안채와 사랑채의 건물터가 잘 남아있다. 백석동천은 1800

백석동천의 정자 주춧돌과 연못(함벽지), 언덕 위의 별서 터 주춧돌의 모습

년대에 조성된 별서(別墅 · 별장의 일종) 유적으로, 전통 조경 양식의 연못 · 정자터 · 각자(刻字) 바위 등의 보존 상태가 좋아 2008년 사적에서 명승으로 변경 · 지정된 바 있다. 2004년 3월 노무현 대통령이 자신에 대한 탄핵소추안이 발의되어 청와대에 칩거하던 중 주변을 산책하다가 발견한 것으로 유명하다.

백사실계곡을 계속 내려가다 보면 잔잔한 물길이 폭포처럼 내리는 바위에 자리 잡은 삼각산현통사(三角山玄通寺)가 지나가는 등산객들을 끌어들인다. 그리고 개천을 따라가면 이 계곡길의 끝에 세검정(洗劍亭)이 보인다. 일찍이 연산군이 수각(水閣)과 탕춘대(蕩春臺) 등을 짓고 놀았다고도 하는데, 숙종 때에 북한산성 · 탕춘대성을 쌓고 부근을 서울의 북방 관문으로 삼으면서 주둔 군인들의 위락장소로 변하였으며 시인, 묵객 등이 즐겨 찾는 명소가 되었다. 인조반정 때까지만 해도 사람이 살지 않는 곳이었으나 그 후 간장 담그는 기술자와 창호지 만드는 기술자를 상주케 하여 '메주가마골'이라는 별칭도 생겨났으며 장판지를 만들던 조지서(造紙署) 터는 아직도 남아있다.

세검정

백사실계곡을 따라 홍제천으로 내려가다 보면 세검정이 나타난다. 육각정자로서 1747년(영조 23)에 지어졌다가 1941년에 불타버렸으나 1977년 옛 모습대로 복원하였다. 1623년(광해군 15) 이귀(李貴), 김류(金瑬) 등의 반정 인사들이 광해군의 폐위를 의논하고 칼을 씻은 자리라고 해서 세검정이라는 이름이 생겼다. 원래 세검(洗劍)이란 칼을 씻어서 칼집에 넣고 태평성대를 맞이하게 되었다는 뜻으로, 세검정은 인조반정을 의거로 평가하여 이를 찬미하는 상징적 의미가 있다. 조금 더 내려가면 상명대학교 앞에서 세검정 상징 조형물, '세검정의 풍류'가 보인다. 중앙대 양태근 교수는 다시는 전쟁과 싸움이 없는 평화로운 곳으로 상징하기 위하여 칼집에 칼을 넣는 검에서 풍류를 상징하는 높은 음자리표로 자연스럽게 넘어가는 상징적인 조형물을 제작하였다.

대원군의 별장, 석파정

삼거리에서 창의문 방향으로 걷다 보면 우측에 서울미술관이 나타난다. 사실 석파정을 들어가기 위해서는 서울미술관에 가지 않더라도 서울미술관 입장권을 구매해야 하기 때문에 좋게 보면 '일거양득'이고 반대로 보면 '끼워넣기'처럼 보인다.

석파정은 조선 철종과 고종 때 영의정을 지낸 김흥근(金興根)이 지은 별서(別墅)를 흥선대원군(興宣大院君)이 집권한 뒤 별장으로 사용한 곳이다. 이 집을 석파정이라고 한 것은 정자 앞산이 모두 바위여서 대원군이 석파(石坡)라고 이름을 지었으며, 흥선대원군의 아호를 석파라고 한 것도 이에 따라 지어진 별호이다.

원래 이곳은 조선 숙종 때 문신인 오재(寤齋) 조정만(趙正萬)의 별장인 소운암(巢雲庵)이 있었던 곳이다. 그 뒤 철종 때 영의정을 지낸 김흥근이 별장을 지어 '삼계동정자(三溪洞亭子)'라 불렀다고 한다. 조선 후기 학자 황현(黃玹)이 쓴 『매천야록(梅泉野錄)』에는 흥선대원군이 김흥근에게 이 정자를 팔기를 청했으나 거절하자 아들 고종과 함께 묵었는데 김흥근이 "임금이 묵고 가신 곳에 신하가 살 수 없다"라고 헌납하였다는 이야기가 전해온다. 석파정 안내판에는 다음과 같은 글귀가 적혀 있다.

고종황제가 묵었던 방

> 물과 구름이 감싸 안은 집이라 명명된 석파정(石坡亭)은 조선의 왕이 선택한 왕의 공간이라 불린다. 굴곡진 역사의 흐름과 비바람을 견뎌낸 노송과 건축물을 넘어 예술적 가치를 지닌 존귀한 공예품 같은 집이다. 조선의 마지막 왕인 고종은 이곳을 행정이나 행군 시 임시거처로 사용하며, 신하들과 함께 국정을 논의하였고, 집을 둘러싸고 있는 빼어난 산수의 계곡, 사계의 아름다움을 모두 품어내는 궁극의 절경 앞에 자신을 겸허하게 내려놓았을 것이다. 왕의 국사와 쉼이 모두 이루어진 가장 완벽한 공간이다(석파정 안내문 참조).

특히 유수성중관풍루(流水聲中觀楓樓)는 석파정에서 가장 자연 친화적이고 독특한 건축물로서 '흐르는 물소리를 들으며 화사한 단풍을 구경하는 정자'라는 뜻으로 농익어 가는 가을, 고운 단풍이 지천일 때 신비로운 풍광 속 정자의 아름다움이 눈앞에 그려진다. 또한 소원바위, 행운바위로 불리기도 하는 너럭바위는 코끼리 형상의 바위산으로서 인왕산의 특징을 잘 드러내 주고 있는데, 천연의 수려함이 돋보인다. 비범한 생김새와 영험한 기운 덕에 소원을 이뤄주는 바위로 재미있는 전설들도 많다.

석파정의 뜰은 넓고 수목이 울창하여 봄철의 꽃과 가을의 단풍 등 절기에 따라 풍치가 아름답다. 특히 천세송은 20평이 넘는 그늘을 자랑하는 압도적 크기의 노송으로 주변 동네의 안녕과 풍요를 지키는 수호신이자 정신적인 양수를 느끼게 하는 나무로 알려져 있다.

유수성중관풍루

석파정 천세송

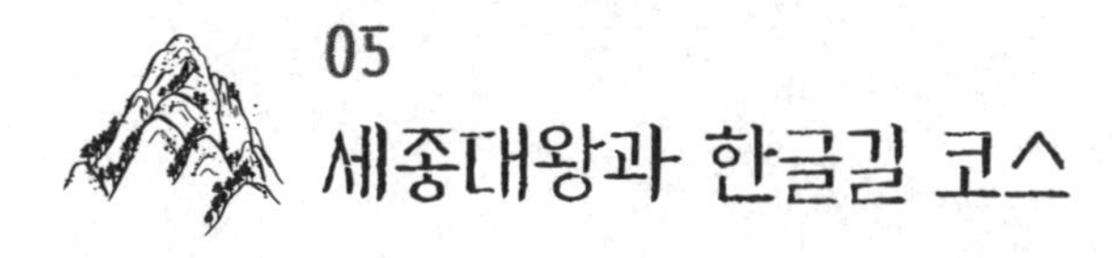

05 세종대왕과 한글길 코스

선정 이유

조선왕조 임금 중 세종대왕은 한국을 대표하는 군주이다. 그의 공로는 학문 숭상과 한글 창제, 과학기술 육성, 문화예술, 물시계인 자격루와 해시계인 앙부일구(仰釜日晷), 강우량 측정기인 측우기와 하천수를 재는 수표 발명 등 수많은 업적을 쌓았다. 또한 외국인들에게 세종은 한국 역사상 최고의 임금으로 계속 인식시키기 위해서는 그의 인품과 업적에 대한 여행코스를 개발하여 운영할 필요가 있다. 세종대왕은 태조 이성계 시기에 초축된 한양도성을 다시 쌓기 위해 창의문과 북정문을 개방하도록 하였으며, 도성 곳곳에 개축한 흔적이 보인다. 1422년 1월 도성을 재정비하면서 평지의 토성을 석성으로 고쳐 쌓았다. 이처럼 세종은 인왕산과 밀접한 관련이 있다. 인왕산의 정기를 받아 태어났다고 해도 무방하다. 인왕산 숲길에 가면 '세종대왕과 인왕산'이라는 안내표지판이 세워져 있는데, 다음과 같이 소개 글이 적혀 있다.

본래 인왕산은 경복궁의 서쪽에 있다고 하여 서산(西山)이라고 하다가 고려 시대 인왕사(仁王寺)라는 사찰에서 유래하여 조선 초기부터 인왕산이라 불리게 되었습니다. 인왕산 자락(한양 북부 준수방, 지금의 통인동 일대)에서 태어난 세종대왕은 어진 임금으로 조선 전성기를 이끌었습니다. 세종대왕과 인왕산은 여러모로 인연이 깊습니다.

이와 관련 서촌 한글길~세종대왕 나신 곳(세종마을)~~한글가온길(한글학회)~주시경 마당과 집터~세종로공원(한글 글자마당)~세종대왕 동상을 세종대왕과 한글길 코스로 상설 운영할 필요가 있다. 이 거리가 특성화되기 위해서는 건물 간판에 한글로 표기하는 것을 원칙으로 하고 필요시 영문과 한자를 함께 적을 수 있도록 해야 한다. 2013년 서울시는 한글에 얽힌 이야기를 소개하는 '한글10마당'과 한글을 테마로 18개의 조형물 '한글숨바꼭질'을 새문안로 3길과 세종대로 23길에 설치하고, 이를 기념해 길 이름을 '한글가온길'로 변경하는 등 다양한 노력을 기울이고 있다.

주요 콘텐츠

서촌 한글길과 세종대왕 나신 곳 표지석

원래 서촌이라는 지명이 있었지만 서울시는 세종대왕의 흔적이 많은 관계로 세종마을로 개칭하여 부르고 있으며 아직은 두 가지 명칭이 모두 혼용되고 있다. 한글길은 세종대왕이 태어난 곳을 지나는 거리로 경복궁역에서 자하문터널까지 총 1,910m에 달하는 구간이다. 한글은 1443년(세종 25) 12월에 창제되었는데, 처음에는 훈민정음(訓民正音)이라 불렀다. 이후 이 글자에 대한 원리를 연구하며, 『훈민정음 해례(解例)』를 만들고 「용비어천가」와 같은 작품을 통해 실제 그 글자를 적용해 본 후 1446년(세종 28)에 정식 반포하였다. '한글'이란 명칭은 1910년대 주시경을 비롯한 한글학자들에 의해 사용되었다. 종로구는 세종대왕의 업적과 한글의 우수성을 국내외 관광객들에게 널리 알리기 위해 경복궁역에서 자하문터널까지 구간을 명예도로명 '한글길'로 지정하였다. 한글길을 걷다 보면 통인시장 근처에 '세종대왕 나신 곳'이라는 표지석이 보인다. 표지석의 내용은 "서울 북부 준수방에서 겨레의 성군이신 세종대왕이 태조 6년(1397) 태종의 셋째 아드님으로 태어나셨다"라고 적혀 있다. 정확히는 1397년 5월 15일 세종의 아버지인 태종의 집에서 태어났다.

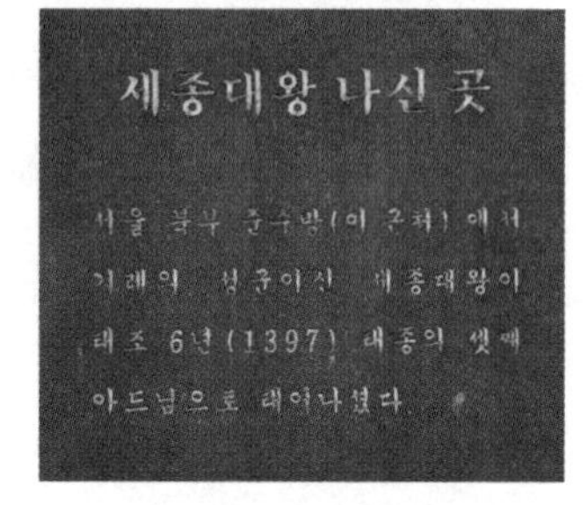

세종대왕 나신 곳 표지석

세종마을과 통인시장

세종마을은 인왕산 동쪽과 경복궁 사이에 있는 지역으로 조선시대에는 준수방, 인달방, 순화방, 웃대, 우대, 상대마을(上村)이라고도 불렸다. 웃대 또는 상촌은 백운동천과 옥류동천 주변을 포함하는 광통교 위쪽 상류 일대를 말한다. 이 지역은 관청 거리인 육조거리와 가까워 서리(胥吏), 녹사(錄事) 등 아전들이 많이 살았다. 웃대의 북쪽, 개천 발원지와 가까운 곳은 산세가 수려하고 물이 맑아 시인, 묵객(墨客)들이 자주 찾았다. 지금은 600년 전통 정겨운 골목을 세종마을 음식문화 거리로 지정하였으며, 많은 사람이 찾고 있다.

세종마을은 조선시대 중인과 일반 서민의 삶의 터전이었으며, 김정희의 생가터, 백사 이항복의 집터가 있다. 또한 옥계시사(玉溪詩社, 백일장)가 열리고 겸재 정선의 「인왕제색도」와 추사 김정희의 명필이 탄생한 마을이기도 하다. 근 · 현대에는 이중섭, 윤동주, 이상, 박노수 등이 거주하며 문화예술의 혼이 이어졌고, 현재 600여 채의 한옥과 골목, 전통시장, 소규모 갤러리, 공방 등이 어우러져 문화와 삶이 깃든 마을이다. 세종마을의 명소로는 통의동 백송, 창성동 한옥마을, 청와대 사랑채, 윤동주 문학관, 청운문학도서관, 상촌재, 이상 집터, 수성동계곡, 종로 구립 박노수미술관 등이 있다.

통인시장은 1941년 6월 일제 강점기 효자동 인근 일본인들을 위해 설립된 공설 시장에서 비롯됐다. 이후 1950년 한국전쟁 이후 서촌 지역의 인구가 급격히 늘면서 공설 시장 주변으로 노점과 상점이 형성되면서 점차 시장의 형태를 갖추게 되었다. 하나의 골목이 직선으로 길게 이어진 전형적인 전통시장으로 약 70~80개의 점포가 형성돼 있다.

통인시장 상가

집현전 터

집현전은 세종 시기 한글 창제와 밀접한 관련이 있다. 경복궁에 들어가면 경회루 근처에 아주 위엄과 풍모를 갖춘 수정전(修政殿)이 있다. 수정전은 한글 창제의 산실인 집현전이 있던 곳이다. 궁궐 건물 이름의 '전(殿)'은 경복궁의 근정전(勤政殿), 교태전(交泰殿)처럼 왕과 왕비의 건물에 붙이는 것이 일반적이다. 수정전은 왕과 왕비의 직접적인 관련이 없음에도 '殿'을 붙였으니, 위엄을 갖추었다고 할 수 있다. 또 다른 큰 특징은 수정전에 월대(月臺)가 있다는 점이다. 월대는 건물 앞에 돌로 쌓은 기단으로 큰 행사 등을 치를 수 있다. 월대는 왕과 왕비와 관련된 건물에 있고 일반적인 전각에는 없다. 전(殿)과 월대(月臺)를 갖추고 있는 수정전은 조선 초기 집현전(集賢殿) 터다.

한글가온길

한글가온길 안내 표석

'한글가온길'은 2013년 서울시가 한글 창제 570돌을 맞아 한글의 우수성을 알리고자 서울 세종대로 일대에 조성했다. '가운데', '중심'을 뜻하는 '가온'이라는 순우리말을 써서 한글이 우리 삶과 역사에서 중심이 되어 왔다는 뜻을 담았다. 한글을 창제한 세종대왕의 동상, 주시경 선생의 집터, 한글학회 등 한글과 관련 있는 이야기들이 길을 따라 촘촘히 이어진다. 한글가온길의 전체 경로는 한글학회(1구역)~주시경 마당(2

구역)~세종예술의 정원(3구역)~세종공원(4구역)~세종대왕 동상(5구역)~세종 생가터(6구역)나 세종 생가터는 한글길과 중복된다.

한글가온길을 걷다 보면 한글이야기 10마당 벽화가 눈에 띄며, 한글학회를 지나 광화문로 모서리에 한글가온길 새김돌이 설치되어 있다. 한글회관 도로 맞은편에는 '이야기를 잇는 한글가온길'이 있다. 그것은 목재로 된 긴 게시판에 한글과 관련된 글과 그림이 담겨있는 액자들을 붙여 놓은 조형물이다. 그곳에서는 한글이 임진왜란 때 암호로 사용됐었다는 등의 숨은 이야기들을 만날 수 있다.

주시경 마당 및 집터

주시경 선생은 최현배와 함께 조선의 대표적인 한글학자로 한글을 통해 계몽과 독립에 앞장선 독립운동가이다. 그는 독립협회 활동 당시 순우리말신문인 독립신문을 발간하였으며, 국문 문법, 국어문전음학 등을 집필하는 등 한국어 연구와 보급에 평생을 헌신하였다. 이에 따라 한글이라는 단어를 처음 쓴 대표적인 한글학자인 주시경 선생의 마당과 집터도 중요한 코스이다.

주시경 선생은 근대 학문을 배운 지식인으로 민족정신을 높이기 위해 계몽운동, 국어운동, 국어연구를 했다. 주시경 선생은 한국어와 한글을 과학적으로 연구한 최초의 언어학자였다. 그리고 한국어와 한글의 표준화와 보급 운동을 민족 자주의 차원에서 전개한 불멸의 선각자이다.

주시경마당은 '이야기를 잇는 한글가온길'에서 똑바로 3분쯤 가면 나타난다. 그곳은 도심 속 빌딩과 빌딩 사이에 마련된 아담한 규모의 녹지 공간이다. 그 안 끄트머리쯤에서 마치 오가는 이를 반기듯이 서 있는 주시경 선생의 입상 부조를 마주할 수 있다. 그 부조는 네모 틀 형상의 조형물 왼쪽 앞면에 부착돼 있다.

조형물 반대편에는 또 다른 부조가 있다. '한글을 세계에서 가장 우

주시경 선생 부조

헐버트 선생 부조

수한 문자'라고 이야기한 구한말의 이방인 독립유공자 호머 헐버트 선생이 그 주인공이다. 주시경마당의 조형물은 주시경, 헐버트 두 선생의 위업을 기리는 상징물이다. 한국인보다 한글을 더 사랑했던 호머 헐버트 선생도 만날 수 있다. 그곳에서는 두 분의 업적과 내력 등도 접할 수 있다. 2013년 서울시의 한글 마루지 사업 일환으로 조성되었다(서울특별시 내손안에 서울, 2019.09.26.). 주시경 집터는 이미 다른 건물이 들어서 있은 지 오래다. 용비어천가로 불리는 그 건물 입구에 있는 조형작품 「한 흰샘: 마르지 않는 샘」을 통해 아쉬운 대로 그곳이 주시경 선생의 집터임을 확인할 수 있다.

세종예술의 정원

세종예술의 정원은 세종문화회관 뒤편에 있는 작은 정원이다. 이 정원에 있는 「서울의 미소」라는 작품은 웃는 입 모양과 웃음을 묘사하는 의성어 '하하하'를 소재로 한 작품으로 자음 'ㅎ'이 가지고 있는 기하학적 조형 요소를 입체적으로 구성하여 한글의 우수한 조형미를 부각한다. 그리고 정원의 가운데에는 벤치에서 윤동주 시인의 「서시」를 읽고 있는 여인상이 세워져 있다.

세종예술의 정원에 있는 서울의 미소

조선어학회 한글수호기념탑

세종예술의 정원에서 북쪽으로 정부종합청사 방향으로 걷다 보면, 조선어학회 한글수호기념탑이 세워져 있다. 2014년 경술국치 104주년을 맞아 1942년 10월에 발생한 조선어학회사건을 되돌아보기 위한 기념탑이 건립되었다. 조선어학회 사건은 일제가 조선어학회 회원 및 관련 인물을 검거하여 재판에 회부한 사건이다. 대한제국 말에 일어났던 한글 운동이 3 · 1운동 후 다시 일어나면서, 1921년 12월 뒤에 조선어학회로 이름을 고쳐 부르게 된 조선어연구회가 창립되었다. 1929년 10월에는 조

조선어학회 한글수호기념탑

선어사전편찬회가 조직되어 사전 편찬의 바탕이 되는 '한글맞춤법통일안', '표준어사정(標準語査定)', '외래어 표기' 등을 제정하는 등 말 · 글의 연구 및 정리, 보급을 계속하였다

1931년 '조선어학회'로 이름을 다시 바꾸고 사전 편찬을 위한 기초 작업에 착수하였다. 1933년 '한글맞춤법 통일안'을 제정하고 1936년 '조선어 표준말'을 사정하였으며 1940년 '외래어표기법 통일안'을 제정함으로써 국어는 비로소 문명어로서의 모습을 갖추게 되었다. 조선어학회는 이를 바탕으로 1942년 『조선말 큰사전』 출판에 착수하였는데, 조선어 사용 금지령 · 창씨개명 등 민족 말살 책동을 노골화한 가운데 이야말로 가장 힘 있는 민족운동 · 독립투쟁임을 간파한 일제가 주동 인물들을 치안유지법 위반으로 함흥형무소에 구금하고 더할 수 없이 모진 고문을 가하였다. 이에 이윤재 · 한징 두 분이 옥사하고, 이극로 · 최현배 · 이희승 · 정인승 · 정태진 등이 광복을 맞아 반죽음 상태로 풀려나니 이것이 이른바 '조선어학회 사건'이다. 이분들의 거룩한 희생이 있었기에 국어는 현대화되었고 이를 바탕으로 제대로 된 교육을 할 수 있었다.

세종로공원

광화문광장 오른편에 조성된 쉼터에는 11,172개의 글자가 전시되어 있다. 각각의 글자 하나하나마다 글쓴이의 사연을 QR코드를 통해 만나볼 수 있다(정책공감, 2015.10.01.). 한글가온길에는 한글을 예술적으로 승화한 조형물들이 많이 숨겨져 있다. '그대를 기다림', '안녕하세요' 등 다양한 작품을 찾을 수 있다. 한글글자마당은 세종대로 주변 '한글 마루지(識) 조성 사업'의 일환으로 한글의 과학성과 우수성을 세계에 널리 알리고, 대한민국 국민에게 자긍심을 높이기 위하여 한글 첫소리(19자), 가운뎃소리(21자), 끝소리(27자) 글자로 조합 가능한 11,172자를 재외동포, 다문화가정, 국내 거주 외국인, 새터민 등을 포함 전 국민을 대상으로 참여자 공모를 시행하여 11,172명이 각각 한 글자씩 직접 쓴 글씨를 돌에 새겨 한글 글자마당을 조성한 것이다.

세종·충무공이야기 전시관

서울 종로구 세종대로 175 지하 2층에 세종 · 충무공이야기 전시관이 있다. 이 전시장은 세종문화회관에서 운영하는 생생한 역사, 문화공간으로 한국인이 가장 존경하고 자랑스러워하는 조선 4대 임금 세종대왕과 임진왜란 당시 큰 공을 세운 충무공 이순신 장군의 생애와 업적을 기리기 위해 조성된 전시관이다. 세종이야기 전시장은 2009년 10월 9일 한글날을 맞아 개관하였고, 충무공이야기 전시장은 2010년 4월 28일 이순신 장군의 탄생일을 맞아 개관하였다. 세종이야기 전시장은 '인간, 세종', '민본사상', '한글 창제', '과학과 예술', '군사정책', '한글도서관'

총 6개의 전시 공간으로 구성되어 있고, 연간 약 150만 명의 관람객이 방문하는 서울 관광명소로, 다양한 체험 및 교육 프로그램을 운영하여 도심 속에서 생생한 역사를 체험할 수 있는 공간이다.

세종대왕 동상

경복궁 앞 세종로에 조성된 광화문광장에는 세종대왕 동상이 있다. 세종대왕은 민족의 영웅으로서 경복궁에서 즉위하여 승하하신 최초의 임금이었던 역사적 사실 등을 고려해 새로운 정신으로 세종대왕 동상을 건립하여 민족의 자긍심을 높이고, 민족의 우수성을 세계에 널리 알리기 위해 세종대왕 동상을 2009년 10월 9일 한글날에 세웠다.

동상은 높이 6.2m, 폭 4.3m 규모로 기단 위에 좌상으로 남쪽을 향하

세종대왕 동상과 여행객들

고 있으며 이순신 장군 동상에서 약 250m 뒤쪽에 자리 잡고 있다. 동상의 모습은 왕의 위엄보다는 온화한 표정으로 한 손에는 책을 들고 또 다른 손은 백성들을 다독이는 듯한 친근한 느낌을 준다. 세종대왕 동상 전면 공간에는 혼천의(渾天儀: 천체의 운행과 그 위치를 측정하여 천문시계의 구실을 하였던 기구), 측우기(測雨器: 조선 세종 이후부터 말기에 이르기까지 강우량을 측정하기 위하여 쓰인 기구), 앙부일구(仰釜日晷: 17~18세기에 제작된 해시계)를 만들어 전시해 놓았고 광장 가장자리에 흐르는 물길에는 조선시대 연표가 새겨져 있다.

그리고 세종대왕 동상 뒤편으로 가면 지하에 '세종이야기' 전시공간이 있다. 이곳은 세종대왕의 업적을 기리기 위한 곳으로 한글 말고도 궁중음악, 천문학, 군사정책 등 다양한 업적을 쉽게 이해할 수 있는 자료가 전시되어 있다.

06
서울 문화·관광특구 연계 코스

선정 이유

서울 시내 문화지구는 2002년에 지정된 전통문화 중심 '인사동'과 2004년 지정된 공연예술문화 중심 '대학로' 2개소가 있다. 문화지구는 「문화예술진흥법」 제8조에 의거한 것으로 지역 내 문화자원을 보호 · 육성하여 문화자원이 지역 자체에 생존할 수 있는 환경을 조성함과 문화적으로 활성화하는 데 목적이 있다. 그리고 서울의 관광특구는 7개로 구성되어 있다(문화체육관광부, 2023). 문화지구와 관광특구 모두 국내외 관광객들이 다수 방문하는 것이다. 사대문 안에 있는 문화지구와 관광특구는 외래관광객의 유치와 한국 문화체험의 선도지구 역할을 하고 있다. 지난 2007년 서울시정개발연구원의 「동아시아 주요 도시 간 국제관광 경쟁력 비교」 연구에서는 서울시 관광 전략거점인 관광특구에 대한 마케팅을 강화하고 도시계획 및 설계 등의 관련 부문에서 이를 지원할 것을 제언하였다(금기용, 2007).

관광특구 중 사대문 안에는 3개가 분포하고 있다. 명동 · 남대문 · 북창 관광특구는 남대문시장, 북창동 및 다동, 무교동 동 일원의 전통시장과 현대적 상가, 음식문화 거리로 구성되어 있다. 종로청계 관광특구는 종로구 1가에서 6가, 광화문 빌딩에서 숭인동 사거리까지로 길게 지정되어 있다. 동대문패션 관광특구는 중구 광희동과 을지로 5~7가, 신당1동 일원의 패션 시장 및 음식점과 연관되어 있다.

그리고 사대문밖에는 이태원관광특구, 홍대 문화예술관광특구, 잠실관광특구, 강남관광특구 4개가 지정되어 있다. 즉 서울 시내에 있는 관광특구는 전통시장은 물론 현대적 쇼핑거리, 음식문화거리, 패션타운 등과 연계된 복합 문화공간이다. 그러나 이들 관광특구는 대중교통을 이용해 접근해야 하는 문제로 코스에 제외하였다. 따라서 서울 문화지구 및 전통시장과 연계한 관광특구길 코스를 명동 · 남대문 · 북창 관광특구(남대문시장)~종로청계 관광특구(보신각, 젊음의 거리, 세운상가, 전태일기념관, 광장시장)~동대문패션타운 관광특구~대학로 문화지구~인사동 문화지구로 구성하여, 도보여행하면서 관광과 쇼핑, 예술과 문화, 음식문화 체험을 즐길 수 있는 1일 또는 2일형 연계코스 개발이 필요하다.

주요 콘텐츠

명동·남대문·북창 관광특구

명동 · 남대문 · 북창 관광특구는 명동, 회현동, 소공동, 무교동 · 다동 각 일부 지역에 분포하고 있으며, 한때 개별적으로 운영되었던 3개 관광특구를 통합한 곳이다. 그중 남대문시장을 포함한 남대문관광특구는 10,172개 점포가 성업 중인 한국의 대표적인 전통시장이다. 전통의 모습과 현재가 그대로 있고 생동감이 넘쳐나는 남대문시장에 방문하는 인원은 하루 평균 30만 명에 달한다. 지리적으로도 신세계백화점, 한국은행 등 서울의 주요 건물은 물론, 정동길, 명동, 남산타워, 남산한옥마을 등 관광명소들과 인근에 있어 서울을 찾는 외국인들이 가장 많이 찾는 명소이다. 사람들의 발길은 숭례문을 기점으로 1만여 곳에 육박하는 점포로 향한다. "남대문시장에 없으면 서울 어디에도 없다", "남대문시장엔 고양이 뿔 빼고 다 있다"라는 말이 있을 정도다.

남대문시장은 먹자골목, 아동복 거리, 숙녀복 거리, 관광기념품 거리, 군인용품 거리, 이불침구 골목, 안경 거리, 문구 골목, 카메라 거리, 식당 골목 등 다종다양한 특화 거리가 조성되어 있다. 또한 아동 · 남성 · 여성 등 각종 의류를 비롯해 액세서리, 주방용품, 민속공예, 식품, 잡화, 농수산물 등 일상생활에 필요한 1,700여 종에 달하는 상품을 판매하고 있다. 남대문시장은 전국 소매상과 소비자에게 저렴한 가격으로 유통하는 도 · 소매 기능을 겸하고 있어 국내 소매상뿐 아니라 중국, 일본, 동남아시아와 유럽, 미국, 중동 등 세계 각지에서도 찾아오고 있다.

남대문시장 표지판

남대문시장에는 맛집들도 많다. 은호식당, 남해식당, 진주집 등 오랜 역사를 자랑하는 꼬리곰탕집을 비롯해 갈치골목, 칼국수 골목, 야채호떡, 닭곰탕, 이북식 냉면집 부원면옥 등은 남대문시장에서만 맛볼 수 있는 먹을거리다.

남대문시장 먹자골목

이 밖에 '다동 무교동 음식문화의 거리'는 다동과 무교동 일대에 형성된 한식 먹자골목이다. 이곳에서 매년 가을에 전통축제가 열린다. 명동거리는 명동역 북부에 있는 번화가이며 쇼핑과 청년 중심의 음식문화 거리이다. 특구 내에는 서울특별시청, 서울광장, 명동성당, 한국은행 화폐박물관, 백화점 등 상업시설이 많다.

종로청계 관광특구

종로청계 관광특구는 종로구 종로1가~6가 · 서린동 · 관철동 · 관수동 · 예지동 일원, 창신동 일부 지역(광화문 빌딩~숭인동 사거리)에 걸쳐 지정되어 있다. 종로청계 관광특구는 종로와 청계천 변 사이 16만 3천여 평 규모이며, 이곳은 의류, 신발, 전기 · 전자, 귀금속, 휘장, 문구, 대형 재래시장 등 다양한 업종이 구역별로 특화돼 쇼핑관광의 잠재력을 갖추고 있는 지역이다.

본격적인 종로청계 관광특구를 여행하기 전에 들러야 할 곳은 보신각이다. 보신각은 조선 사대문 축조의 기본이 된 '5상(五常: 仁 · 義 · 禮 · 智 · 信)'의 최종 결정판이다. 즉 신(信)의 상징인 것이다. 그렇지만 보신각이 처음부터 명칭이 보신각이 아니었다. 1395년 조선 태조 시기 건립되었을 때는 종각(鐘閣)이라는 이름으로 쓰였다. 고종 때 불타고 나서 1895년 3월 고종은 이 건물에 '普信閣'이라는 현판을 내려 이때부터 보신각으로 불리게 되었다. 보신각의 종은 한양도성의 문을 여닫고 하루의 시각을 알리는 역할을 했었다. 저녁 10시에는 인정(人定)이라 하여 28번, 새벽 4시에는 파루(罷漏)라 하여 33번을 울려서 시간을 알리고 사

보신각

대문을 여닫았다. 도성 안의 하루의 시작과 끝이 보신각의 종소리에 맞추어져 있었다.

광화문 열린 시민마당과 청계광장, 관철동 피아노 거리에서는 내·외국인 관광객을 끌어들이기 위한 연중 문화예술 공연이 상시 열리고 있다. 특히 이 지역은 600년 수도 서울의 역사성을 대표하는 고궁(경복궁, 창덕궁, 덕수궁 등), 인사동 문화지구, 대학로 문화지구와 가까워 해당 지역과의 연계 관광이 가능하다. 종로청계 관광특구는 관철동 젊음의 거리, 휘장 상가, 귀금속 상가, 세운 전자상가, 조명상가, 약국 의료 기기 상가, 광장시장, 동대문종합시장, 동대문신발 상가, 인장 거리, 문구완구 상가, 수족관 상가 등 총 12개의 소상가로 세분되어 있다.

이 가운데 '관철동 젊음의 거리'는 한국의 전통이 살아 넘치는 인사동과 한류와 최신 유행 트렌드를 가장 먼저 접할 수 있는 명동을 잇는 지점에 자리 잡고 있다. 북쪽으로 가면 종로2가, 동쪽으로는 관수동, 남쪽으로는 삼각동, 서쪽으로는 서린동이다. 그래서 이곳은 저마다의 목적지를 향한 갈림길인 동시에 모든 문화와 유행이 모여드는 집결지라고도 할 수 있다.

그리고 세운 전자상가는 1968년 국내 유일의 종합 가전제품 상가로 건립된 상가이다. 이 당시 김현옥 서울시장은 유명 건축가 김수근에게 의뢰하여, 종로 세운상가부터 충무로 진양상가까지 4개의 주상복합건물을 지어 서울을 현대화하려는 계획을 세웠다. 세운상가는 부품을 직접 보고 고를 수 있고, 어떤 자문이라도 구할 수 있는 곳이다. 오랫동안 세운상가를 지킨 장인들은 '없는 것은 만들고, 설계도만 있으면 로켓도 만든다'라는 자부심과 노하우로 첨단 산업을 견인하고 있다. 최근에는 오디오, 전자악기 관련 용품, 드론, DIY, 주문 제작, 정밀가공 등 취미 분야에서 발생하는 수요를 채워 주는 오아시스 역할을 하고 있다.

동대문패션타운 관광특구

동대문패션타운 관광특구는 서울특별시 중구 광희동 1~2가, 을지로 5~7가, 신당동 일대에 있는 약 586,000㎡(약 17만 평) 규모의 국내 최대 패션 관광특구이다. 주로 동대문시장, 동대문패션타운 등으로 불린다. 패션타운 관광특구는 중구에 위치하여 있지만 '동대문종합시장'이라는 재래시장은 도로 바로 북쪽 종로구 종로6가 지역에 위치한다. 조선시대 남성이 징집될 때 군복을 스스로 준비해야 했는데, 이러한 이유로 군포를 가지고 동대문시장 근처에서 옷을 지어 입었다.

1905년에 김종한 외 3인이 광장주식회사를 설립하고 동대문시장이라는 이름으로 상호를 등록하면서 국내 최초의 근대 시장으로 개장하였다. 일제 강점기 시절에는 배오개 시장(또는 배우개장)으로 불렸는데, 노면전차 노선이 생기고 6 · 25전쟁 이후 근처에 평화시장 등도 생기면서 상권이 더 커져 남대문시장과 함께 서울의 양대 시장으로 발전하였다. 1990년대 '팀204'가 들어선 이후 현대화된 복합시장단지로 발전하기 시작했다. 동대문 길을 따라 다수의 패션쇼핑센터가 들어서면서 현대적으로 발전하기 시작하였다. 2002년 5월 23일에 동대문패션타운 관광특구로 지정되면서 동대문시장은 '동대문패션타운'이라는 명칭을 얻게 되었다.

동대문시장은 전국으로 나가는 의류 도매시장과 현대식 복합쇼핑몰이 공존하고 있다. 총 31개 상가에는 약 3만 개의 점포가 자리를 잡고 있다. 도매시장 특성에 따라 20여 개의 시장은 야간에 운영한다. 원단에서부터 완성품 세트에 이르기까지 옷에 관련된 모든 과정과 중간 제작물, 결과물들을 동대문시장 한 곳에서 모두 찾아볼 수 있는 것이 특징이다.

대학로 문화지구

문화지구 제도는 "문화예술진흥법" 개정으로 도입된 이후 2001년 인사동을 문화지구로 지정하고, "대학로는 공연장 및 관련 시설이 밀집한 공연 문화공간이라는 뚜렷한 정체성을 지니고 있으며, 동시에 우리나라 연극예술의 산실 역할을 하고 있다"라는 배경하에 2004년 대학로를 추가로 지정하면서 본격 시행되었다(김혁주, 2020.02.28.). 2017년 현재 서울을 포함하여 전국 5개 지역이 문화지구로 지정되어 있다. '문화지구', '예술지구'라는 개념은 문화예술자원이 밀집되어 그 지역의 독특한 문화적 특성과 다양한 가치를 창출하는 지역을 의미하며 국내에서는 1990년대 중반 이후부터 사용되었다.

혜화문에서부터 서울대학교 병원 쪽까지 난 큰 길이 대학로다. 한국 최초의 대학가, 소극장 최대 집결지, 최대 규모의 공연이 이루어지는 것은 여기뿐이다. 대학로 좌우로 난 작은 길들에는 송시열의 집터부터 한국 최초의 대학가, 연

대학로 마로니에공원

극의 샘터, 수도원이 숨어 있다. 2004년 서울시는 작은 길들을 묶어 '대학로 문화지구'로 지정했다. 면적 약 44만㎡. 대학로를 중심으로 동숭동, 혜화동, 명륜 2가, 명륜 4가, 이화동, 연건동 일대가 포함돼 있다. 붉은 벽돌로 지어진 건물, 큼지막한 마로니에와 플라타너스가 하늘을 덮고 있다. 대학로 마로니에공원은 2013년 9월 주변 공간과의 경계 담장을 허물고 훨씬 넓은 야외공연장 및 공연안내센터 등으로 대대적인 정비를 하였다. 그리고 좋은 공연안내센터는 대학로 문화지구 종합안내 센터의 기능을 하며, 안내데스크와 디지털정보검색기 등의 시설을 갖춰 편리하고 체계적인 서비스를 제공하고 있다(종로구, 2013).

2004년 대학로 문화지구 지정 이후 공연장 수는 급격히 늘어나게 되었다. 하지만 2008년 소규모 극단의 공연장은 폐관하면서, 현재는 복합 문화공간 등 대형 공연장이 늘어났다. 한편 대학로의 지가 상승으로 인하여 혜화동 북쪽 문화지구 경계 밖으로 극단형 소규모 공연장(100석 이하)이 이탈하는 현상이 나타났다(김혁주, 2020.02.28.).

인사동 문화지구

인사동은 서울 종로구에 있는 한 법정동의 명칭이지만, 일반적으로는 골동품, 화랑, 표구, 필방, 전통공예품, 전통찻집, 전통 음식점 등이 집중된 인사동 및 그 인근 지역을 지칭한다. 인사동은 관가이면서 동시에 거주지였다. 중인(中人)들이 많이 산 것으로 전해지지만, 이율곡(李栗谷), 이완(李浣) 장군, 조광조(趙光祖), 박영효(朴泳孝) 등도 이곳에서 살았다. 일제 강점기부터 골동품 상점들이 들어서기 시작했고, 이들 상점은 문화재 수탈의 창구 구실을 했다. 해방 후 1970년대에 들어와 화랑, 표구

점 등의 미술품 관련 상점들이 이곳으로 집중되면서 인사동은 현재와 비슷한 문화의 거리로 발전하기 시작했다.

서울시에서는 1988년에 인사동을 '전통문화의 거리'로 지정하였고 2002년 4월 24일에는 제1호 문화지구로 지정했다. 인사동은 현재 한국의 대표적인 전통문화의 거리이다. 인사동은 국내외 관광객이 많아 상주인구보다 유동 인구가 훨씬 더 많다. 이곳을 찾는 관광객은 하루에 10만 명에 이르는 것으로 알려졌다. 서울시는 관광객의 보행 편의와 원활한 문화행사 개최를 위해 주말인 토요일과 일요일에는 인사동 거리를 '차 없는 거리'로 운영하고 있다.

인사동 거리

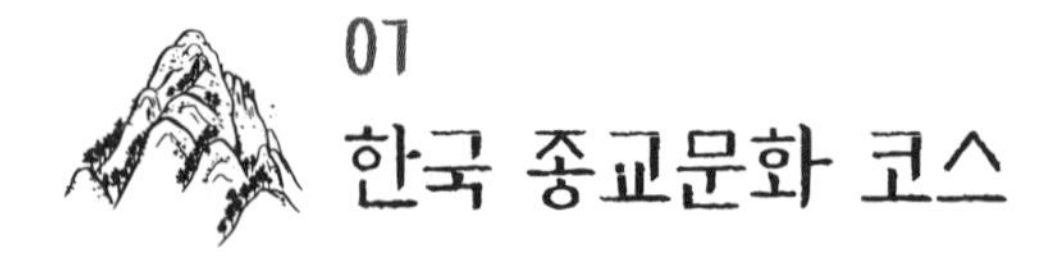

01
한국 종교문화 코스

선정 이유

한국은 세계 4대 종교는 물론 동양 유불선 등 다양한 종교문화와 유적을 보유하고 있으며, 종파 간 상호 균형과 협조 관계를 유지하고 있는 나라이다. 한양도성 내에도 다양한 종교문화 흔적들이 널리 분포되어 있다. 역사적으로 종교는 우리 민족 삶의 중요한 일부이자 철학으로 작용하였으며, 특히 모든 종파의 공통점은 독립운동, 계몽 · 봉사운동, 민주화운동, 인권운동은 물론 우리 문화의 창조 등과도 긴밀한 연관성이 있다는 점이다.

한양도성 내에는 다양한 종교문화 흔적을 발견할 수 있다. 도성 밖에서 출발하는 방법으로는 소의문(현 서소문) 밖에 있는 서소문성지역사공원에서부터 시작하는 게 좋다. 왜냐하면 이 성지는 과거 종교박해의 흔적을 품고 있으며, 지금은 종교 성지로 재탄생한 성스러운 장소이기 때문이다. 그리고 정동에 있는 정동제일교회, 대한성공회 서울대성당,

구세군대한본영, 명동성당, 인사동 승동교회, 조계사, 천도교 중앙대교당, 가회동성당, 성균관 대성전의 순으로 코스화할 수 있다. 당일형 코스로 운영이 가능하다.

주요 콘텐츠

서소문성지역사공원

서소문은 남대문 밖의 칠패시장으로 통하던 문으로 새벽부터 사람들이 많이 붐비던 곳이었다. 조선시대에 사형 집행은 많은 사람에게 경각심을 주어 범죄를 예방하려는 목적에서 사람들의 왕래가 잦은 곳에서 행해졌다. 서소문 밖도 이러한 이유에서 조선 초기부터 한양의 공식 처형지로 이용되었다. 1801년에는 한국 교회의 첫 세례자인 이승훈 베드로와 대표적인 평신도 지도자였던 정약종 아우구스티노, 강완숙 골롬바가 순교하였고, 그밖에 수많은 이들이 박해 때마다 서소문 밖 네거리 참터에서 순교하였다. 이곳에서 순교한 이들 중 이름이 밝혀진 이는 모두 98명이다. 1984년 103위의 성인 선포를 기념하여 서소문공원 안내 순교 성지를 조성하고 1999년 현재의 순교자 현양탑을 세웠다. 2011년부터는 서소문 밖 역사 유적지 관광 자원화 사업을 시작하여 2019년 6월 1일 서소문성지역사박물관이 공식 개관하였다.

지하에는 기념전당, 역사기념관, 편의시설, 교육 및 운영 공간, 주차장 등이 들어섰다. 먼저 지하 1층은 도서실, 세미나실, 기념품 매장과 카페, 운영사무실 등 방문자를 위한 편의시설을 배치했다. 지하 2층~3층

서소문성지역사공원 순교자 현양탑

은 기념전당인 '하늘광장'과 상설전시실 · 기획전시실로 구성된 역사기념관이 자리 잡고 있다. '하늘광장'은 사상과 종교의 자유를 위해 희생당한 사람들의 숭고한 정신을 기리는 추념의 의미를 지닌 곳으로 지하에 있어도 천장을 텄기 때문에 명칭 그대로 하늘을 볼 수 있다.

2014년 8월 16일에는 프란치스코 교황이 광화문 시복식에 앞서 서소문 밖 네거리 순교 성지를 먼저 찾아 참배하고, 이후 시복식에서 윤지

충과 동료 순교자 123위를 복자로 선포하였다. 이 중 서소문 밖에서 순교한 복자는 27명이다. 따라서 교회사적으로 서소문 밖 네거리 순교 성지는 단일 장소에서 최다 성인과 복자를 배출한 한국 최대의 순교성지이다. 2018년 9월, 서소문 밖 네거리 순교 성지를 포함한 서울 속 천주교 순례길은 세계에 유례가 없는 박해와 순교, 자발적 신앙 수용의 특별한 역사성을 바탕으로 아시아 최초의 교황청 승인 국제 순례지로 거듭나게 되었다(서소문성지역사박물관 자료 인용).

정동제일교회

정동제일교회는 1884년 4월 아펜젤러(H. G. Appenzeller) 목사가 설립한 우리나라 최초의 기독교 감리교회이다. 그는 한국에 파송된 최초의 개신교 선교사로 제물포에 도착하고, 정동에 사저를 마련하고 선교활동 시작하였다. 1885년 10월 11일 아펜젤러 목사의 집례로 한국 개신교 최초의 성찬식을 거행하였는데 이날을 정동제일교회의 창립일로 삼았다. 정동제일교회는 배재학당 및 이화학당의 성장과 밀접한 관련이 있다. 정동제일교회는 초창기부터 그 옆에 배재학당과 이화학당(梨花學堂)이 있어 학생들이 그 교회의 중요 회원이 되어 개화 운동의 한 중심지를 형성하였다. 이 교회의 담임목사가 배재학당장까지 겸하고 있었기 때문에 교회청년회 활동이 활발하게 전개되었다.

정동제일교회는 이승만 전 대통령, 서재필 박사, 한국 최초의 여의사 박에스더, 주시경 선생 등 한국 개화기에 큰 영향을 미친 인물들이 예배를 보며 미래를 준비하였다. 1918년 한국 최초로 파이프오르간이 설치되었고, 3 · 1운동 당시에 오르간 뒤에서 비밀리에 독립선언서를 등사하는 등 일제 강점기 항일운동의 거점이 되었다.

교회가 위치한 정동은 조선 후기인 19세기 후반 서구 열강의 공사관이 밀집해 있던 곳으로 그들이 서로 조선에 더 큰 영향권을 행사하기 위해 역사의 큰 파문이 일어났던 곳이다. 미국공사관과 이화여고, 배재학당이 이 부근에 있어 미국문화가 우리나라로 들어오는 중심지였다(신정일, 2012). 그리고 주변에 중명전, 국립정동극장, 주한 러시아대사관, 배재학당 배재공원, 서울시립미술관, 구 러시아공사관, 덕수궁 등이 있어 내 · 외국인들이 많이 방문하는 명소이다.

대한성공회 서울대성당

정동제일교회에서 미국 대사관저와 영국대사관을 지나면 중구 정동에 대한성공회 서울대성당이 자리를 잡고 있다. 1922년 영국인 A. 딕슨의 설계에 따라 영국성공회의 지원과 국내 신자들의 헌금으로 M. 트롤로프 주교의 지도 · 감독 아래 착공되어, 4,449㎡의 대지 위에 991.7㎡ 건평의 화강석과 붉은 벽돌을 쌓은 조적조(組積造)의 로마네스크양식 건물로 1926년에 헌당되었다.

십자형 장축(長軸) 중앙에 신랑(身廊)을 2층으로 하고, 목조 트러스 구조의 맞배지붕을 하였으며, 측랑(側廊)에는 1층 높이로 경사지붕을 덮었다. 거기에 네모지붕의 3층 높이의 종탑을 중앙부에 배치하고, 뒤쪽에 소종탑 · 후진(後陣)을, 옆으로는 수랑(袖廊)을 덧붙였으며, 정면에 아치문 · 장미창, 측면에는 반원형 아치문을 배치하였다.

그런데 이 건물 건축 당시는 일제 강점기여서, 원래의 '큰 십자가'의 설계대로 못 짓고, 양쪽 날개와 아래쪽 일부를 뗀 채 '작은 일자형'으로

대한성공회 서울대성당

축소되는 바람에 '미완의 건물'이 되고 말았다. 우연히 영국 렉싱턴 지역의 박물관에서 원래의 설계도가 발견됨으로써, 1994년 8월 증축 허가를 받고 원설계도에 따라 1996년 5월에 축성식을 거행했다.

구세군 대한본영

구세군 대한본영(救世軍大韓本營)은 중구 정동 덕수궁길 130번지에 있다. 1907년 구세군 창설자 윌리엄 부스(William Booth)의 일본 집회 때, 여기에 참가한 한국인 유학생들의 요청으로 1908년 서울 정동에 한국 구세군의 첫 번째 영문(營門: 구세군교회)이 문을 열었다. 1909년 『구세신문』을 발행하고, 1920년에는 사관지를 발행하는 등 활발한 출판 활동을 벌였으며, 1916년 29명의 걸인 아동을 돌보는 '남자 실업관'(서울후생학원)을 시작으로 사회사업에 뛰어들었다. 연이어 빈민 숙박사업, 여자육아원(혜천원), 여자부양소(서울여자관) 등을 신설하고, 각종 재해구제 및 태풍 수해 구제, 지붕개량 사업, 급식사업, 의료선교사업 등을 벌였으며, 이를 위해 1928년 자선냄비를 시작하였다(네이버지식백과 참조).

구세군 대한본영

1960년대 현재의 신문로(新門路) 구세군회관을 신축하고, 1970년대 한국인 사령관 전용섭(全龍涉)이 취임하면서 한국 상황에 맞는 선교정책과 개척 운동 및 자급화 운동을 시작하였다. 구세군 중앙회관은 1908년 조선에 처음 도입된 이후 특히 빈민 구제를 통한 선교에 주력해 온 구세군의 역사를 상징적으로 보여주는 건물이다. 서울특별시 중구 정동에 있는 일제 강점기의 건물로 2002년 3월 5일 서울특별시 기념물로 지정되었고, 2019년 10월 4일 '정동1928 아트센터'라는 이름의 문화공간으로 재개관하였다.

서울 명동성당

서울대교구 주교좌 명동대성당은 한국 가톨릭교회 공동체가 처음으로 탄생한 곳으로 순교 성인들의 유해를 모시고 있는 한국 가톨릭의 대표 성지이며 사적으로서 기념비적인 건축물이다. 중구 명동에 자리 잡고 있어 신자뿐만 아니라 국내외 방문객들이 많이 찾고 있다. 명동대성당은 1894년에 공사를 시작해 1898년 완성된 것으로 우리나라 최초의 벽돌조 교회당으로서 순수한 고딕양식 구조로 지어졌다. 군사 정권 시대를 지나면서 민주화 투쟁의 중심지로 더 많이 인식됐으며, 지하 성당에는 엥베르 주교, 모방 신부, 샤스탕 신부 등 순교자들의 유해가 안장된 거룩한 성지이다.

이 성당 건축물은 부지 1만 4,421㎡, 건평 1,498㎡이다. 평면은 길쭉하여 길이 69m, 너비 28m, 지붕의 높이는 23m, 종탑 높이는 45m이며, 지붕은 동판(銅板)으로 되어있다. 라틴 십자형(十字形) 삼랑식(三廊式)의 장중한 고딕형으로 되었고, 내부에 있는 복자 제대(福者祭臺)와 복자 상본(像本)은 1925년 79위(位)의 복자 시복식(諡福式) 때 설치되었으며, 강대(講臺)는 위돌 박(Victor Louis Poisnel, 한국명 박도행) 신부의 고향에 있는 성당의 강대를 모방한 것이라고 한다.

원래 이 터는 판서(判書)를 지낸 윤정현(尹定鉉)의 저택이 있던 곳으로 바깥채만 60여 칸이 되는 대형 주택을 처음에는 그대로 이용하다가 헐고 언덕을 깎아내려 대지를 만들었다. 1883년에 대지를 사들이고 1892년(고종 29) 8월 정초식을 거행하였으나 청일전쟁과 코스트 신부의 별세로 중단되었다가, 1898년 5월 위돌 박 신부가 축성식(祝聖式)을 거행, 완공하였다. 서울대교구 주교좌 성당이며, 한국 최초의 본당이다.

명동성당

인사동 승동교회

승동교회는 서울특별시 종로구 인사동길 7-1에 자리 잡고 있다. 대한예수교장로회에 소속된 교회이다. 이 교회는 1893년 북장로회 선교사 사무엘 포맨 무어(Samuel Foreman Moore 1860~1906, 한국명 모삼율)가 지금의 롯데호텔 부근의 곤당골에서 시작한 교회를 그 출발점으로 하고 있다. 승동교회는 당시 '백정교회'로 알려졌는데 조선의 신분제도에서 최하층민이었던 백정들을 대상으로 포교 활동을 하였기 때문이다.

1905년 지금의 인사동에 자리를 잡고 중앙교회라는 종전의 명칭을 지금의 승동교회로 변경하였다. 1906년 무어 목사가 사망하고 곽안련(Charles Allen Clark) 목사가 주임 목사가 되었으며 이때 조선 정치사의 중요 인물로 평가되는 몽양 여운형이 젊은 시절 목사가 되기 위해 승동교회에서 선교사로 활동하였다. 1919년 3 · 1운동 때에는 이 교회의 학생들을 중심으로 한 대대적인 학생 시위가 일어났으며, 항일 민족운동에 적극적으로 참여했다. 같은 해 2월 20일 연희전문학교의 김원벽(金元壁)을 중심으로 전문학교 대표들이 모여 제1회 학생지도자회의가 이곳에서 열렸으며, 거사 직전에는 이갑성(李甲成)으로부터 전달된 독립선언서 1,500매가 각 학교 학생 대표들에게 배포되는 등 독립만세운동의 본거지 중 하나가 되었

승동교회를 답사하는 여행자들

다. 이는 교인들의 민족정신과 함께, 교회의 위치가 탑골공원에 인접해 있어서 거사 진행을 돕는 것이 쉬웠기 때문이었다(네이버지식백과 참조). 1939년에는 이 교회에서 조선신학교(朝鮮神學校)를 설립하였다. 1969년 예배실 증축공사를 하였으며, 그 뒤 교회부지를 확장하여 교육관을 건립하였다.

조계사

조계사는 서울특별시 종로구 우정국로 55 수송동에 있는 사찰로, 대한불교조계종 직할 교구의 교구본사이자 총본산(總本山)이다. 사찰 규모는 소박한 편이나 대한민국 불교 최대 종단의 본사(本寺)답게 경복궁 근정전에 맞먹는다는 거대한 대웅전이 있다. 입구에는 '대한불교 총본산 조계사(大韓佛教總本山曹溪寺)' 현판이 걸린 거대한 일주문이 정문 역할을 한다. 경내 대웅전 옆에는 천연기념물 제9호인 백송(白松)이 자란다. 500년 이상 묵은 노송이지만, 대도시 한복판 조계사에 있는 관계로 생장 환경이 열악해 전반적인 상태는 좋지 않다.

조계종 내에는 대웅전 외에 극락전, 불교대학, 권선각, 사찰안내소, 외국인 안내소, 한국불교역사문화기념관이 있고, 조계사도심포교 100주년 기념관 3~4층을 템플스테이로 운영하고 있다. 그리고 건너편에는 템플스테이통합정보센터가 있다. '템플스테이 홍보관'으로 불리며, 대한불교 조계종 한국불교문화사업단에서 운영한다. 국내외 관광객들에게 전국 사찰에서 운영하는 템플스테이, 불교문화 유산 및 사찰음식에 관한 정보와 서비스를 제공하는 장소이다. 홍보관은 스님과의 차담, 연꽃등 만들기, 합장주 만들기, 사경 쓰기 프로그램을 운영하고 있다.

조계사 대웅전

천도교 중앙대교당

조계사에서 동쪽으로 인사동길을 횡단하다 보면, 운현궁 건너편에 천도교중앙대교당(天道教 中央大教堂)이 있다. 1918년 당시 천도교 부구(部區) 총회의 결의에 따라 이듬해 7월에 착공, 1921년 2월에 준공된 건물로 대지 1,824평, 건평 212평이다. 화강석 기초에 붉은 벽돌을 쌓아 올린 단층 구조로 중간에 기둥 없이 천장을 철근 앵글로 엮고 지붕을 덮었다. 그리고 전면에 2층 구조의 사무실을 붙여 짓고 그 중심인 현관부

천도교 중앙대교당

를 바로크양식 탑 모양으로 높이 쌓아 올려 고풍스러운 느낌이다.

당시에는 서울 시내 3대 건축물의 하나로 꼽혔다. 천도교중앙대교당은 우리나라 천도교의 총본산이다. 천도교는 1860년 수운 최제우(崔濟愚, 1824~1864)가 창시한 동학에 바탕을 두고 있다. 3대 교주 손병희(孫秉熙, 1861~1922)는 1904년 이용구가 일진회와 합하여 친일 행위를 자행하자, 이와 구별하기 위해 천도교로 1905년 개칭하였다. 개칭한 이후, 1906년 1월「천도교 대헌」을 반포하고 교단을 새롭게 조직하였다. 1910년 나라의 주권을 빼앗기자 민족해방운동을 추진하였으며, 3 · 1운동 당시에 중추적인 역할을 담당하였다. 중앙대교당은 천도교의 종교의식 및 각종 정치집회, 예술공연 등의 일반 행사가 이루어지는 곳이다.

가회동성당

가회동성당은 1949년 9월 명동성당에서 분리되어 설립되었으며, 초대 신부는 윤형중 마태오 신부이다. 명동 본당은 가회동 구역의 전교 활성화를 위해 이곳에 본당 설립을 계획하고, 1949년 4월 한옥을 한 채 매입하여 그해 9월 본당을 설립하였다. 애초 2015년에 서울시와 천주교 서울대교구가 프란치스코 교황 방한(2014년)을 계기로 이 길을 조성했고, 2018년 9월 14일 아시아 최초로 교황청이 공식 승인한 국제 순례지가 됐다. 교황청은 이 길이 한국 천주교의 박해와 순교의 역사를 담았다는 점을 인정해 국제 순례지로 승인했다(네이버지식백과 참조). 서울 명동성당, 가회동성당, 서소문 순교 성지 등 순례지 24곳을 중심으로 인근 관광명소가 연계되어 총 44.1km, 3개 코스로 이루어져 있다.

가회동성당이 위치한 북촌 일대는 최초의 선교사 주문모(周文謨, 야

가회동성당

고보) 신부가 조선에 밀입국하여 1795년 4월 5일 부활 대축일에 최인길(崔仁吉, 마티아)의 집에서 조선 땅에서의 '첫 미사'를 집전한 지역이다. 본당 관할구역은 주문모 신부가 강완숙(姜完淑, 골롬바)의 집에 숨어 지내면서 사목활동을 펼쳤던 지역으로서 한국 교회사에서 매우 중요한 의미가 있다. 정식으로 본당이 된 것은 1949년이고, 이후 1954년에 성전이 완공되었다.

하지만 성전이 낡아 2011년부터 옛 성전을 허물고 현재의 새 성전을 짓게 되었다. 동서양 건축양식이 어우러진 새 성전은 과거의 역사를 되살리고자 2014년 4월 20일 부활대축일에 서울 교구장 염수정 추기경에 의하여 축성되었다. 새 성전은 한옥과 양옥이 절묘하게 구성된 건축물로, 지나가는 관광객과 순례객들을 끌어들이고 있는데, 2017년 가수 비와 배우 김태희가 여기에서 혼례식을 올린 것으로 유명하다.

성균관 대성전

성균관은 조선시대에 인재 양성을 위하여 서울에 설치한 국립 대학격의 유학 교육기관을 말한다. 그러나 최근에는 유교 관련 제례와 문화

사업에 역점을 두고 있다. 엄밀히 말해 성균관은 종교시설이 아니나 우리나라는 물론 동양의 유교문화를 대표하는 공간이라는 점에서 국내외 관람객들이 찾아오고 있다.

성균관은 대성전과 명륜당으로 구성되어 있다. 대성전이 명륜당 앞에 위치하여 전묘후학(前廟後學)의 공간 배치가 특징이다(유홍준, 2017b). 성균관 대성전은 조선시대에 선현들의 제사와 유학 교육을 담당하던 곳으로 역사적으로 중요한 의미가 있고, 건축사 연구자료로도 가치가 큰 유적이다. 문묘의 시설 가운데 공자의 위판을 봉안한 유교 건축물이다. 성균관 대성전은 남북으로 4영(楹), 동서로 5영의 20칸 규모에 전당후실(前堂後室) 양식이다. 1398년(태조 3)에 창건한 뒤 임진왜란으로 소실되었다가 1602년(선조 35)에 중건된 건물이며, 정면 5칸 · 측면 4칸 규모이다. 대성전에서는 매년 음력 2월 첫 번째 정일(丁日)과 8월 첫 번째 정일에 춘계 및 추계 석전대제를 거행하며, 국 · 내외 관람객들이 많이 찾고 있다. 유교문화의 계승에 앞장서다 보니 중국인 관람객들도 신기하게 바라본다.

성균관 대성전에서 석전대제 거행 장면

『조선왕조실록』을 보면, 조선왕조 초기만 해도 성균관엔 현판이 달리지 않았다. 세종 때 중국에서 온 사신이 와서 성균관에 알성(謁聖: 성균관 문묘의 공자 신위에 참배하는 일)하고서 액자가 없는 것을 지적해 안평대군이 '대성전(大聖殿)'이라 써서 달았는데, 단종 때 온 중국 사신이 '대성전(大成殿)'으로 고치는 것이 마땅하다고 하여 1453년(단종 1)에 고쳐 달았다고 한다. 그 현판은 임진왜란 때 대성전과 함께 소실되었고, 현재는 한석봉의 글씨로 큼지막하고 장중하게 걸려있다.

또 다른 건물인 명륜당은 유생들을 교육하던 강당으로 대성전 뒤편에 있다. 1606년 중건된 '정(丁)' 자 형태의 건물이며, 몸채는 정면 3칸 · 측면 3칸이고 좌우에 연결된 곁채는 각각 정면 3칸 · 측면 2칸 규모이다. 성균관 내 대성전(大成殿) 앞뜰이자 신삼문(神三門)의 동쪽과 서쪽에 은행나무 두 그루가 자리하고 있다. 동편 나무는 흉고 직경이 2.41m, 서편 나무는 흉고 직경이 2.74m이다. 은행나무에서 추출한 목편과 흉고 직경을 고려하면 두 나무 모두 수령이 450±50년 정도인 노거수(老巨樹)라 할 수 있다.

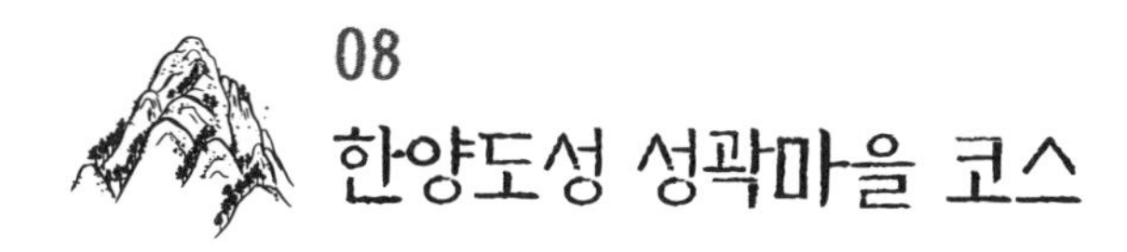

08 한양도성 성곽마을 코스

선정 이유

조선시대 한성부의 행정 관할구역은 도성 안과 성저십리, 즉 성벽으로부터 사방 10리까지였으나, 인구 대다수는 도성 안에 집중되어 있었다. 성저십리 지역은 왕릉 후보지나 목장지, 군용지 등으로 설정되었기에 이 지역의 인구는 매우 적었다(전우용, 2014). 1428년(세종 10) 성저십리에는 총 1,601호 6,044명이 거주했을 뿐이다. 참고로 성저십리는 동쪽으로 양주(楊洲) 경계까지 10리, 남쪽은 과천현(果川縣) 경계까지 10리, 서쪽은 고양군(高陽郡) 경계까지 10리, 북쪽은 양주(楊洲) 경계까지 10리였다(박종기, 2023).

임진왜란, 병자호란의 양난(兩亂) 이후 서울 인구가 급증하는 과정에서 성 밖에도 많은 지방민이 이주, 정착하였다. 조선 말기 성저십리의 인구는 20만 명에 달했던 것으로 추정되는데, 대다수는 한강 변에 거주하였으나 성벽 부근의 평지에도 민가가 조밀하게 들어섰다. 하지만 20

세기 초반까지도 성 밖 구릉지에는 큰 마을이 들어서지 않았다. 산지에 집 짓는 것을 피하는 문화가 있었던 데다가 이들 지역이 대개 군용지거나 왕실 소유지였기 때문이다. 지금은 최고급 주택가가 된 성북동조차도 1921년에는 늑대가 사람을 공격하는 사건이 발생할 정도로 한적한 곳이었다.

성벽에 인접한 구릉지에 마을들이 본격적으로 형성된 것은 1936년 경성부역(京城府域) 확장을 전후한 시기였다. 일제의 수탈적 농업정책과 대륙침탈을 위한 산업구조 재편에 따라 서울 인구가 급증했는데, 이들 중 대다수는 성 밖에 주거지를 마련해야 했다. 동양척식주식회사 등도 성 밖 지역에서 택지개발사업을 벌였다. 개발되지 않은 산지 곳곳에는 빈민들의 토막촌이 들어섰다. 성 밖 마을들은 해방 이후 귀환민과 월남민, 상경민들이 성벽에 인접한 구릉지에 판잣집을 지으면서 또 한 차례 많이 늘어났다.

사실 성곽마을이라는 개념은 불과 10여 년 전부터 생겨났다. 2010년 서울시의 정책이 마을공동체 활성화와 주민참여형 재생사업으로 맞춰지고, 2012년 유네스코 세계문화유산 등재를 위해 한양도성 주변 관리를 시도하면서 성곽마을이 본격적으로 조명된 것이다.

서울시에서는 2016년부터 성곽의 특성과 정체성 유지가 필요한 지역으로 도로, 지형, 행정동 및 법정동 경계 등 물리적 기준과 마을의 유래와 특성을 공유하는 역사 · 문화적 측면은 물론, 커뮤니티 활동 영역 등 제도적 기준을 고려하여 9개 권역, 22개 마을을 선정하였고, 이를 보존 · 관리하기 위하여 주민과 함께 '성곽마을 재생사업'을 추진하고 있다(서울특별시, 2016c). 이 가운데 혜화 · 명륜권역, 이화 · 충신권역, 광희권역은 도성 내에 있다.

① 예술과 문화가 숨쉬는 하늘동네 '이화 · 충신권역'(3개 마을), ② 패션, 봉제산업 생태계가 살아있는 마을 '창신 · 숭인권역'(1개 마을), ③ 정든 이웃과 안정적 삶을 유지하고 있는 '삼선권역'(3개 마을), ④ 역사와 문화가 살아있는 '성북권역'(3개 마을), ⑤ 역사를 존중하고 변화를 수용하는 '혜화 · 명륜권역'(2개 마을), ⑥ 도심 속 자연마을 '부암권역'(2개 마을), ⑦ 역사 · 문화가 공존한 도시농업 중심지 '행촌권역'(2개 마을), ⑧ 도시민의 일상이 살아있는 남산 아랫마을 '다산권역'(2개 마을), ⑨ 다양한 활동이 있는 활기 있는 주거 전이지대 '광희권역'(4개 마을)까지 총 9개 권역의 성곽마을이 해당한다(주: 괄호 안은 선정된 마을 수).

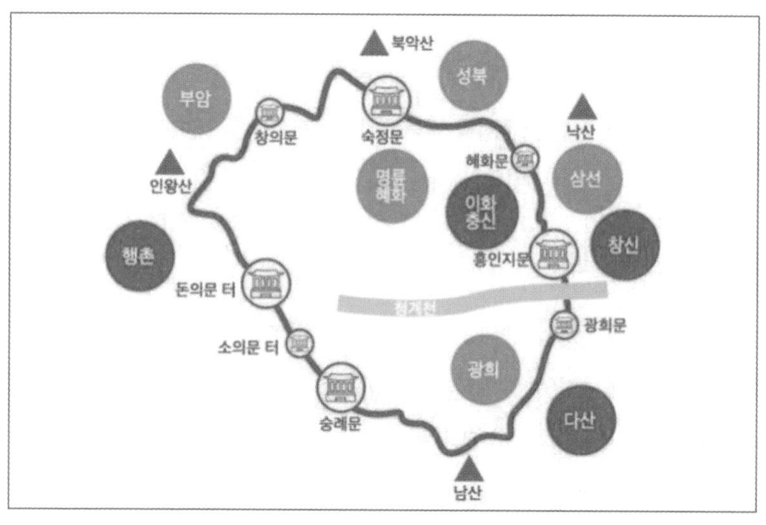

출처: 서울특별시, 성곽마을 성북권 생활문화기록(북정마을), 2016.

한양도성 성곽마을 위치도

향후 한양도성 성곽마을 조성 사업을 추진하는 데 있어서 각 마을의 상황과 특색에 맞게 세심한 접근이 필요하고, 그 마을의 개발을 지지하는 주민과도 충분한 시간을 두고 소통해 상생할 방법을 찾아야 한다. 무엇보다 보전만을 위한 문화재로서가 아니라, 마을 기존 주민의 생계와 새로 유입되는 젊은이들의 삶이 조화롭게 공존하는 공간이 되도록 유도해야 할 것이다. 이와 관련 삶의 형식으로서 민간과 풍경에 관심이 있는 ㈜나무아키텍츠 명재범 대표는 서울 성곽마을의 방향성을 다음과 같이 제시하였다.

> 서울 성곽길에는 '이야기'가 없다고들 한다. 그러나 앞으로 성곽마을이 활성화하면 단순히 조선시대의 성곽 유적 탐방이나 자연을 벗 삼아 산책하는 둘레길이 아닌, 그곳에 사는 이들의 삶을 나누기에 그곳만의 이야기가 피어나는 곳이 될 것이다. '시간의 중첩', '계층의 공존', '도시재생이 문화가 되는' 다층적인 서울의 일면으로 성곽마을의 시간이 깊어지길 바라본다. 혹자의 말처럼 서울성곽 길이 '아름답고도 슬픈 길'에서 '아름답고 행복한 길'이 되길 기대한다(명재범, 2015.11.21.).

이 가운데 한양도성 성곽마을 코스는 성벽 밖에서 자생적으로 형성된 마을을 중심으로 연계하는 것이 필요하다. 여기에 제시한 코스는 돈의문 터 이북에서 형성된 행촌권역 성곽마을~창의문 밖의 부암권역 성곽마을~숙정문 너머에 형성된 성북권역 성곽마을~삼선권역 성곽마을~창신권역 성곽마을~다산권역 성곽마을 등 6개 마을이다. 도시화가 크게 진행된 혜화 · 명륜 권역, 이화 · 충신권역, 광희권역은 제외하였다. 그리고 도보로 여행 시 1박 2일형 코스로 운영할 수 있다.

주요 콘텐츠

행촌권역 성곽마을

행촌권역은 조선 후기 자생적인 한양도성 바깥 마을로서 근대 서울 비단 생산의 중심지이자, 한국 커피문화의 발상지이며, 사대문 안 농산물을 제공하던 경작지이기도 하였다. 지금은 경사지 특성상 많은 일조량, 여유 공지, 저층주택 옥상 등을 활용, 도시농업 시범 마을로 특화되어 가고 있다.

18세기 한성부 관할구역 서부 내에 9개의 방(防)이 있었는데, 이 가운데 반송방(盤松坊)이 현재의 서대문구 합동, 현저동, 냉천동, 염천동, 천연동 일대와 종로구의 교남동, 교북동, 무악동, 송월동, 신문로2가, 행촌동, 홍파동 일대였기에 행촌권역의 역사는 서부 반송방에서부터 시작되었다고 볼 수 있다. 일설에는 서대문형무소가 맞은편 현저동 101번지에 생기고 나서 애국지사 옥바라지를 하기 위해 가족들이 모여들어 새말골(新村洞)이 형성되어 이름 붙여졌다고 한다. 은행마을골(銀杏洞)은 딜쿠샤 옆 행촌동 1-113번지 은행나무가 있던 지역이다(서울특별시, 2016a). 행촌동은 1914년 4월 일제식 동명 개정 및 행정구역 통폐합에 따라 은행마을골(銀杏洞)과 새말골(新村洞)을 합하여 한 글자씩 따서 된 것으로 알려져 있다.

양탕(洋湯)국으로 불린 커피가 대중화한 것은 여기에서 비롯된다. 그런 점에서 행촌권은 한국 커피문화의 발상지라 해도 과언이 아니다. 그 외에도 「남으로 창을 내겠소」의 김상용 시인, 『감자』를 쓴 김동인 작가가 다수의 작품을 남겼으며, 한글학자 최현배 선생과 최초의 여기자로 알려진 추계 최은희 선생도 행촌동에서 꽤 시간을 보내는 등 행촌동은 '문인과 학자의 마을'이기도 하였다.

서울시 성곽마을 재생계획 수립을 위한 행촌권역의 구성은 행촌동을 중심으로 교북동, 무악동과 사직동의 일부로 이루어져 있으며, 돈의문과 창의문 사이 인왕산 자락에 있는 한양도성의 바깥 마을이다. 2014년부터 시작된 서울시 성곽마을 재생사업의 대상 지역으로 선정된 후 2015년 5월 서울시 도시재생본부 주거환경개선과에서는 한양도성의 가치를 유지하면서 노후화된 저층 주거지의 재생을 위해 「성곽마을 재생계획수립」을 진행하여 그다음 달부터 본격화하였다. 서울시는 2016년부터 행촌권역을 '도시농업 특화마을'로 재생하기 위하여 '행촌共터' 조성, 옥상경작소 등 주민 경작공간 확대, 육묘장 · 양봉장 등 도시농업 사업 발굴, 도시농업 공동체 전문성 강화사업 등 4개의 마중물 사업을 추진하였다(서울특별시, 2016.07.26.).

자료: 서울특별시(2016.07.26.)

서울시 성곽마을 행촌권 도시농업 시범마을 구축(안)

성곽을 따라 올라가다 보면 봄가을에 많은 꽃이 만발하며, 무악동에서 올라오는 차로 변에 행촌마을 권역 도시농업센터들이 세워져 있다. 행촌권역 성곽마을은 주거재생에 도시농업을 접목한 '도시농업 특화마을'로 변신하고 있다. 이 성곽마을은 도시농업에 대한 주민들의 경험과 열정을 바탕으로 도시농업 자립마을로 발전할 가능성이 크며, 주민들은 텃밭에서 고부가가치 사업을 발굴해 안정적 수익구조를 만들고, 시는 교육을 통해 도시농부의 역량을 강화해 새로운 주거재생 모델을 만들어 나가고 있다(서울특별시, 2016.07.26.).

부암권역 성곽마을

부암동은 자하문터널과 창의문 너머에 자리 잡고 있으며, 인왕산과 백악산 자락을 행정구역으로 하고 있다. 부암동이라는 지명은 세검정(洗劍亭) 쪽 길가에 높이 2m의 붙임바위(付岩)가 있었기 때문에 생겼다. 조선 전기 이 지역 상황에 대해서는 상세히 알기 어려우나, 한양 성저십리 전체의 인구가 5천여 명 정도에 불과했다는『세종실록지리지(世宗實錄地理志)』의 기록에 비추어 보면 인가는 아주 희소했을 것이다. 또 부암동과 한양도성을 잇는 창의문은 숙정문과 함께 닫아 두는 때가 많았기 때문에 인마(人馬)의 통행도 잦지 않았을 것으로 추정한다.

부암동 지역에 인구가 늘어나고 마을이 형성된 것은 숙종 대 탕춘대성(蕩春臺城)을 쌓은 뒤의 일이다. 16세기 말부터 임진왜란과 병자호란, 인조반정과 이괄의 난 등 외침과 내란을 거듭 겪으면서 도성 보수와 도성 방어 체제의 강화 필요성은 계속 높아졌으나, 병자호란 당시 청나라의 요구에 따라 조선 정부는 도성을 수축할 수 없었다. 그러다 숙종 대

청나라가 '해적을 소탕하였는데, 잔당이 조선으로 갈 수 있으니 대비하라'는 내용의 공문을 보냄에 따라 조선 정부는 도성 수축의 명분을 얻었다(서울특별시, 2016a).

길모퉁이에서 바라본 인왕산 방면 부암 성곽마을

부암권역 성곽마을은 무계동(武溪洞), 백석동(白石洞), 부암동(付岩洞), 삼계동(三溪洞) 등의 마을로 이루어져 있는데 북한산과 인왕산 자락에 있으므로 바위, 계곡 등과 관련된 지명이 많다. 특히, 무계동은 자하문 밖 서쪽 골짜기에 있던 마을로 수석이 좋고 경치가 매운 아름다운 곳이었다. 이러한 분위기는 소위 부암동의 최초 주민이라고 일컬어지는 안평대군의 무계정사가 자리 잡으면서 조선시대 도성 안의 치열한 현장에서 한걸음 벗어난 사회, 문화, 정치를 논하는 중심이 되었다. 부암동 및 신영동 일대는 조선시대부터 1950년대까지 전국에서 가장 질 좋은 한지 생산지였고, 중국에 공물로 보내는 종이, 왕실과 관청용 종이, 과거 시험용 종이 등의 대부분 이곳에서 생산되었다.

부암동은 도성 안의 왕족, 고관들에게 산업지대로서보다는 위락지 및 휴양지로서 중요했다. 부암동 일원에는 태종의 2남이자 세종의 형인 효령대군의 별서, 세종의 3남 안평대군의 별서인 무계정사, 애초 안동 김씨 세도가 김흥근(金興根)이 별서로 지었다가 대원군에게 양도한 석파정(石坡亭), 대한제국 시기 벌열가(閥閱家)인 윤웅열(尹雄烈)의 별장 등이 남아있다. 도성에서 가까우면서도 인적이 드물고 경치가 수려했기 때문이다.

또한, 부암권역 성곽마을은 성북동과 더불어 18세기 이래 옷감을 짜서 햇볕에 말리는 표백업의 중심지였고, 동아일보(1928.5.13.)에 의하면 "창의문 밖은 '경치'는 아름답지만 토척지박(土瘠地薄)하여 농사는 잘 안되고 오직 과수 재배에는 적당하여 능금이 잘되는 곳으로 알려져 1940년대까지도 여름이면 능금을 사러 오는 서울 시민들이 줄을 이었다"라고 한다. 현재 이 지역은 다양한 분야의 전문가, 예술가가 거주하면서 단순한 문화예술 활동보다는 삶과 깊숙이 맞물려진 다양한 켜의 문화 예술적 흐름이 형성되고 있다.

성북권역 성곽마을

와룡공원 옆에 성북동으로 빠지는 한양도성의 암문을 지나면 북정마을이 있다. 북정마을은 한자로는 '北亭' 혹은 '北井' 이라고 쓰니, '북쪽의 정자가 있는 마을'이거나 '북쪽 우물이 있는 마을'쯤이 된다. 그러나 북정마을에는 정자도 없고 우물도 없다. 가장 타당성 있는 이름은 아마도 한글 '북적거리다'에서 유래되었다는 설이다.

> 1768년(영조 44)에 궁궐에서 쓸 메주를 쑤어 납품할 권리를 성북동 사람들에게 주었는데, 이 메주를 주로 북정마을에서 쑤었다고 한다. 메주를 쑤기 위해서는 많은 사람이 모여 함께 일을 해야 했고, 그래서 사람들이 '북적북적하다'고 해서 북정마을이라는 이름이 유래되었다는 것이다. 북정마을이 한양도성 바로 너머에 있고, 나라에서 훈조막(燻造幕)을 설치하여 메주를 쑤게 하자 사람들이 모여들어 북적거렸다고 해서 이곳을 '북적골'이라고 하였다는데, 여기에서 북정마을이 유래되었을 것이다(서울특별시, 2016c).

북정마을 전경

성북권 성곽마을은 수려한 자연경관으로 일제 강점기 대표적 문인촌이자, 만해 한용운을 중심으로 민족운동의 교류가 일어난 지역이다. 북정마을 일대는 1960년대 김광섭 시인이 사랑과 평화에 대해 노래한 「성북동 비둘기」의 배경이 된 지역으로 고전과 현대가 공존하는 달동네이며, 서울시가 선정한 2013년 우수마을 공동체로 뽑힌 곳이기도 하다. 조선시대 자연 지형과 계곡, 복숭아나무 등 수려한 자연경관으로 풍류객이 많이 찾아왔고, 정계 혼란을 피해 문인, 시객들이 은거하는 수양처였으며, 일제 강점기에는 경성의 대표적 문인촌이자 부호들의 별장지대로서, 해방 직전 만해 한용운을 중심으로 민족운동의 교류가 일어난 지역이었다.

> 1960~70년대 골목길 풍광이 고스란히 남아있는 북정마을은 성북동, 한양도성 백악산 구간의 초입에 있다. 원래 성북동 일대는 조선시대 어영청(御營廳)의 북문이 설치되어 있던 곳으로 당시 나라에서 거주할 사람들을 모집하여 정착시켰던 데에서 마을이 시작되었다. 〈중략〉 한국전쟁 직후 갈 곳 없는 피난민들과 일자리를 찾아 상경한 도시 노동자들이 모여 살며 현재의 마을 모습을 갖추기 시작했다. 1970년대 성곽 보수 · 복원 공사로 성벽 가까이에 살던 주민들을 다른 곳으로 이주시켰지만, 다시 마을로 돌아오거나 다른 지역에서 이사 온 사람들로 주민들의 숫자가 늘어났다. 지금은 과거 물길이 지나던 자리에 생긴 원형 도로를 중심으로 500여 가구가 밀집되어 있다. 북정마을은 2004년 주택재개발 정비 예정 구역으로 지정된 이래 한옥마을 조성을 위한 재개발이 추진됐다. 그러나 기존 주민들은 마을이 그대로 보존될 수 있는 방식을 바라고 있어 사업의 진행 여부는 아직도 불투명한 상태이다. 대신 재개발 추진 과정에서 생긴

주민들 간의 갈등을 마을공동체 활성화를 통해 해소해 나가고 있다. 특히 주민주도의 마을 축제를 매년 개최하고 있으며, 2013년에는 '서울시 우수마을 공동체'에 선정되었다(서울역사박물관 · 성북문화재단, 2014).

북정마을 주민들은 해마다 지역 특성을 살린 '월월(Wall月)축제'를 열어 지혜와 역량을 모으고 공동체 의식을 함양하고 있다. '월월'은 성곽(Wall)과 달빛(月) 아래에서 세대 간의 벽과 마음의 벽을 뛰어넘는다는 의미를 담고 있다. 사라져가는 공동체 의식과 행복한 삶의 회복을 위해 주민들이 자발적으로 만들어 낸 창의적 프로그램이다. 북정미술관에서는 주민들이 기증한 옛 사진을 전시한다.

북정마을에서는 나무를 벌채하거나 무단으로 토지를 개발하고 석재를 채취하고 죽은 사람을 매장하는 것을 금지하는 지금의 그린벨트인 '사산금표(四山禁標)'라 하는 표석을 세웠고, 한양도성 일대에서는 일체의 경작과 주거, 매장 행위를 금지하였다. 덕분에 한양도성은 조선시대 내내 푸르른 모습을 유지할 수 있었고, 때가 되면 도성민들에게 풍류와 여가를 즐기는 놀이터 역할을 하기도 하였다(곽경근, 2021.05.30.).

삼선권역 성곽마을

서울시 성북구 삼선동 1가는 조선왕조가 한양으로 천도하고 1396년(태조 5) 도성의 축조와 함께 혜화문을 세우면서 시작되었다. 삼선동은 조선 초기부터 한성부 동부 숭신방(성외)에 속하였으며, 1895년 한성부 숭신방 동문외계 삼선평으로 바뀌었다. 삼선동 1가는 이처럼 한양도성에 인접한 곳으로 도성의 역사와 함께 다양한 모습으로 나타났다.

삼선권역 성곽마을은 369마을과 장수마을로 구분된다. '삼선권 369(三育丘)마을'은 넓고 평평한 들판 지역으로 조선시대부터 군사 훈련장이자 운동장으로 최초 축구 경기, 자전거 경주대회가 열렸던 곳이다. 369마을은 성북구 삼선동에 있는 아름다운 성곽마을이다. 이곳은 재개발 추진 당시 '삼선6구역'으로 불렸는데, 이 중 글자 세 개를 모아서 마을을 쉽게 부르도록 하자는 주민의 아이디어로 붙여진 재미있는 이름인 동시에, '마을의 정체성과 문화를 바탕으로 주민이 주도하고 화합하는 사람답게 살 수 있는 언덕 마을'이라는 깊은 뜻도 있다.

369마을에는 서울시가 매입하고 성북구 사회적 협동조합에서 운영 중인 4개의 건물이 있다. 각각의 건물은 어머니의 집밥을 맛볼 수 있는 사랑방, 세 명의 작가가 활동하는 공방, 전시와 스튜디오 공간, 카페 '마실'이다. 그리고 주변의 명소는 삼군부 총무당, 정각사, 성북천 맛집, 그리고 한양도성 순성길이 있다.

최근 삼선 3, 삼선 6구역 등이 재개발구역을 해제하였고, 한성대, 청년 예술가 등과 연계, 예술로 물드는 성곽마을 조성을 통해 지역재생 활성화를 도모하고 있다. 혜화문 밖 동소문동, 동선동 일대를 포함한 넓고 평평한 들판이었던 '삼선평'의 지명은 하늘에서 내려온 '옥녀'가 세 신선과 놀았다는 설화에서 유래한 것이다. '삼선평'은 20세기 초까지도 흰 모래사장과 잔디밭이 펼쳐진 한적한 농촌지대로서 인가조차 드물었던 지역이었다. 이 마을 주민들은 2014년 말 마을계획단을 구성, 주민이 주도하는 마을 만들기에 나서고 있으

369마을 성곽 여가 풍류 포스터

장수마을 입구

며, 최근 커뮤니티비즈니스를 기반으로 사회적 경제를 구축고자 '도성하우징 협동조합'을 창립하였다. 또한 한성대 및 청년 예술가들과 협업하여 '예술로 물드는 성곽마을' 조성을 계획하고, 지역재생을 추진하고 있다. 2023년 5~9월에는 '369마을 성곽 여가 풍류'라는 프로그램을 운영하며 369성곽 마을여행, 369 어머니 밥상, 369 풍류 한마당, 369 성곽 예술제를 개최하기도 하였다.

한편 장수마을은 한양도성과 낙산공원에 인접해 있는 작은 마을이다. 일제 강점기 농촌에서 상경한 사람들이 낙산 자락에 토막집들을 짓고 모여 살면서 최초의 마을이 형성되었다. 해방 이후에는 움막, 천막집, 판잣집 등이 들어서기 시작했고, 점차 벽돌과 콘크리트 주택으로 바뀌었다(서울역사박물관 · 성북문화재단, 2014).

장수마을은 한양도성을 쌓은 내사산 중 낙산의 동쪽 경사지에 있다. 국공유지의 비율이 높고 초기에는 무허가 건축물이 대부분이었으나, 1968년 무허가 건물 양성화, 1976년 국공유지에 대한 불하 조치, 1985년 무허가 건축물대장 등록이 이루어져 많은 건축물이 양성화되었다. 장수마을은 2004년 재개발 예정 구역으로 지정되었다. 그러나 사업성 저하로 추진위원회 구성도 하지 못한 채 방치되었고, 마을의 주거환경은 악화하여 갔다. 낙산공원 확장 및 성곽 산책로 공사로 성곽 주변과 마을 남측의 가옥들이 철거되기도 했다(정석, 2016).

2008년 기존의 재개발 방식 대신 새로운 대안을 모색하면서 주민들이 마을을 지키고자 뭉치기 시작했다. 마을 이름을 장수마을로 바꾼 것도 이때이다. 주민 스스로 마을을 가꾸어 나가고자 하는 노력은 2013년 재개발 예정 구역 해제와 주거환경관리사업의 확정으로 구체화하였고, 기반 시설 정비와 마을기업을 통한 주택개량 · 경관관리 등이 현재도 꾸준히 이루어지고 있다.

장수마을은 주민 참여형 마을 재생사업의 성공적인 사례로 꼽힌다(박학룡, 2014.03.14.). 장수마을 주민들이 마을의 특성과 역사적 가치를 살리면서 낡은 주택과 주변 환경을 개선한 사업으로, 마을을 전면 철거하고 아파트를 짓는 기존의 재개발 방식과는 다르다. 한양도성과 함께해 온 장수마을의 역사 · 문화적 가치와 공동체 의식이 살아있는 주민들의 삶을 기록 · 전시하기 위해 기존 주택을 리모델링해 마을박물관을 만들기도 하였다. 특히 이 박물관은 2007년부터 시작된 마을 만들기 사업의 성과이다. 주민에게는 마을에 대한 자부심을 심어주고, 관광객에게는 성곽 마을의 보전 가치를 깨닫게 하였다.

창신권역 성곽마을

낙산 성벽 바깥쪽 창신동 일대는 조선시대에 퇴직한 궁녀들이 모여 살았던 곳이다. 창신권은 조선시대부터 수백 년간 차곡차곡 쌓여 온 역사 문화자원도 풍성한 곳이다. 실학 선구자인 이수광(1563~1628)은 창신동 '비우당(庇雨堂)'에서 한국 최초 백과사전 형식의 책인 『지봉유설(芝峰類說)』을 집필하였다. 1960년대부터 동대문시장에 의류를 납품하는 하청업체들이 창신동에 하나둘 모여들어 1970년대 이래 우리나라

봉제산업을 선도하였다. 청계천 일대 평화시장에 모여있던 봉제공장이 하나둘 옮겨오면서 한때 크고 작은 봉제공장이 3천 개나 있었다고 한다. 이곳의 가장 큰 특징이자 경쟁력은 인근 동대문 의류 산업과 연계해 생산 · 유통 · 판매의 모든 과정이 한 지역에서 이뤄진다는 점이다. 동대문 상인이 기획과 디자인을 하면, 이후 창신동 작업장으로 넘어와 바로 생산하는 시스템이다.

이 동네에 높이 40m, 길이 201m의 깎아지른 듯한 돌산 절벽이 있는데 대한제국기부터 1960년대 초까지 채석장으로 쓰였다. 덕수궁 석조전을 비롯하여 일제 강점기 서울에 지어진 석조건물의 상당수가 창신동 채석장에서 캔 돌을 사용하였다. 지금은 채석장 아래에서 절벽 위까지 집들이 빼곡히 들어서 진풍경을 이룬다. 절벽 위에 조성된 돌산마을 조망점에서는 서쪽으로 창신동과 한양도성을 잘 조망할 수 있다. 창신소

창신마을 전경

통공작소가 운영하는 창신3동 동네배움터에는 '천 개의 바람'이라는 조형물이 있으며 도시 텃밭과 도시 정원이 있다.

백남준기념관 내 백남준의 작품

종로 쪽으로 거의 내려오면 백남준 생가터 한옥을 발견하게 되는데 '서울시립미술관 백남준 기념관'으로 변신해 관람객의 눈길을 끌고 있다. 기념관 내에는 '문-문-문', '테크노부처', '백남준의 책상' 등 여러 작품이 전시되고 있다. 백남준과 그의 기념관에 관한 이야기도 자세히 적어놓고 있다.

> 백남준기념관은 한국전쟁 중에 파괴된 백남준의 옛집에 있던 오래된 가옥 중 하나에 새롭게 조성됐다. 〈중략〉 백남준에 대한 첫 번째 이야기는 1984년에 삼십여 년 만에 모국을 방문한 백남준의 기억여행이다. 그때부터 백남준은 2006년 타계할 때까지 '과거를 통한 미래 여행'을 벌였다. 〈중략〉 그러나 기록가나 역사가가 아닌 백남준에서 여행일지나 기행문은 없었다. 여행에서 얻은 인상을 인과적으로 작품에 담지도 않았다. 백남준의 기억여행은 자신이 걸었던 길을 그대로 되짚는 여행이 아니라 그 부근을 배회하는 동심원 여행이었다. 〈중략〉 한국에서 나고 자랐지만 세계를 떠도는 삶을 살았던 예술가, 1984년 불현듯 돌아왔지만 2006년에 다시 우리 곁을 떠난 예술가, 백남준은 우리 곁에 잠시 머물렀지만 영원히 살고 있다(백남준기념관 게시자료 부분 발췌 인용).

다산권역 성곽마을

'다산권역'은 도성 밖 남산자락에 자리 잡은 지역으로 도시민의 일상이 살아있는 남산 아랫마을이다. 광희문은 도성 안의 상여를 밖으로 통과시키던 문이었기 때문에 문밖에는 신당(神堂)이 많았고, 신당동의 동명은 신당에서 유래된 것으로 본다. 문밖 신당동은 신당이 밀집한 무속 중심 지대였기 때문에 북, 장구, 징, 꽹과리, 부채 등의 무구(巫具)와 유기, 목기 등의 제기류를 제작하는 사람들도 많았다. 조선 정부는 훈련도감 창설 직후, 도감병을 정예병으로 육성하기 위해 다른 군영의 병사들보다 우대하여 최고급 면포를 지급하였고 이를 띠, 대님, 댕기 등으로 염색, 가공하여 내다 파는 등 군병과 그 가족들의 부업 활동 등 다양한 물건을 만들며 살아온 서민 주거 마을이었다. 1930년대까지 이 마을은 대부분 논과 밭이었다. 6 · 25 전쟁 이후 실향민이 내려와 판잣집이 조성되었으며 1960~'70년대에 주택개량 및 양성화 조치 이후 저층 주거지로 형성되었다.

다산권역 성곽마을은 중구 신당동 831번지 일대 126,747㎡ 규모로 주로 제1, 2종 일반 주거지역에 분포하고 있다. 2015년 2월부터 2016년 12월까지 계획수립 용역을 실시하였고, 주민 워크숍, 메이커포럼, 주민 설명회, 주민공람 등의 절차를 거쳐 2017년 7월 다산 성곽마을 앵커시설 활용계획을 수립하였다. 신라호텔 밖

중구 건강올레길 표지판

도성길을 걷다 보면 다산성곽도서관, 다산팔각정, 마루소공원, 문화창작소 등이 보인다. 다산성곽도서관은 성곽과 마주하고 있는 지리적 특성과 실내 조경을 이용해 실내에서도 자연을 만끽할 수 있도록 자연 친화 도서관으로 조성했다. 서울시 중구청은 신라호텔 동측부터 다산성곽길~다산팔각정~국립극장~남산북측순환로~남산골 한옥마을까지 구간을 성, 마을, 예술이 함께하는 중구 건강올레길(4.5km)로 지정하였다.

09
광장·박물관 연계형 국가상징가로 코스

선정 이유

어느 국가이건 그 나라의 수도에는 그 나라를 대표하는 상징가로가 존재하며 하루 정도의 짧은 시간에 그 나라의 과거와 현재 그리고 미래를 엿볼 수 있다. 우리나라도 2022년 국가상징가로에 대한 논의가 있었고, 서울시는 세종대로 사거리에서 숭례문, 서울역, 삼각지, 한강대교까지 국가상징대로 구상을 밝힌 바 있다(머니투데이, 2022.10.24.). 당시 국가상징공간은 국가상징 거리의 거점 지역이기도 하다. 현재 국가상징 거리를 조성하는 논의도 진행 중이다. 국가상징 거리는 보행관광 축을 완성해 글로벌 도시 서울의 경쟁력을 강화하려는 목표로 추진되고 있다. 서울역~용산~한강을 잇는 5.3km 도로가 주요 대상지다. 그런데 2023년 8월 22일 서울시는 「정원도시 서울 계획」을 발표하면서 광화문~노들섬~노량진 10km 구간에 '국가상징가로'를 조성해 서울에서 가장 긴 가로 정원을 만든다는 방침이다(매일경제, 2023.08.22.).

서울시의 국가상징가로 구성은 파리의 샹젤리제 거리와 유사하다. '파리 8구역 도심 녹지축 조성'은 샹젤리제 거리와 콩코르드 광장을 2030년까지 역사와 문화가 함축된 도심 녹지 축이자, 시민을 위한 정원으로 재단장하는 프로젝트다. 하루 6만 대가 넘는 차량이 달리던 8차선 도로를 4차선으로 줄이고, 보행자를 위한 휴식 공간과 녹지를 풍부하게 조성해 과거 샹젤리제 거리의 영광을 되찾겠다는 목표가 담겼다(머니투데이, 2022.10.24.).

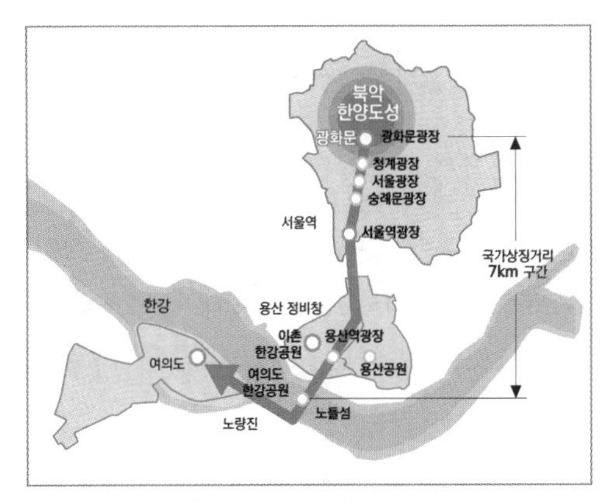

서울시 국가상징거리 조성계획

이 가운데 세종대로 사거리에서 서울역까지를 세종대로 사람숲길, 그리고 서울역에서 한강대교 남측까지를 스마트-녹지생태거리로 구분하고 있다. 국가상징가로의 콘텐츠로는 국가의 과거와 현재, 그리고 미래의 모습을 잘 융합하여 코스화를 모색할 필요가 있다. 또한 거리(street) 개념도 중요하지만 주변 공원(park)과 광장(square), 박물관 등을 중심의 역사 · 문화체험을 경험할 수 있도록 배려하는 것이 효과가 클 것이다. 용산역에서 한강대교 남단까지로 확장하고 나아가 여의도까지 염두에 둔 서울시의 계획은 다소 길어 보인다. 대신 용산역 앞 용산광장까지로 축소하는 것이 필요하다. 이에 따라 경복궁 앞 광화문 월대(국립고궁박물관)~광화문광장(대한민국역사박물관)~청계광장(신문박물관)~서울광장(서울도시건축전시관)~숭례문광장~서울역광장(문화역서울284)~삼각지(전쟁기념관)~용산역광장(국립중앙박물관)까지 광장 중심으로 조성하며, 이를 바탕으로 외국인 관광객과 지방거주자 및 도보여행자에게 편의를 제공할 필요가 있다.

주요 콘텐츠

광화문 월대와 국립고궁박물관

국가상징가로는 전 세계인들에게 대한민국의 과거와 현재, 그리고 미래를 제시하는 콘텐츠로 구성되어야 한다. 따라서 경복궁 광화문 앞 월대에서 시작하여 세종대왕과 이순신 장군의 동상이 있는 광화문광장은 시위와 집회가 금지된 전 세계인들의 역사문화 광장으로 운영되어야 한다. 그중 광화문 월대를 따로 분리해 논의하는 것은 그 비중이 크기 때문이다. 광화문 월대는 흥선대원군이 임진왜란 이후 270여 년 동안 폐허로 남아있던 경복궁을 중건하면서 정문인 광화문의 격을 높이기 위해 조성한 것이다. 여기서 '월대(月臺)'는 각종 의식을 행하는 기능 외에도 건물의 위엄과 왕의 권위를 한층 더 높이려는 목적으로 제작된 시설물로, 터보다 높게 쌓은 넓은 기단을 말한다. 당시 흥선대원군은 왕의 권위와 왕실의 존엄성 회복을 위해 경복궁 중건을 시행하면서 광화문 앞에 월대를 쌓았다.

문화재청이 2023년 4월 25일, 2022년 9월부터 국립서울문화재연구소가 월대 복원 · 정비를 위해 진행 중인 발굴 조사 성과와 향후 복원계획을 발표했다. 국립서울문화재연구소의 발굴 조사 결과에 따르면 광화

대한민국역사박물관에서 본 경복궁과 광화문 월대

문 월대의 정확한 규모는 남북 길이 48.7m, 동서 너비 29.7m이다. 가운데에는 임금이 다니던 너비 7m의 어도(御道)가 존재했으며 월대의 높이는 약 70cm로 확인됐다. 또 동 · 서 외곽에는 잘 다듬어진 장대석(길이 120~270cm, 너비 30~50cm, 두께 20~40cm)을 이용해 2단의 기단을 쌓았다. 문화재청은 2023년 10월 일제가 놓은 전차 선로를 치우고 1890년대 이전 버전의 월대로 복원하였다. 광화문 월대의 복원은 단순히 문화유산을 복원하는 차원을 넘어서 오래전 잘려나간 나라의 위상을 세우는 일이다(월하랑, 2023).

그리고 광화문 월대 인근의 국립고궁박물관 관람을 통하여 조선시대의 왕실문화를 이해하는 것이 좋다. 국립고궁박물관은 조선 왕실과 대한제국 황실의 문화와 역사의 이해를 돕기 위해 2005년 개관하였다.

광화문광장과 대한민국역사박물관

광화문광장은 600여 년 역사를 지닌 서울의 중심거리 세종로를 차량 중심에서 인간 중심의 공간으로 전환하고, 경복궁과 백악산 등 아름다운 자연경관 조망 공간으로 새롭게 조성하며, 세종로의 옛 모습인 육조(六曹)거리 복원을 통한 역사 · 문화 체험 공간으로 재탄생시키기 위한 사업으로 추진되어 2008년 5월 27일 착공되었으며, 2009년 8월 1일 개장하여 시민에게 개방되었다.

대한민국역사박물관에서 바라본 광화문광장

광화문광장은 서울특별시 종로구 광화문에서 세종로사거리와 청계광장으로 이어지는 세종로 중앙에 길이 557m, 너비 34m로 조성되었다.

세부 구간은 '광화문의 역사를 회복하는 광장', '육조거리의 풍경을 재현하는 광장', '한국의 대표 광장', '시민이 참여하는 도시문화 광장', '도심 속의 광장', '청계천 연결부'로 나누어진다. 이순신 장군 동상 주변에 조성되는 '도심 속의 광장'에는 세종로의 상징이자 도시경관 축의 중심지로서 상징성을 나타내고 연못과 바닥분수 등 수경시설을 설치하였다. 세종로사거리와 청계광장 사이의 '청계천 연결부'는 청계천과 경복궁을 연결하는 보행 네트워크의 연결축으로 조성하였다.

광화문광장 동편에는 옛 문화체육관광부 건물을 개조한 대한민국역사박물관을 발견하게 된다. 19세기 말 개항기부터 오늘날까지의 대한민국 역사를 다루는 국내 최초의 국립 근 · 현대사 박물관이다. 2008년 이명박 대통령의 8 · 15 경축사에서 건립이 공표된 후 국책사업으로 추진되어 2012년 12월 26일 개관하였다.

대한민국역사박물관은 지상 8층 규모로 12만 점 이상의 한국 근 · 현대사 관련 유물을 소장하고 있다. 상설전시실은 시대순으로 구성되어 있어서 3층 제1전시실은 1876년부터 1948년까지 '대한민국의 태동'이라는 주제 아래 대한민국 임시정부와 독립운동, 광복에 대해 다룬다. 4층 제2전시실은 1948년부터 1961년까지 대한민국 정부수립과 6 · 25 전쟁 및 전후 복구, 제2공화국까지의 국가 토대 구축 과정 등을 보여준다. 5층 제3전시실은 1961년부터 1987년까지 대한민국의 성장과 발전이라는 주제로 경제 개발과 산업화, 변모하는 도시와 농촌, 민주화운동 등을 다루고 있으며, 5층 제4전시실은 1987년부터 현재까지 대한민국의 선진화, 세계로의 도약이라는 주제로 전시가 구성되어 있다(대한민국역사박물관 자료 참조).

청계광장과 신문박물관

청계광장은 청계천 복원사업이 이루어지던 2005년 3월 서울특별시에서 지명위원회를 열어 확정한 명칭으로, 청계천의 시작 지점인 세종로 동아일보사 앞 광장을 가리킨다. 청계천으로 진입하는 공간으로서 삼색 조명이 어우러진 촟불 분수와 4m 아래로 떨어지는 2단 폭포가 설치되었다. 2단 폭포 양옆에는 8도(道)를 상징하는 석재로 팔석담(八石潭)을 조성하였는데, 밤이면 불빛과 물이 어우러져 멋진 경관을 빚어낸다.

청계광장

서울 중구 청계천이 시작되는 청계광장은 자연 친화적인 생태환경을 갖춘 광장이다. 다양한 볼거리를 제공하고 접근성이 좋아 시민들과 외국인 관광객들이 즐겨 찾는 서울의 대표적인 관광명소이다. 밤에는 광장의 조명들과 물이 어우러지는 환상적인 모습을 연출하여 찾는 사람들이 많다. 청계천 전 구간을 1/100로 축소한 미니어처도 볼거리로 제공하고 있으며, 연중 다채로운 시민 문화행사 및 '청계천 문화 페스티벌'이 진행되는 곳이다. 지하철 5호선 광화문역 5번 출구에서 약 60m, 지하철 1, 2호선 시청역 4번 출구에서 약 300m 거리에 있다.

청계광장 주변에 들러볼 만한 박물관은 동아일보에서 운영하는 신문박물관을 추천할 수 있다. 이 박물관은 1883년 『한성순보』 창간 이래, 140년 한국 신문의 역사를 한눈에 조망할 기회를 제공한다. 그리고 연대별 주요 신문과 신문의 제작과정, 신문과 사회의 관계 등을 살펴보고 신문 제작 체험을 할 수 있다.

서울광장과 서울도시건축전시관

2004년 5월 1일 개장한 서울광장은 총면적 3,995평, 잔디광장 면적 1,904평, 돌로 포장된 잔디광장 둘레 면적 2,098평이다. 2013년 서울미래유산으로 등재되었다.

'서울광장'은 국토의 심장부라는 공간적 의미는 물론, 역사와 문화가 살아있는 서울의 상징적인 장소로서 시민이 한데 어울리는 친근한 마당이 되자는 의미를 담고 있다. 서울광장에는 바닥분수란 수조가 지하에 묻혀 있어 분수가 가동하지 않을 때는 그냥 보도처럼 보이지만 가동하면 화강석 바닥에 뚫린 121개의 지름 30cm 구멍(노즐)에서 물줄기가 솟아오른다. 7가지 색을 발하는 131개의 LED 수중 조명이 높이 70cm~2.5m까지 35가지의 다양하고 화려한 장관을 연출한다.

또한 잔디광장 둘레에는 48개의 조명등이 설치돼 주변과 어우러진 여백의 미로 멋진 야경을 연출한다. 조명 역시 공간을 차지하는 탑형 대신 바닥조명으로, 타원형 잔디광장 둘레를 따라, 또 광장과 차도 경계석 측면에 벽부등(壁付灯: 돌에 구멍을 내고 등을 넣은 것)을 심어 마치 컵 안에 달걀이 들어있는 모양으로 야경은 은은하면서도 단순한 멋을 자아낸다(서울특별시, 2023).

서울광장 건너편 서측 지역에는 서울도시건축전시관이 자리 잡고 있다. 서울도시건축전시관은 2015년 철거했던 옛 국세청 남대문 별관 건물 자리에 조성된 전시관으로, 2019년 3월 28일 개관했다. 지하 3층~지상 1층 규모로, 지상에는 시민광장(서울마루) 등이 조성돼 있으며, 지하 3개 층에는 국내 최초의 도시건축전시관이 있다. 도시건축전시관은 크게 '과거(지하 1층)', '현재(지하 2층)', '미래(지하 3층)'로 구성돼 있는데,

서울광장

이곳에서는 서울 도시 건축의 과거와 현재 · 미래를 살펴볼 수 있는 다양한 전시와 행사를 개최하고 있다.

덕수궁 돌담길 높이의 서울도시건축전시관 옥상 공간에는 서울마루(Seoul MARU)가 위치하여 새로운 눈높이의 도시풍경을 둘러볼 수 있도록 문화휴식 공간이 조성되어 있다. 청계광장에서 남대문광장으로 이어지는 태평로 양옆은 넓은 보행 · 휴식 공간을 확보하여 향후 '서울의 샹젤리제 거리'로 각광을 받을 것으로 예상된다.

숭례문광장

숭례문광장은 2008년 2월 10일 한양도성의 남대문인 숭례문이 불타고, 복원 과정에서 복원된 소규모 광장이다. 집회나 시위를 위한 공간이라기보다는 휴식과 조망의 공간이다. 숭례문에는 국보 1호, 한양도성 정문, 조선 최대의 문, 서울 최고의 목조문, 서울의 자부심, 서울의 관문, 서울의 랜드마크, 대한민국의 랜드마크 등 앞에 붙는 수식어가 제법 많다.

숭례문광장

숭례문 방화 사건 이후 복원 과정에서 주변에는 최대한 수목의 식재를 지양하였고, 광장을 사이에 두고 마주 보는 지점에 잔디마운딩 위로 낙락장송(落落長松) 몇 주를 경관 식재하여 숭례문과 매우 조화로운 분위기를 연출하였으며, 보는 이에게 절제된 미를 전해주고 있다.

마치 소나무와 숭례문이라는 전통적인 경관 요소가 주변 빌딩과 도로 등의 현대적인 경관 요소들 속에서 조화를 시도하고 있는 듯하다.

기존의 지형들을 보호하고 보행 동선을 고려하여 휴게공간과 휴게 시설물들이 배치되었으며, 이에 따라 지나는 시민들의 쉼터로서의 활용도를 높였다. 일부에는 옛 성곽의 흔적을 복원하여 화강암 장대석을 쌓아 전통 공간으로서의 분위기를 살리고 있으며, 아울러 화강석, 박석의 바닥 포장의 강한 이미지는 전통 역사 공간의 숭고함을 강조하여 이곳의 위상을 높여주고 있다(박광윤, 2005).

서울역광장과 문화역서울284

서울역은 이 땅에 기차가 등장하면서 국토의 대동맥으로서 근대화의 선도기지다. 서울역은 전 세계 사람들과 국내외에서 생산된 물품들 모여들었다가 다시 국내외로 흩어져 나가는 집산지(集散地) 역할을 해왔다. 한때 고속도로 건설과 자가용 승용차의 증가로 철도수송의 인기가 시들하기도 하였으나 2004년 4월 1일 경부고속철도 1단계 개통을 계기로 서울역은 다시 21세기 고속철도 여행의 황금시대를 열어가고 있다.

역사적으로 한국의 근 · 현대사와 운명을 같이해 온 서울역은 지난 60여 년간 소통과 교류의 공간으로 활기찬 생명력을 지녔으나, 1990년대 이래 공공성의 장소의 기능을 상실한 채 노숙자와 상업주의 패권의 공간으로 자리 잡고 있다. 이러한 서울역의 구 역사 앞 광장을 과거의 기능을 회복하기 위해 새로운 공간의 창조와 활용을 제안하기도 하였다(최영준 외 4인, 2008).

2004년 서울역 신청사의 개통으로 구서울역사는 한국철도공사에서 문화재청으로 관리가 전환되었고, 다시 2008년 5월 문화재청에서 문화체육관광부로 관리가 위임되었다. 2009년 서울역사 원형복원 및 문화공간화 기공식이 개최되고 2011년 8월 '문화역서울284'가 완공 · 개관되었다. 주요 시설로는 중앙홀, 1 · 2 · 3등 대합실, 귀빈실, TMO(여행장병안내소) 및 RTO(철도수송관리소) 등이 있다. 서울역광장은 교통의 요충지인 서울역을 뒤로하고 조성된 광장으로 강우규 의사 동상이 있다. 그리고 서울역광장 위로는 구 고가도로를 재생한 '서울로7017'이 있다.

서울역광장

삼각지와 전쟁기념관

서울역에서 숙대 입구까지의 거리는 별다른 매력을 주지 못한다. 숙대 입구에서 용산역으로 가다 보면 삼각지가 보인다. 삼각지는 본래 한강, 이태원, 서울역 방면으로 통하는 삼거리 땅이라는 데서 유래하였다. 1967년에는 「돌아가는 삼각지」라는 대중가요로 지명이 널리 알려졌으며, 삼각지 지역에 동상과 노래비가 설치되어 있다. 삼각지를 가기 전에 좌측 방면에는 전쟁기념관이 자리 잡고 있다. 전쟁기념관은 서울특별시 용산구 이태원로 29(용산동1가)에 있는 박물관이다. 전쟁박물관은 호국 자료의 수집 · 보존 · 전시, 전쟁의 교훈과 호국정신 배양, 선열들의 호국 위훈 추모를 목적으로 1990년 9월 착공해 1993년 12월 완공하고, 1994년 6월 10일 개관한 기념관이다. 연건평 2만 5천 평에 지하 2층, 지상 4층 규모이며, 호국추모실, 전쟁역사실, 한국전쟁실, 해외파병실, 국군발전실, 대형장비실 등 6개 전시실로 구분되어 있다.

전쟁기념관에는 외국인 관람객들이 상당히 많다. 아시아 최대 규모의 전쟁 무기 박물관인 이유도 있을 것이고, 6 · 25 전쟁에 유엔군의 일원으로 참전한 국가들의 대형 국기 및 그들 각각에 대한 기념비와 함께 참전용사 한 분 한 분을 추모하고 경의를 표하는 시설을 대단히 잘해놓았기 때문에, 미국, 영국, 캐나다 등 6 · 25전쟁 참전국에서 방문한 사람이라면 가슴 벅찬 감동을 느낄 수 있는 장소이기 때문이기도 하다. 트립어드바이저 같은 여행지 사이트 평점에서 호평 일색이며, 참전용사들이나 그 후손들이

전쟁기념관 전경

방한할 때는 필수 방문 코스이다. 참전용사의 후손들이 한국에 오면 모국에서는 기억하지 않는 자신 조상의 이름을 한국 전쟁기념관 벽면에 자랑스럽게 새겨둔 것을 보고 감격하여 정성스럽게 탁본해 가는 경우도 많다고 한다(한국민족문화대백과사전 참조).

용산역광장과 국립중앙박물관

용산역 주변으로 고층 빌딩이 들어서면서 건물 사이로 디자인이 개선되고 소규모 광장이 많이 생겼다. 용산구는 용산역 전면에 대규모 광장을 조성하고 있는데 총면적 22,505m² 규모로 지상공원과 지하광장을 개발 중이다. 지하광장은 국철 용산역과 지하철 4호선 신용산역과 향후 신분당선이 연결되며 용산역 주변의 대형 주상복합 건물들과 아

용산역광장

모레퍼시픽 사옥 등이 연결된다. 지상에는 문화공원이 조성되어 용산에 녹지대 확충과 이용객들의 편의성을 확대하게 된다.

용산구는 2021년 10월 '용산(YONGSAN)' 홍보 사업의 일환으로 가로 10m, 세로 1.8m 크기 금속 조형물로 구 명칭을 딴 'YONGSAN'을 대문자로 표현, 원거리에서도 잘 보일 수 있도록 제작하여 설치했다. 2017년 8월 용산역광장에 일제 강점기 당시 강제로 징용되어 희생된 조선인 노동자들의 삶과 투쟁을 기억하기 위해 세워진 '일제 강제징용 노동자상'과 함께 볼거리도 늘어나고 있다.

2023년 2월 서울시는 용산역과 용산공원을 잇는 지상 · 지하 입체 공간 조성계획을 15년 만에 다시 추진하고 있다. 이 입체화 방안은 용산공원부터 용산역을 지나 용산국제업무지구와 한강으로 연결되는 보행 · 녹지 축을 완성하고, 광화문~서울역~용산~한강을 잇는 '국가상징가로'와 접점을 만든다는 구상이다(한겨레, 2023.02.22.). 그런데 그 필요성에도 불구하고 한강까지 이어지는 국가상징가로 구상의 실효성이 있을까 염려된다. 그보다는 광장과 박물관 등 주변의 시설과 공간을 활용하는 방안이 필요하다.

국립중앙박물관이 대표적인 사례이다. 국립중앙박물관은 1945년 8월 15일 광복 이후 조선총독부 박물관을 인수해 같은 해 12월 3일 국립박물관으로 개관했다. 1950년 4월에는 국립민족박물관을, 1969년 5월에는 한국 최초의 박물관이자 제실박물관(帝室博物館)으로 개관했던 덕수궁미술관을 통합했다. 1972년 7월 19일 국립중앙박물관으로 명칭을 변경하였다. 1997년 10월에는 용산에 새로운 건물을 착공하여 2005년 10월 28일 현재 위치로 이전 개관했다.

국립중앙박물관 건물은 지하 1층, 지상 6층, 총면적 138,156㎡의 규

국립중앙박물관 전경

모로, 2022년 12월 기준 국보 81건, 보물 226건 등 지정문화재 321건을 포함해 213,228건 437,490점의 문화재를 소장하고 있다. '미술자료', '고고학지', '박물관 보존과학', '박물관 교육' 등의 정기간행물을 출간한다. 한국을 대표하는 문화재를 포함해 세계의 문화유산을 소장하고 있으며, 주로 고대부터 중세까지의 주요 문화재를 다루지만 넓게는 근 · 현대까지도 아우른다. 다수의 지정문화재를 소장하고 있으며, 전시 1층 역사의 길에 있는 '경천사 십층석탑'(1348년, 국보)와 사유의 방에 전시한 '금동 반가 사유상'(6세기 후반, 국보), '금동 반가 사유상'(7세기 전반, 국보) 등이 유명하다.

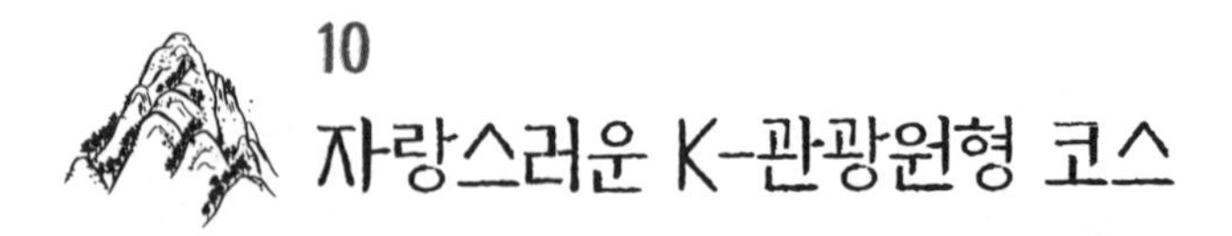

10 자랑스러운 K-관광원형 코스

선정 이유

어느 국가이건 그 나라를 대표하는 환대문화가 존재하고 관련 시설과 유적이 보존되어 있다. 우리나라도 예로부터 외국 사신을 접대하기 위한 시설이 있었으며, 조선 개국 후에도 계속 존재했던 것이 예빈시이다. 특히 한성부 북부에 '관광방'이라는 행정구역이 있었으며, 조선 말기까지 이어져 왔다.

본래 관광이란 말은 중국 주나라 경전인 『역경(易經)』에 나오는 "관국지광 이용빈우왕(觀國之光 利用賓于王)"에서 유래하였다. 이는 "타국의 빛나는 문물을 보는 것은 왕의 손님으로서 이로운 것이다"를 의미한다(장병권, 2020). 서울역사편찬원의 『서울지명사전』(2009)에 의하면, 관광방(觀光坊)이라는 명칭은 '관광(觀光)'이 '성덕(聖德)이 빛나는 것을 본다'는 뜻으로 개국 초기에 임금님의 덕이 나라 안에서 빛나기를 바란 데서 유래하였다. 실로 관광의 본질적 의미를 잘 헤아리고 정책적인 관점에서 실천한 것이라고 본다. 관광방계는 조선시대 한성부 북부 관광방에 있던 계로서, 영조 때 있었으나 그 후에 없어졌다. 현재의 행정 구역으로는 중학동 · 세종로 · 가회동 · 재동 · 화동 · 송현동 · 사간동 · 소격동 각 일부에 해당한다.

이에 따라 과거부터 현재까지 관광제도와 관련 시설을 찾아내고 환대문화를 제고하기 위하여 관광방에서 예빈시까지를 '자랑스러운 K-관광원형 코스'라는 명칭으로 설정하여 그 코스를 명소화해 보고자 한다. 경복궁 동쪽에 있었던 관광방과 열린 송현 녹지광장~인사동 한국관광명품점~청계천~다동 · 무교동 음식문화거리~하이커 그라운드~롯데호텔 호텔박물관~웨스틴조선호텔~손탁호텔 터~태평관 터~남대문 옆 예빈시 터를 코스로 설정할 수 있다.

주요 콘텐츠

관광방(觀光坊)

우리나라 역사에서 관광에 대한 통치권자의 의중이 잘 반영된 시점은 유교를 국교로 삼은 조선 초기라 할 수 있다. 또한 조선의 법궁인 경복궁 바로 옆에 한성부 북부에 관광방을 설치한 것도 관광을 국정홍보 차원에서 매우 중요시하였음을 잘 알려주는

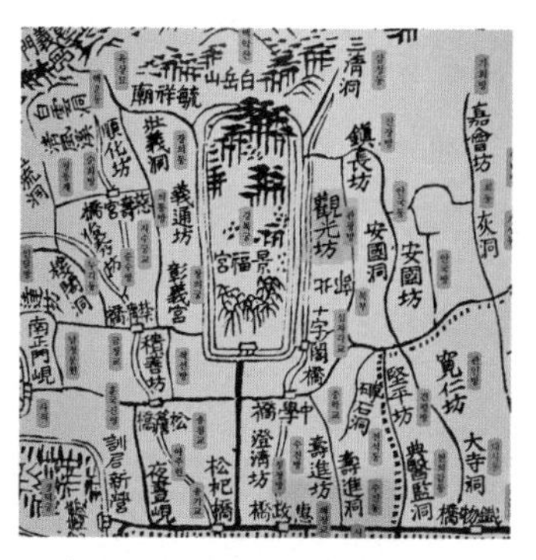

관광방 위치(경복궁 옆)

것이다. 관광방은 현재의 대한민국 역사박물관(옛 문화체육관광부 건물) 위의 옛 의정부 터에서 동십자각을 지나 현재의 삼청동길에 이르는 행정구역이었다.

조선시대 초기 한성부는 5부로 구성되었으며, 이 가운데 북부는 관광방(觀光坊) 등 10개 방이 남북 방향으로 구분되어 있었다. 현재 관광방의 명칭은 소멸하였지만, 그 공간 내에는 과거 경복궁 동쪽 지역으로 종친부(宗親府), 종부시(宗簿寺), 장생전(長生殿), 사간원(司諫院), 중학(中學), 의정부(議政府) 등 주요 국가기관이 자리했었던 곳이다(정정남, 2011).

종친부(宗親府)는 흥선대원군 집권 당시 왕권 강화의 하나로 종친부의 권한과 조직을 확대하면서 종친부 건물이 대규모로 늘어날 당시 중건(1866년)되었다. 종친부는 경복궁 동쪽 문인 건춘문 맞은편에 위치하였는데, 당시 행정구역으로는 한성부 북부 관광방이었다. 종친부가 이곳에 있었던 것은 종신과 외척 및 부마 · 인척, 그 외에 궁에서 일을 보는 상궁들만 건춘문으로 드나들게 했던 궁궐의 제도 때문이었던 것으로 추정된다. 종친부 중심 건물이던 경근당과 옥첩당은 1981년 정독도서관 관내로 옮겼다가, 2013년에 원래 위치인 국립현대미술관 서울관 관내로 옮겨 세워졌다. 그리고 계동궁(桂洞宮)은 구한말에 서울 북부 관광방 계동에 있었던 궁궐로 흥선대원군의 조카 이개원(李載元)의 저택이며, 1884년(고종 21) 갑신정변이 일어났을 때 고종과 명성황후가 잠시 머물렀다.

국립현대미술관 서울관의 위치는 경복궁을 기준으로 동문인 건춘문과 동북쪽 국립민속박물관 정문까지의 도로 건너편쯤에 있다. 서울특별시 종로구 소격동 165번지가 국립현대미술관 서울관의 주소다. 소격동

(昭格洞)은 '소격서(昭格署)'라는 관청 이름에서 유래했다. 소격서란 조선시대 도교의 제사인 초제를 주관하던 관청인데 그 자리는 지금의 소격동 25번지 일대다. 소격동 면적의 약 절반가량은 국군서울지구병원이 쓰고 있다가 2010년 병원이 이전하면서 현재 국립현대미술관 서울관이 쓰고 있다. 지금의 소격동은 조선 초부터 한성부 북부 관광방과 진장방에 속했으며 1914년 소격동에서 1936년 소격정, 1946년 다시 소격동이 돼 오늘에 이른다(이성우, 2022.02.17.)

관광방 권역에 속한 송현동은 현재 열린송현 녹지광장으로 조성되어 있다. 송현(松峴)은 '소나무 언덕'이라는 뜻으로 조선 초기 궁궐 옆의 소나무 숲으로 경복궁을 보호하는 역할을 하였다. 송현동 부지는 일제강점기 식산은행 사택, 해방 후 미군 숙소, 미국대사관 숙소 등으로 활용됐다. 1997년 우리 정부에 반환돼 비로소 다시 돌아왔지만, 이후 쓰임

열린송현 녹지광장

없이 폐허로 방치됐다. 이후 서울시는 송현동 부지(37,117㎡)를 '쉼과 문화가 있는 열린송현 녹지광장'으로 단장하고, 2022년 10월 시민에게 임시 개방하였다. 2027년까지 이건희 기증관을 품은 송현문화공원으로 조성할 예정이며, 현재는 건축비엔날레가 열리고 있다.

이 밖에 『한경지략(漢京識略)』에 따르면 종부시(宗簿寺)는 관광방(觀光坊)에 있었다고 하는데, 지금의 종로구 소격동에 해당한다. 종부시는 과거 『선원보첩(璿源譜牒)』을 편찬하고 왕족의 허물과 잘못을 규찰하는 일을 담당하는 관청이었다.

인사동 한국관광명품점

한국관광명품점은 서울 종로구 인사동에 있는 관광기념품 판매점으로 문화체육관광부의 후원을 받아 한국관광협회중앙회가 운영하고 있다. 판매 제품으로는 대한민국 관광기념품 공모전 수상 제품을 비롯해 귀금속공예, 도자기공예, 섬유공예, 나전칠기, 전통 디자인, 보석, 잡화

한국관광명품점 전경

등이 있으며 철저한 품질관리를 통해 고품질, 고품격의 Made in Korea 상품만을 판매하고 있다. 또한 한국관광명품점은 내국인 구매가 가능하고, 외국인 구매 고객은 부가가치세를 환급(TAX Refund)받을 수 있다. 한국관광명품점은 지난 수십 년간 외국인들에게 한국의 전통공예품을 소개하기 위해 매년 공모전 개최, 수상작 생산 지원, 기념품 판매까지 담당하는 대표적인 관광플랫폼 역할을 해왔다.

청계천 변 관광특구와 관광안내홍보관

인사동 한국관광명품점을 둘러보고 종각을 건너면 바로 보신각이 자리를 잡고 있으며, 조금 지나면 서울 시내를 관통하는 관광명소 청계천이 있다. 청계천 변에는 관광특구로 지정된 다동 · 무교동 음식문화거리가 있다. 이 거리에는 오래된 음식점과 오랜 기간 직장인들의 애환이 서린 골목길 풍경이 있다. 웅장한 현대식 건물은 물론 오래된 고가옥들이 공존하며, 유명 음식점들이 즐비하다.

다동 · 무교동 음식문화거리 입구에는 한국관광공사에서 운영하는 외국인을 위한 복합 문화공간인 하이커 그라운드(Hikr Ground)가 있다. 서울을 찾는 외국인 관광객을 주 대상으로 삼고 한국관광공사가 2022년 복합 문화공간을 5층 규모로 오픈하였다. 하이커 그라운드는 K-Pop 체험과 미디어아트 관람을 동시에 할 수 있는 한국 관광홍보관이다. '하이커 그라운드'의 이름에는

하이커 그라운드

한국(KR)이 반가운 인사(Hi)를 건네고 글로벌 여행자들의 놀이터(Playground)가 되겠다는 뜻이 담겨있다. 특히 MZ 세대를 위해 다양한 방식으로 한국을 방문하는 외국인들에게 다양한 관광 콘텐츠를 제공하고 있다.

1층은 대형 미디어 '하이커 월'을 통해 다양한 미디어 아트를 즐길 수 있는 공간으로, 미디어 아티스트 이이남 작가의 「신도시산수도」, 글로벌 한류 팬들이 공모한 한국 관광 영상 등을 볼 수 있다. 2층에서는 XR 라이브 스튜디오를 활용하여 K-Pop 뮤직비디오를 직접 제작할 수 있다. 청계천이 보이는 창가에서는 설치미술가 서도호 작가의 「North Wall」 작품을 만날 수 있으며 3, 4층에서는 한국의 지역 관광을 다양한 예술, 체험, 전시를 통해 만날 수 있다.

롯데호텔과 호텔박물관

롯데호텔은 1970년대 한국 관광산업의 고도성장에 기폭제 역할을 한 대형 호텔이다. 편안하고 안락한 휴식형 객실, 다양한 레스토랑과 화려한 연회 시설, 비즈니스와 레저를 모두 만족시킬 수 있는 편의시설, 이 모두를 갖춘 멀티공간 롯데호텔은 고객들에게 최상의 서비스로 제공하는 데 주력하고 있다. 롯데호텔의 역사는 '한국 관광의 역사'이며, 해외여행의 확대에 따라 롯데호텔의 해외지사도 다수 운영하고 있다. 국내의 경우 전국 각지에 5개 롯데호텔을 운영하고 있다(롯데호텔 홈페이지 인용).

서울 소공동 롯데호텔 1층 정문을 들어가 오른쪽으로 돌아가면 롯데호텔 호텔박물관이 있다. 내국인뿐만 아니라 외국인들이 한국 관광호텔의 발전사를 이해할 수 있는 소중한 공간이다. 국내 최초로 설립된 호텔박물관은 한국 최초의 상용호텔이었던 반도호텔의 역사와 근대사, 한국의 호텔 및 관광산업의 역사와 발전, 그리고 문화와 비전이 담긴 공간이다. 호텔박물관은 역사존과 롯데존으로 구분되어 있다.

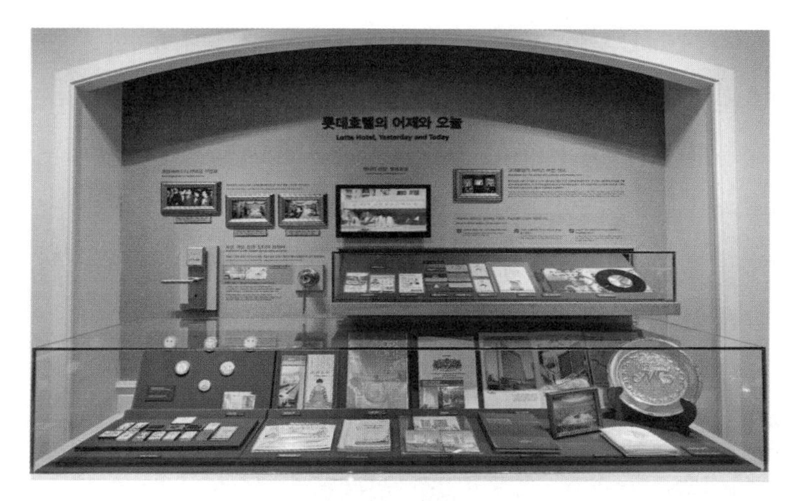

롯데호텔 호텔박물관

특히 역사존은 근대 호텔의 전경 사진(대불호텔, 손탁호텔), 손탁호텔에서 사용되었던 포크와 나이프, 1900년대 액상커피 용기, 1910년대 여행용 카메라와 가방, 호텔 엽서, 1938년 반도호텔 개관 브로슈어 및 반도호텔 재떨이, 성냥갑, 리플릿, 엽서 및 사진, 1945년 조선호텔의 메뉴판, 그리고 1950년대부터 오늘날까지의 호텔 발전사와 연관 있는 호텔별 개관 당시 사진과 관련 유물 등이 전시되어 있다.

롯데호텔이 있는 소공동 지역은 서울광장, 고궁, 청계천, 명동 등의 명소를 배경으로 웨스틴 조선호텔, 프레지던트호텔, 플라자호텔 등 크고 작은 관광숙박시설이 즐비하다. 이는 근대화 및 일제 강점기 외국인들의 주요 방문거점이었기 때문에 호텔산업도 일찍 발달하였다.

한국 최고(最古) 호텔, 웨스틴 조선호텔

롯데호텔 뒤편에 자리 잡은 웨스틴 조선호텔은 오랜 역사와 전통으로 품격 높은 사교 문화를 뿌리내리며 가장 오래된 현존 호텔로 자리 잡아 왔다. 조선호텔은 1910년 이후 각 철도간선이 완공됨에 따라 외국인의 서울 통과가 많아지자, 양식 호텔의 필요성이 생겨 건설한 근대식 호텔로, 1914년 9월 20일에 조선철도호텔로 준공되어 같은 해 10월 10일 개관하였다.

웨스틴조선호텔 서울과 환구단

조선시대에 중국 사신이 도성 안에서 묵었던 장소가 태평관이었고, 임진왜란 때 태평관이 불탄 이후에 중국 사신이 묵었던 것이 웨스틴 조선호텔 자리였다(양희경 외 3인, 2013). 1915년 4월 24일 조선호텔에서 열린 전 조선 기자대회는 우리나라 호텔에서 열린 대규모 정식회합의 시초이다. 조선호텔은 일본에 의해 많은 서양 문물이 들어왔고, 한반도의 영빈관 기능도 겸비하였다. 1945년 8월 15일 광복 이후 조선호텔은 일본인에서 조선인으로 운영권이 넘어오게 되었으며, 미군의 군정청 사령부나 이승만 등의 집무실도 설치하게 되었다.

100여 년의 오랜 역사를 이어 온 웨스틴 조선호텔은 462개의 객실, 5개의 레스토랑 및 라운지 & 바가 있으며 수영장, 사우나 등 고객을 위한 다양한 공간을 제공한다. 비즈니스와 쇼핑의 최적지인 서울 심장부에 있는 특1급 호텔로 각국의 대사관, 은행, 정부 부처, 고궁과 백화점과 명동에 인접한 곳에 자리하고 있다.

손탁호텔 터

정동길을 걷다 보면 서울에서 최초로 등장한 서구식 호텔인 '손탁호텔 터' 표지판이 설치되어 있으며, 손탁빈관(Sontag賓館)이라고도 한다. 프랑스와 독일의 접경지역 알자스 지역 출신 앙투아네트 손탁(Antoinette Sontag, 1854~1925)은 독 · 불 접경지역 알자스 지역 출신답게 독일어, 불어, 영어에 능통했으며, 조선에서 10년을 지내면서 1896년 아관파천 때에는 이미 우리말까지 능숙하게 구사할 만큼 탁월한 언어 감각을 지닌 인물이었다. 이에 손탁은 베베르 공사의 추천으로 궁내부(宮內府)에서 외국인 접대업무를 담당하면서 고종황제, 명성황후와 친밀해졌다.

손탁호텔 광고와 표지석

그는 청나라의 조선에 대한 내정간섭이 심화하자 조선의 독립을 위하여 군 내부와 러시아공사관의 연결책을 담당하여 조러밀약을 추진하는 등 친러거청(親露拒淸) 정책을 수립, 반청 운동을 통해 조선 독립운동을 전개했다. 고종황제는 이러한 공로를 인정하여 1895년 손탁에게 서울 정동 29번지 소재 1,184평(현 이화여고)을 하사하였고, 1898년에는 방 다섯 개의 양관(洋館)을 지어 손탁빈관을 경영하도록 하였다(한국민족문화대백과사전 참조).

그런데 객실 5개의 양관은 호텔영업으로는 너무 협소하였다. 그리고 조선 정부는 대외관계가 점차 다변화되고 외국 귀빈들의 방한이 빈번해짐에 따라 이들을 접대하고 숙박시킬 영빈관이 절대 필요하였다. 더욱이 그 당시 서울에는 외국인 전용 호텔이 몇 개 없었다. 이에 정부는 1902년 10월, 구 양관을 헐고 2층 양관을 신축, 손탁에게 영빈관을 경영하게 하였다. 이것이 바로 '손탁호텔'이었다. 거액의 내탕금(內帑金)으로 신축했기에 사실상 한국 정부 직영 '영빈관 호텔'이다. 호텔 2층은 국빈용 객실로 이용하였고, 아래층은 일반 외국인 객실 또는 주방, 식당, 커피숍으로 이용했다. 손탁호텔은 서양요리와 호텔식 커피숍을 선뵈었다(네이버지식백과 일부 인용).

손탁의 미모와 품성, 그리고 언어능력 및 행적에 대한 여러 기록이 있다. 키쿠치 켄조(菊池謙讓)가 1931년에 쓴 『조선잡기(朝鮮雜記)』에는 "손탁이 경성에 왔던 때는 32세였다. 그 온화한 풍모와 단아한 미모는 경성외교단의 꽃이었다. 경성에 와서 몇 년도 지나지 않은 사이에, 그녀는 베베르 공사의 추천에 따라 민비에게 소개되었고, 왕궁의 외인접대계(外人接待係)에 촉탁되었다. 자주 민비에게 불려가서 서양요리 이야기와 음악, 회화와 관련한 이야기 등을 아뢰었다"라고 기록되어 있다(키쿠치 켄조, 1931). 또한 경성부가 1934에 펴낸 『경성부사』에는 "뒤이어 누차 왕비에게 불려 가서 서양 사정에 관한 얘기 상대가 되었다. 그녀는 재기발랄하고 영, 불어 및 조선어에 숙달하여 왕비는 물론이고 드디어는 고종마저도 안내 없이 지척에 갈 수 있기에 이르렀다"라고 기술되어 있다(경성부, 1934).

1909년 손탁이 귀국한 뒤, 1917년 이화학당은 미국 감리교회에서 모금한 성금으로(23,060달러) 손탁호텔을 구입하여 기숙사로 사용하다가 1922년 손탁호텔 건물을 철거하고 프라이홀을 건축하였지만, 1975년 소실되어 현재 공터로 남아있다.

태평관 터

태평관은 조선시대 서울에 명나라 사신을 접대하기 위해 만든 국영의 객관(客館)이다. 조선 태조는 궁궐과 도성을 새로 창건하면서 1393년

(태조 2) 정동행성을 고쳐 태평관이라 하였다. 원래 정동행성은 고려시대 원나라 세조(世祖)가 일본 정벌을 위해 세운 것이었으나, 원나라가 물러간 뒤에 중국 사신의 숙소로 바뀌었다. 조선 초기에는 한성부 서부 황화방(皇華坊)에 속하였고 1395년에 각 도의 인부 1,000여 명을 징발, 태평관을 신축하고 영접도감(迎接都監)의 관리 아래 두어 사신 접대소의 기능을 하게 되었다. 중국 사신에 대한 영송은 대체로 칙사가 벽제관에 이르면 영접사(迎接使) 등을 파견하고, 왕은 왕세자 이하 문무 신하를 거느리고 모화루에 거동, 영칙의(迎勅儀)에 따라 칙사를 맞이하였다. 그리고 경복궁으로 안내해 칙서를 전달받고 다례(茶禮)를 베푼 뒤 태평관에 머물게 하였다.

> 조선시대에 외국 사신을 맞아 접대하던 곳으로는『신증동국여지승람』에 따르면, 태평관 · 모화관(慕華館) · 동평관(東平館) · 북평관(北平館) 등이 있었다. 태평관은 명나라 사신을 접대하기 위해 숭례문 안 황화방(皇華坊)에 두었으며, 모화관 역시 중국 사신을 맞이하기 위해 돈의문 서북쪽에 지었다. 그리고 동평관은 일본 사신을 맞이하기 위해 중구 인현동(덕수중학교) 근처에 있었고, 북평관은 야인(여진)을 접대하던 곳으로 동대문성곽공원 반대편에 있었다(송풍수월, 2020.08.22.).

태평관은 왕이나 왕자가 사신을 대접하기 위해 다례와 하마연(下馬宴), 익일연(翌日宴) 등의 연회를 베풀던 것이다. 태평관 터는 그 태평관이 있던 장소이다. 태평관의 역사를 살펴보면 조선왕조가 중국 사대주의에 얼마나 크게 물들어 굴욕적이었던가를 알 수 있다. 태평로라는 도로명도 이 태평관에서 유래한 것이라는 점에서 그리 반갑지는 않다. 행정구역의 조정에 따라 영조 이후 서부 양생방(養生坊) 소속으로 변경됐으며, 지금의 남대문 근처 신한은행 본점 뒤쪽에는 위치를 알려주는 표석이 남아있다.

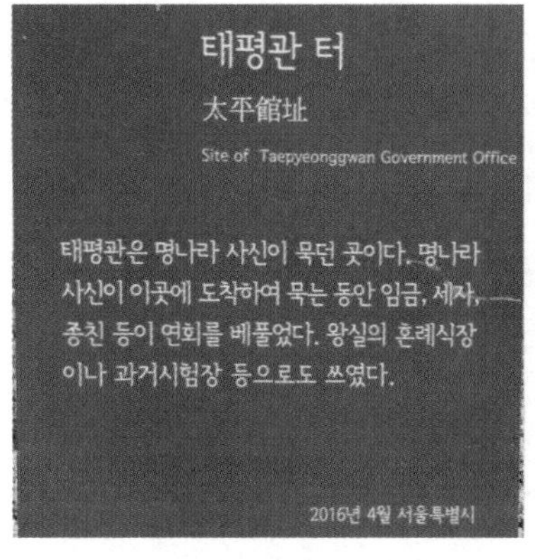

태평관 터 표지석

예빈시 터 표지석

예빈시 터

예빈시(禮賓寺)는 본래 고려시대 외국의 빈객을 맞이하고 접대하는 일을 맡아보던 관청이었다. 1392년(태조 1) 7월 신반관제(新班官制)에서는 고려말의 관제를 계승하였다고 한다. 부서장은 고려시대에는 예빈시경, 조선시대에는 예빈시정이라 칭하였고, 예빈시경과 예빈시정의 품계는 종3품이었다. 고려 시대에는 경, 부경, 승, 부승, 조선시대에는 정, 부정, 첨정, 령, 부령, 주부, 직장, 봉사, 참봉 등이 편제되어 있었다.

예빈시는 조선시대에 들어와서도 국가의 손님을 대접하고 왕의 종친들과 재상들에게 식사를 제공하던 관청이다. 물론 고려의 제도를 계승한 것이다. 조선조 1392년(태조 1)에 설치되어 500년간 유지되었다가

1894년 갑오경장 때 폐지되었다.

예조의 산하 조직인 예빈시는 조선시대 빈객의 연향(燕享)과 종실 및 재신(宰臣)들의 음식물 공급 등을 관장하기 위해 설치되었던 관서이다. 정3품 아문으로 내려오다가 조선 후기에 종6품 아문으로 격하되었다. 1894년(고종 31) 갑오경장으로 폐지될 때까지 계속되었다.

예빈시는 조선 초기 의정부가 있던 광화문 앞 북부 관광방에 속해 있었으나 중국 사신들을 접대하기 위해 숭례문 안쪽, 현 신한은행 뒤편에 태평관이 건립되면서 예빈시의 위치도 서부 양생방(현재의 중구 태평로2가 상공회의소 근방)으로 옮겼다가 태평로 건너편 KB국민은행 앞 도로 부근으로 옮겨졌다. 18세기 후반 남별궁(南別宮, 지금의 중구 소공동) 근처로 이전하였다가 다시 서부 회현방(會賢坊, 지금의 중구 북창동)으로 옮겨왔다. 현재는 예빈시 터가 표지석으로 세워져 있다.

비록 예빈시는 우여곡절이 있었지만 고려 이래 조선시대 내내 국빈과 종친을 접대함으로써 한국의 환대문화를 정립하는 데 이바지하였다. 이를 계기로 역사적으로 우리 민족의 친절과 환대 정신을 기록하고, 관광의 중요성과 관광방의 설치 배경, 관광산업의 중요성을 널리 알릴 수 있는 '국립 대한민국관광박물관'을 건립할 것을 제안한다. 장소는 역사성과 장소성을 고려하여 수백 년간 관광방이 있던 경복궁 동쪽 자리가 적절할 것이다.

참고 문헌

- (재)내셔널트러스트&성북동(2010), 성북동: 잊혀져 가는 우리 동네 옛 이야기를 찾아서.
- KBS뉴스(2016.08.24.), '고종의 길'…그건 왕의 길이 아니었다.
- YTN(2015.05.02.), 인왕산 '치마바위'에 담긴 슬픈 사랑 이야기(https://www.ytn.co.kr).
- 강홍빈(2015), 도성일관, 서울역사박물관 한양도성연구소.
- 경성부(1934), 「경성부사」, 제1권(651-654쪽).
- 공서연·한민숙(2020), 역사를 만나는 산책길: 발걸음마다 이야기가 피어난다, 교보문고.
- 곽경근(2021.05.30.), 한양도성, 600년 서울을 품다: 성곽 따라 이어진 성곽마을 이야기. 5편, 쿠키뉴스.
- 곽경근(2021.06.13.), 한양도성, 600년 서울을 품다: 한양도성의 문은 모두 몇 개일까?. 6편, 쿠키뉴스.
- 곽경근(2021.08.15.), 한양도성, 600년 서울을 품다: 한양도성은 유네스코 세계유산 될까, 10편, 쿠키뉴스.
- 국립기상박물관(2023), 홈페이지(https://science.kma.go.kr/museum/).
- 국립문화재연구소(2012), 명승 경관자원 조사 연구사업 보고서.
- 국민권익위원회(2023.11.04.), 역사 속 청렴인물 조선 청백리 '하정 류관 선생'을 만나다|작성자(https://blog.naver.com/loveacrc/223254808092).
- 권기봉(2017.09.12.), '딜쿠샤의 비밀'을 찾아(https://www.minjuroad.or.kr).
- 금기용(2007), 동아시아 주요 도시 간 국제관광 경쟁력 비교, 서울시정개발연구원.
- 기호철(2022), 탕춘대성과 홍지문 명칭에 대한 고찰, 서울특별시, 탕춘대성 사적 승격을 위한 학술심포지엄 발표자료(서울역사박물관 1층 야주개홀, 2022.6.16.).
- 길지혜, 손용훈, 황기원(2015), 조선시대 한양도성 연지(蓮池)의 입지 및 공간적 특성 고찰, 韓國傳統造景學會誌 제33권 제4호.

- 김병희(2014), 한양도성의 성곽구조의 원형연구, 서울특별시, 한양도성 학술총서 3책: 한양도성의 유산가치와 진정성.
- 김석환(2020.01.), 북한산과 한양도성전 초대장.
- 김영수(2015), 한양도성의 유네스코 세계유산 등재를 위한 추진과정과 현안, 세계와 도시 6호.
- 김영수(2022), 문헌 및 시각자료를 통해 본 탕춘대성 일대의 특징과 가치, 서울특별시, 탕춘대성 사적 승격을 위한 학술심포지엄 발표자료(서울역사박물관 1층 야주개홀, 2022.6.16.).
- 김왕직(2015), 역사유적 보존·정비 사례연구, 한양도성 학술총서 4책: 남산 회현자락 한양도성의 유산가치.
- 김우선(2022), 풍수지리로 보는 북악산(출처: https://korean.visitseoul.net).
- 김혁주(2020.02.28.), 로컬 리제너레이션(4): 문화지구로 지정된 대학로, BELOCAL. 동아일보.
- 김현진(2023.11.03.), 선망의 도시에서 본 미래… '서울 활용법'을 점검하라", 동아일보.
- 김훈(2014), 한양도성에 대한 서울 토박이의 몽상, 서울특별시 주최 제4차 한양도성 학술회의: 한양도성의 인문학적 가치, 서울중앙우체국 대회의실.
- 김희정(2015), 서울역 7017 프로젝트 출범의 의의와 향후 과제, 국회입법조사처, 이슈와 논점, 제952호.
- 나각순(2012), 서울 한양도성의 기능과 방위체제, 서울학연구소·이코모스한국위원회, 서울한양도성의 세계유산적 가치 발표자료, 국립중앙박물관.
- 네이버지식백과(terms.naver.com).
- 대한민국 구석구석(2023), 청계광장(https://korean.visitkorea.or.kr/detail/msdetail.do?cotid =4d1961f8-5aa2-4928-a5f8-6b0937d4d5df).
- 도시공간개선단(2017), 100년 골목 돈의문박물관마을 이야기, 서울특별시.
- 돈의문박물관마을(2023), https://dmvillage.info/intro.
- 동아일보(1924.07.14.), 내 동리 명물(기사).
- 동아일보(1930.10.31.), 백두산사에서 순성대 모집(기사).
- 동아일보(1932.03.24.), 우리에게 밥을 다오(기사).
- 롯데호텔 홈페이지(https://www.lottehotel.com/global/ko/about/lotte-hotel.html).

- 매일경제(2016.09.18.), [시가 있는 월요일] 꿈 속의 낙원(허연 기자).
- 매일경제(2023.08.22.), 청와대·서울역·용산공원에 '국가상징공간' 조성(https://www.mk.co. kr/news/realestate/10812975).
- 머니투데이(2022.10.24.), 광화문~용산~한강 잇는 '7km 국가상징가로' 韓샹젤리제 거리로(https://news.mt.co.kr/mtview.php?no=2022102313590863510).
- 명재범(2015.11.21.), 서울한양도성 길과 성곽마을의 변화를 지켜보며, 서울문화재단, zum허브(https://hub.zum.com/isfac/2830?cm=hubzum_search_list&r=2&thumb=1).
- 문일석(2020.11.25.), 인왕산해골바위(https://m.breaknews.com/769436).
- 문화재청(2014), 이야기가 있는 문화유산 여행길.
- 문화재청(2017), 지나간 시간을 읽다: 민속문화재, 이야기를 입다.
- 문화체육관광부(2023), 2022년 기준 관광동향에 관한 연차보고서.
- 민중의 소리(2012), 문화재청 국립문화재연구소, 추사 김정희 매입기록 발견(https://www. vop.co.kr/A00000561771.html).
- 뮤지엄뉴스(2017.06.05.), 쇳대박물관 이화동 마을박물관_하늘정원 가는 길(https://museu mnews.kr/181lockmuseumex/).
- 박계형(2008), 서울 성곽의 역사, 조은.
- 박광윤(2005), 숭례문 시민광장, 월간 환경과 조경, 제207호.
- 박범신(2005.10.01.), 청계천 살림의 어제 오늘 내일.
- 박상준(2008), 서울 이런 곳 와보셨나요 100, 한길사.
- 박종기(2023), 서울과 북한산의 역사와 가치, 서울특별시, 한양의 수도성곽: 역사적 가치와 활용 세미나 발표자료, 서울역사박물관 야주개홀.
- 박종만(2014.11.13.), 대불호텔과 손탁호텔 - 우리나라 최초의 커피 판매점 (한국 커피의 역사), 네이버지식백과.
- 박학룡(2014.03.14.), 성북구 장수마을 사람들의 이야기, 성곽마을 학술회의(주제: 한양도성 주변 성곽마을의 가치와 가능성), 서울특별시청 3층 대회의실.
- 서소문성지역사박물관, https://www.seosomun.org/
- 서울 성북구(2019.03.25.), 아티스트와 함께 하는 한양도성 스탬프투어, 대한민국 구석구석(https://korean.visitkorea.or.kr/).

- 서울역사박물관·성북문화재단(2014), 2014년 한양도성 마을 특별전: 도성과 마을1, 서울: 서울역사박물관 한양도성연구소.
- 서울역사박물관 한양도성연구소(2015), 서울 한양도성.
- 서울역사편찬원(2009.02.13.), 서울지명사전.
- 서울특별시(1988), 서울의 어제와 오늘.
- 서울특별시(2003), 청계천복원 기본계획.
- 서울특별시(2006), 오간수문 복원방안 연구.
- 서울특별시(2009), 서울성곽 중장기 종합정비 기본계획.
- 서울특별시(2012), 서울 한양도성 서울성곽 유네스코 세계유산 잠정목록 등재를 위한 학술연구.
- 서울특별시(2014a), 한양도성 주변 성곽마을 보전·관리 종합계획.
- 서울특별시(2014b), 서울 한양도성 정밀실측 조사보고서.
- 서울특별시(2015), 한양도성 각자성석과 축성기록, 한양도성 자료총서 3권.
- 서울특별시(2016.07.26.), 서울시 성곽마을 행촌권 '도시농업 특화마을'로 재생(보도자료).
- 서울특별시(2016a), 생활문화기록화사업 보고서: 성곽마을 행촌권 생활문화기록.
- 서울특별시(2016b), 서울 한양도성 혜화문 정밀실측조사보고서.
- 서울특별시(2016c), 성곽마을 성북권 생활문화기록(북정마을).
- 서울특별시(2017), 행촌권 성곽마을 Grown in 행촌(자료집).
- 서울특별시(2017.9.13.), 대한제국의 영욕이 담긴 2.6km 역사탐방로,
- 서울특별시(2018), 2018년 한양도성 이용객 계수조사 결과 보고서.
- 서울특별시(2021), 서울 한양도성 가이드북.
- 서울특별시(2023), 광장소개(https://plaza.seoul.go.kr/archives/367).
- 서울특별시(2023.09.12.), 서울관광 미래비전.
- 서울특별시 내손안에 서울(2019.09.26.), 주시경 선생과 함께 걷는 '한글가온길' (https:// mediahub.seoul.go.kr/archives/1253570).
- 서울특별시 역사도심재생과(2021.03.12.), 정동 근대역사길 '덕수궁길' 걷기 편해진다, 내손안에 서울(뉴스). https://mediahub.seoul.go.kr/archives/2000880.
- 서울학연구소(2020), 한국의 수도성 연구, 서울시립대학교 출판부.

- 서울한옥포털 홈페이지(https://hanok.seoul.go.kr/front/kor/town/town01.do).
- 성균관대학교 유학대학(2021), 한양도성과 순성놀이.
- 세종대왕기념사업회(2001.03.30.), 무계정사 [武溪精舍], 한국고전용어사전.
- 손영옥(2019.03.10.), 근대, 미술 거리를 걷다]1. 120년 전, 한양에서 어쩌다 마주쳤을 서양인, 국민일보.
- 송인호(2014), 한양도성의 유산가치와 진정성(발간사), 서울특별시, 한양도성 학술총서 3책: 한양도성의 유산가치와 진정성.
- 송인호(2015), 서울 한양도성, 서울역사박물관 한양도성연구소..
- 송풍수월(2020.08.22.), 청와대(靑瓦臺)와 주변의 역사·문화 이야기 II(https://m.blog.naver. com/ohyh45/222067576307).
- 시정일보(2022.09.28.), 중구, 다산성곽도서관 옆에 '성곽 마을마당' 조성(http://www.sijung.co.kr).
- 신병주(2022), 신병주 교수의 사심(史心) 가득한 역사 이야기 (36) 정조와 '성시전도시', 서울특별시, 내 손 안의 서울(https://opengov.seoul.go.kr/mediahub/27387082).
- 신정일(2012), 신정일의 새로 쓰는 택리지 4: 서울·경기도.
- 신정일(2019), 신정일의 신 택리지: 서울 (두 발로 쓴 대한민국 국토 인문서), 쌤앤파커스.
- 신희권(2023.10.25.), 이슈픽 쌤과 함께 154: 광화문 월대복원!, 고고학자 신희권, KBS1(방송자료).
- 아주경제(2019.09.23.), 천만리 길님 여읜 피눈물 정순왕후, https://www.ajunews.com/ view/20190923152112171.
- 양희경, 심승희, 이현군, 한지은(2013), 서울스토리, ㈜청어람미디어.
- 에밀 부르다레, 정진국역(2009), 대한제국 최후의 숨결, 글항아리(출처: 외국인의 기록에서 보이는 조선의 노비제).
- 에코저널(2023.06.19.), 서울시, '지속가능한 남산 프로젝트' 추진.
- 연합뉴스(2022.12.14.), 한양도성·북한산성·탕춘대성, 세계유산 우선등재목록 선정(https:// www.yna.co.kr/view/AKR20221214118451061).
- 연합이매진(IMAGINE), 2015.10.19.
- 월하랑(2023), 광화문 월대복원의 진짜 의미, 한국의 정원을 거닐다, 제11화.
- 유홍준(2004), 서울 답사여행의 길잡이, 한국문화유산답사회 엮음, 답사여행의 길잡이 15: 서울, 동베개.

- 유홍준(2017a), 나의 문화유산답사기: 서울편1, 창비.
- 유홍준(2017b), 나의 문화유산답사기: 서울편2, 창비.
- 유홍준(2020), 서울역사답사기4, 서울역사편찬원.
- 유홍준(2022), 나의 문화유산답사기: 서울편3, 창비.
- 유홍준(2022), 나의 문화유산답사기: 서울편4, 창비.
- 유홍준·박상준(2007), 국민의 품으로 돌아온 북악산 서울성곽, 문화재청·한국문화재보호재단.
- 윤덕한(2012), 이완용 평전(한때의 애국자, 만고의 매국노, 개정판).
- 윤명철(2022.03.31.), 한국, 한국인 이야기: 북한산, 인왕산, 북악산에 둘러쌓인 한양… 무역·개방적 국제도시로 발돋움엔 한계 있어, 한양 천도의 공과와 역사적 평가, https://sgsg.hankyung.com/article/2022031185851.
- 이강원(2023), 1728년 부신란(戊申亂)의 경험과 북한산성 방어체제의 정비, 서울특별시, 한양의 수도성곽: 역사적 가치와 활용 세미나 발표자료, 서울역사박물관 야주개홀.
- 이근호(2023), 유산기(遊山記)를 통해 본 북한산성의 공간적 변화, 서울특별시, 한양의 수도성곽: 역사적 가치와 활용 세미나 발표자료, 서울역사박물관 야주개홀.
- 이상구(2014), 한양도성의 조영원리와 형태, 한양도성 학술총서2책: 아시아 도성의 조영원리와도시성곽.
- 이상해(2014), 한양도성의 인문적 가치, 서울특별시 주최 제4차 한양도성 학술회의: 한양도성의 인문학적 가치, 서울중앙우체국 대회의실.
- 이성우(2021.10.17.), 청와대와 주변의 역사·문화 이야기(23)] 일제가 '동아청년단결' 구호 새긴 인왕산(仁旺山) 바위, 월간중앙.
- 이성우(2022.02.17.), 청와대와 주변의 역사·문화 이야기(27) 최종회, 조선왕조 500년 종친부의 흥망성쇠 서린 터 근·현대 공존 지역, 국립현대미술관 서울관, 월간중앙.
- 이시형(2014), 한양도성의 치유적 가치, 서울특별시 주최 제4차 한양도성 학술회의: 한양도성의 인문학적 가치, 서울중앙우체국 대회의실.
- 이종묵(1997), 유산의 풍속과 유기류의 전통, 고전문학연구, 제12호.
- 이찬희(2022), 탕춘대성 홍지문 오간수문의 암석학적 특성과 보존상태, 서울특별시, 탕춘대성 사적 승격을 위한 학술심포지엄 발표자료(서울역사박물관 1층 야주개홀, 2022.06.16.).

- 이한성(2018.02.26.), [겸재 정선 그림 속 길을 간다 (3) 창의문 下] ‘창의문도’에 숨겨진 해골모양바위의 비밀, 문화경제.
- 이현진(2017), 조선시대 한양도성에 조성한 남소문의 역사적 변천, 조선시대사회학, 조선시대사학보, 제83권.
- 임동욱(2006), 동양학대사전, 경인문화사.
- 장병권(2020), 관광대국의 길, 백산출판사.
- 전우용(2014), 성밖마을의 형성, 서울역사박물관·성북문화재단, 2014년 한양도성 마을 특별전: 도성과 마을1, 서울: 서울역사박물관 한양도성연구소.
- 전우용(2016), 사학자가 들려주는 부암동 이야기, 서울특별시, 성곽마을 부암동 생활문화 기록.
- 정석(2016), 도시유산의 지속관리와 시민참여, 서울특별시, 도시유산의 지속관리와 시민참여, 한양도성 학술총서 6책.
- 정정남(2011), 漢城府의 ‘統戶番圖’ 제작과정을 통해본大韓帝國期 觀光坊 대형필지의 변화양상, 건축역사연구 제20권 1호 통권74호.
- 정책공감(2015.10.01.), 한글날, 광화문 ‘한글가온길’에서 찾은 한글조형물 18(https://blog. naver.com/hellopolicy/220496747274).
- 정책공감(2023), 한글날, 광화문 ‘한글가온길’에서 찾은 한글조형물 18
- 정해은(2022), 탕춘대성의 축성과 한양도성 배후산성의 역할, 서울특별시, 탕춘대성 사적 승격을 위한 학술심포지엄 발표자료(서울역사박물관 1층 야주개홀, 2022.6.16.).
- 조옥연(2013.07.08.), 「사라지는 도성의 역사 위에 선, 동대문 일대의 장소성 I 」, 『건설감리』, 서울 : 한국건설감리협회.
- 조옥연(2013.09.10.), 「사라지는 도성의 역사 위에 선, 동대문 일대의 장소성 II 」, 『건설감리』, 서울 : 한국건설감리협회.
- 조인숙(2013), 600여 년의 시간을 잇다 : 숭례문 원형복구와 기술재현의 도전, KOREAN ARCHITECTS.
- 조정구(2014), 한양도성과 마을, 서울역사박물관·성북문화재단, 2014년 한양도성 마을 특별전: 도성과 마을1, 서울: 서울역사박물관 한양도성연구소.
- 조준식, 곽주현, 구동균, 유연택, 이승재(2023), 비정형 데이터를 이용한 여가통행 행태 추정: 서울시 한양도성을 중심으로, 대한교통학회지, 제41권 제1호(통권190호).

- 조치욱(2023), 북한산의 역사 유적과 발굴 현황, 서울특별시, 한양의 수도성곽: 역사적 가치와 활용 세미나 발표자료, 서울역사박물관 야주개홀.
- 종로구(2013), 마로니에공원, 종로사랑, 11월호.
- 종로구(2023), 근정전 뜰의 호랑이, 창덕궁 탄생을 예고했다. 종로사랑.
- 중앙일보(2019.05.28.), 러대사관~창덕여중 후문에 보행로…한양도성 정동길 750m 복원
- 짐 앳킨스 지음, 조성중 옮김(2012). 당당한 서울의 성문.
- 천재교육(https://www.milkt.co.kr)
- 청계천박물관 홈페이지(https://museum.seoul.go.kr/cgcm/index.do).
- 최기수(2015), 남산의 경관 및 공원변천, 한양도성학술총서 4책: 남산 회현자락 한양도성의 유산가치, 서울특별시.
- 최성수(2013.11.20.), '북정, 흐르다', 성북동 사람들의 마을 이야기.
- 최영준 외 4인(2008), 공적 공간으로서의 서울역 광장을 위한 제안, 디자인학연구, 한국디자인학회, vol.21, no.1, 통권 75호.
- 최완수(2022), 겸재의 한양진경, 동아일보사.
- 최철호(2022), 한양도성 따라 걷는 서울 기행, 아임스토리.
- 쿠키뉴스,(2021.07.25.), 한양도성, 600년 서울을 품다(마지막 회).
- 키쿠치 켄조(菊池謙讓(1931), 「조선잡기(朝鮮雜記)」, 제2권, 鷄鳴社.
- 한겨레(2023.02.22.), 서울시, 15년 만에 '용산역-용산공원' 지상·지하 개발 재추진.
- 한국문화원협회(2003), 자녀를 얻고 싶을 때 기도하는 인왕산 선바위(홈페이지 자료).
- 한국민족문화대백과사전(encykorea.aks.ac.kr).
- 한봉호(2014.09.17.), 서울시 생태경관보전지역 현황과 대책, 서울시녹색서울시민위원회 생태분과 주최 생명다양성의 보고, 서울시 생태경관보전지역의 새로운 상상력! 토론회 발표자료.
- 한양도성박물관(2015), 창의문과 사람들.
- 한양도성박물관(2021), 한양도성의 서쪽 문 헐값에 팔리다, 하반기 기획전 안내책자.
- 한양도성박물관 소개자료(https://museum.seoul.go.kr/scwm/NR_index.do).
- 해랑(2020.12.26.), 인왕산을 기록하다(https://haerang.tistory.com/1800).
- 허경진(2012), 문학에 나타난 서울 한양도성의 이미지, 서울학연구소·이코모스한국위원

회, 서울한양도성의 세계유산적 가치 발표자료, 국립중앙박물관.

- 허영구(2023.05.17.), 인왕산 석굴암에서 조선의 진경산수화가 겸재 정선의 수성동계곡까지 (http://www.ulham.net/culture/5408).
- 홍순민(2016), 한양도성: 서울 육백년을 담다, 서울특별시.
- 황선익(2023), 서구인의 눈에 비친 한양도성과 북한산, 서울특별시, 한양의 수도성곽: 역사적 가치와 활용 세미나 발표자료, 서울역사박물관 야주개홀.

지은이 **장병권**

한양대학교 관광학과를 졸업하고 동 대학원에서 관광정책을 연구하여 문학박사 학위를 받았으며, 현재 호원대학교 교수로 재직하고 있다. 주요 관심사는 관광정책과 지역관광이다. 2009년부터 13년간 한국관광학회 부회장직을 맡으며 산하 관광자원개발분과학회장, 편집위원장, 관광교육위원장, 시니어연구위원장 등을 역임하였다.

대학 내에서 항공관광학과 교수로 재직하면서 새만금관광연구센터 소장을 맡고 있으며, 부총장, 기획처장, 대외협력처장, 입학처장을 역임하며 대학발전에 힘을 보탰다. 대학 외에서는 문화체육관광부, 한국관광공사, 한국문화관광연구원의 자문위원 · 심사위원 · 편집위원 · 초빙연구위원 등으로 활동하였고, 강원랜드 · 하이원리조트, 서울관광재단, 경기관광공사, 인천관광공사 등 공기업의 자문위원을 역임하였다. 국무총리실 새만금위원회 민간위원, 새만금개발청 총괄자문위원 등을 역임하였으며, 전라북도문화관광재단과 전북개발공사 사외이사, 전북연구원 초빙연구위원을 역임하였다. 관광ODA와 관련하여 카자흐스탄, 동티모르, 적도기니 등에 대한 관광계획 및 정책과제를 개발하였다.

관광산업의 중요성과 육성의 필요성을 널리 알리기 위해 서울신문, 교통신문, 전라일보, 새전북신문 등의 언론에 객원필진으로 100여 편을 칼럼을 기고하였다. 주요 저 · 역서는 『관광대국의 길』, 『관광정책론』, 『레저관광심리학(공역)』, 『한국관광행정론』, 『국민관광론』, 『현대관광론(공역)』, 『관광과 공공정책(역서)』, 『관광학총론(공저)』, 『문화정책의 역사적 변동과 전망(공저)』, 『글로벌 리더로서 관광을 말하다(공저)』 등이 있다. 관광진흥에 기여한 공로로 대통령 표창을 받은 바 있다.

e-mail : pkchang@howon.ac.kr

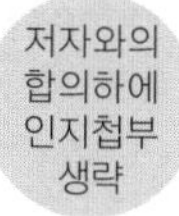

한양도성의 길

2024년 5월 25일 초판 1쇄 인쇄
2024년 5월 31일 초판 1쇄 발행

지은이 장병권
펴낸이 진욱상
펴낸곳 (주)백산출판사
교　정 박시내
본문디자인 신화정
표지디자인 오정은

등　록 2017년 5월 29일 제406-2017-000058호
주　소 경기도 파주시 회동길 370(백산빌딩 3층)
전　화 02-914-1621(代)
팩　스 031-955-9911
이메일 edit@ibaeksan.kr
홈페이지 www.ibaeksan.kr

ISBN 979-11-6567-851-7 03980
값 25,000원

• 파본은 구입하신 서점에서 교환해 드립니다.
• 저작권법에 의해 보호를 받는 저작물이므로 무단전재와 복제를 금합니다.